新一代信息通信技术支撑新型能源体系建设
——双新系列丛书

构建灵活通信网支撑新型电力系统建设

专题研究报告

中国能源研究会信息通信专业委员会　组编

中国水利水电出版社
www.waterpub.com.cn

·北京·

内 容 提 要

本书介绍了电力通信网及其产业发展现状，提炼了新型电力系统下通信需求，总结了电力通信技术主流及新兴技术，设计了通信技术适配定性分析与定量评价方法，提出了新型电力系统下通信组网方案，介绍了电力行业内优秀的典型案例，探讨提出了电力通信网建设发展趋势及建议。本书面向电力产业与通信产业的融合，促进电力通信网在电力行业的规模化应用、产业化发展，希望能为电力通信网融合发展提供参考与借鉴。

本书能够帮助读者了解电力通信网发展现状和趋势，给电力通信网相关工作者带来新的思路启发，为电力通信网融合发展提供参考。

图书在版编目（CIP）数据

构建灵活通信网支撑新型电力系统建设专题研究报告/
中国能源研究会信息通信专业委员会组编. -- 北京：中
国水利水电出版社，2023.9
ISBN 978-7-5226-1799-2

Ⅰ．①构… Ⅱ．①中… Ⅲ．①电力通信网－研究报告
－中国 Ⅳ．①TM73

中国国家版本馆CIP数据核字(2023)第179119号

书 名	**构建灵活通信网支撑新型电力系统建设专题研究报告** GOUJIAN LINGHUO TONGXINWANG ZHICHENG XINXING DIANLI XITONG JIANSHE ZHUANTI YANJIU BAOGAO
作 者	中国能源研究会信息通信专业委员会　组编
出版发行	中国水利水电出版社 （北京市海淀区玉渊潭南路 1 号 D 座　100038） 网址：www. waterpub. com. cn E-mail：sales@mwr. gov. cn 电话：(010) 68545888（营销中心）
经 售	北京科水图书销售有限公司 电话：(010) 68545874、63202643 全国各地新华书店和相关出版物销售网点
排 版	中国水利水电出版社微机排版中心
印 刷	北京印匠彩色印刷有限公司
规 格	184mm×260mm　16 开本　14.5 印张　344 千字
版 次	2023 年 9 月第 1 版　2023 年 9 月第 1 次印刷
印 数	0001—2000 册
定 价	**198.00 元**

组　委　会

组编顾问　李向荣　吴张建　李国春　王　磊　汪　峰　王　乐
　　　　　景　帅

组编人员　张春林　白敬强　梁志琴　郝悍勇　陈姗姗　赵训威
　　　　　张　蕾　钟　成　刘　静　谢丽莎　黄丽红

组编单位　中国能源研究会信息通信专业委员会

　　　　　EPTC 电力信息通信专家工作委员会

编 委 会

电力通信网是建立在电网之上的，组成电力系统的实体网络，是保证电力系统安全稳定运行的专用通信网络。电力系统通信技术的发展历时长久，20 世纪 70 年代开始使用电力线载波通信，20 世纪 80 年代开始出现模拟微波通信，20 世纪 90 年代逐渐开始出现数字微波通信，21 世纪开始电力系统通信技术发展到光纤通信。

2021 年 3 月 15 日中央财经委员会第九次会议上首次提出："要构建清洁低碳安全高效的能源体系，控制化石能源总量，着力提高利用效能，实施可再生能源替代行动，深化电力体制改革，构建以新能源为主体的新型电力系统。"2022 年 2 月，《国家发展改革委、国家能源局关于完善能源绿色低碳转型体制机制和政策措施的意见》（发改能源〔2022〕206 号）指出，加强新型电力系统顶层设计，研究制定新型电力系统相关标准，对现有电力系统进行绿色低碳发展适应性评估，在电网架构、电源结构、"源网荷储"协调、数字化智能化运行控制等方面提升技术和优化系统。新型电力系统建设下，电网太阳能、风能、分布式储能等新能源大规模接入，电子伏特充电桩、智慧园区、智能家居等业务的状态监测、泛在感知、闭环控制需求增大，"控制"由局部向全域拓展，"用电需求响应"由骨干向末梢延伸，信息"采集"和平台间信息交互爆发式增长。在此背景下，电力通信网建设面临着巨大的挑战与机遇。

电力通信网是新型电力系统可靠运行的基座。新型电力系统大发展，对通信提出了"海量、低成本、安全、可靠、泛在"的新需求，主要体现在海量终端通信低成本覆盖需求强烈，当前通信终端数量为千万级，未来新型电力系统达到亿级，甚至十亿级别；通信通道安全性要求更苛刻，主要表现为电网控制类业务若被恶意攻击将可能导致大面积停电，无线通信的通道安全必须得以加强；继电保护等要求高质量低时延传输的配电网控制类业务，易受干扰的无线通信技术难以同时满足毫秒级低时延、超高可用性等高可靠性保障；差异化业务的个性化适配难度极大，电网业务种类丰富，通信的带宽、安全性要求、时延要求、成本要求差异性非常大；通信资源管控需求更加迫切，海量终端的通信运行水平很大程度上依赖于通信的智能运维水平，迫切要求端到端通信质量可监测、故障可定位、资源可管控。

为落实国家能源战略，更好地支撑新型电力系统发展，中国能源研究会信息通信专业委员会、EPTC 电力信息通信专家工作委员会共同组织编制了《构建灵活通信网支撑新型电力系统建设专题研究报告》。

本书围绕传统通信技术与新兴通信技术在电力行业的可持续、规模化的发展、创新及应用探索，聚焦于电力通信网在发电、输电、变电、配电、用电等电力行业领域的应用，研究分析电力通信网对于"源网荷储"的适配应用，各场景的具体包括电力发电厂监测区域的事故预警、环境状态判断、劣化趋势分析，输电线路的电力巡检和运维管理，变电站内电力设备的运行状态、环境状态等在线监测，配电领域储能和配电自动化业务的监控和故障定位系统，用电采集和精准负荷控制业务的监测和分析管理等。本书介绍了电力通信网及其产业发展现状，提炼了新型电力系统下通信需求，总结了电力通信技术主流及新兴技术，设计了通信技术适配定性分析与定量评价方法，提出了新型电力系统下通信组网方案，介绍了电力行业内优秀的典型案例，探讨提出了电力通信网建设发展趋势及建议。本书面向电力产业与通信产业的融合，促进电力通信网在电力行业的规模化应用、产业化发展，为电力通信网融合发展提供参考与借鉴。

本书由研究院所、产业单位等多家行业内机构共同参与编写，各单位为成书提供了大量的素材、案例和资源。本书凝聚了各专业机构多年来开展电力通信网在电力行业应用的实践经验，并邀请通信行业专家学者对本书提出了宝贵意见，在此对所有为本书做出贡献的单位和个人表示衷心感谢！

由于作者编写水平有限，不能以点带面，书中可能存在纰漏或不成熟之处，欢迎专家、学者给予批评指正。以期群策群力，共促我国电力通信网加快发展。

目录

第 1 章

电力通信网概述

电力通信网是建立在电网之上的，组成电力系统的实体网络，是保证电力系统安全稳定运行的专用通信网络。电力实时控制业务对通信的可靠性、安全性和时延一致性提出了极高要求，同时电力系统本身拥有发展专用通信的独特资源优势，由此逐步建设了点对多点的电力通信系统，伴随着电力调度、企业信息化、市场营销等需求的不断扩展，逐步发展成覆盖全国的电力通信网。电力通信网是我国重要行业的专用通信网络之一，也是目前全球最大的专用通信网，现阶段我国电力通信网采用以有线的光纤通信技术为主、无线的公网蜂窝通信为辅的技术路线，实现了电力场所的全覆盖。

1.1　电力系统通信技术发展历程

电力系统通信技术的发展历时长久，20 世纪 70 年代开始使用电力线载波通信，20 世纪 80 年代开始出现模拟微波通信，20 世纪 90 年代逐渐开始出现数字微波通信，21 世纪开始电力系统通信技术发展到光纤通信。

在电力系统通信技术的发展中，20 世纪 70 年代的电力线载波通信（Power Line Carrier Communication，PLCC），是利用已有的输配电线路作为通信介质，实现数据、语音等信号传输的通信技术。电力线载波通信曾被广泛应用于电力系统的远动、调度、生产指挥、保护等信息传输过程中，是电力系统中特有的一种通信方式，曾在电力系统中占有重要的地位。

微波通信技术是指利用分米波、厘米波和毫米波的无线电波作为"载波"，传送信号的通信技术，一般分为模拟微波通信和数字微波通信两种方式。微波通信的发展与无线通信的发展密不可分，产生于 20 世纪 50 年代。随着数字技术的迅速发展，数字微波通信成为 20 世纪 90 年代重要的传输手段。20 世纪 90 年代，国内电力企业开始建设 230MHz 频段数传电台，用于大客户负荷控制业务远程通信。2000 年后，逐渐以 2G/3G 无线公网替代自建 230MHz 频段数传电台，业务应用也逐步扩大到低压集抄、配变监测与负荷管理等。2010 年前后，随着国内配电自动化业务快速发展，配电自动化"三遥业务"对通信网络的安全性、可靠性提出了更高的要求，基于 2G/3G 的无线公网难以满足相关要求，因此国家电网、南方电网也探索了基于 230MHz、1.8GHz 频段的长期演进（TD - SCDMA Long Term Evolution，TD - LTE）等无线专网通信方式。目前，虽然微波通信只是电力系统中的一种辅助通信方式，但在某些特定的环境，如自然灾害频发地区、农村、海岛以及边远山区等，微波通信仍起着关键作用。

21 世纪以来，随着光纤通信技术的发展，微波通信逐步被取代。光纤通信是一种以高频率的光波作为载波、以光纤作为传输介质的通信方式，凭借其损耗低、容量大、体积小、重量轻、抗电磁干扰、不易串音等优点快速发展。目前，光纤通信在我国已形成完善的光纤通信产业体系，涵盖光纤光缆、光传输设备、光模块器件等。因此，光纤通信也逐渐在电力系统通信网络中被应用推广。

1.2 电力通信网概况

1.2.1 电力通信网总体架构

电力通信网按照网络层级可细分为电力通信网骨干层网络（以下简称"骨干通信网"）和电力通信网接入层网络（以下简称"通信接入网"，包括 10kV 通信接入网和本地通信网），电力通信网总体架构图如图 1-1 所示。

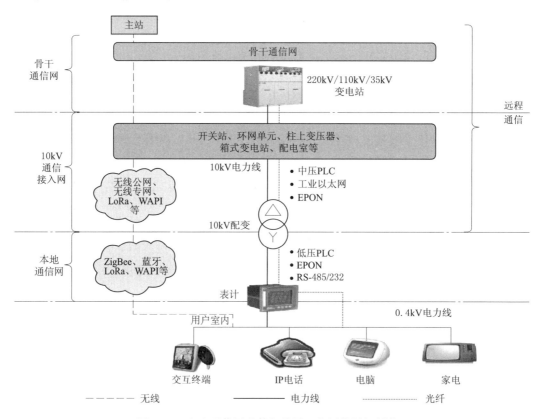

图 1-1 电力通信网总体架构图（按网络层级划分）

骨干通信网覆盖 35kV 及以上变电站、电力调度、办公、营业等电力系统生产经营的主要场所，是电力系统调度、发电、输电、变电、经营等信息传输的主要承载网络；通信接入网覆盖 10kV（20kV）及以下开闭所、开关房、环网柜、柱上开关、配电房、用户电表等电力系统末端的业务节点，也是电力系统配电、用电、传感等信息传输的主要承载网络。可以将骨干通信网以外的电力通信网都视为通信接入网，电力通信网业务覆盖情况示意图如图 1-2 所示。

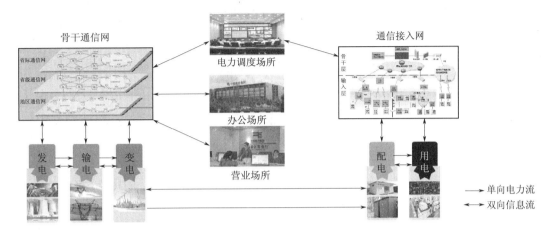

图 1-2　电力通信网业务覆盖情况示意图

总体而言，骨干通信网和通信接入网不论业务覆盖范围还是技术实现方案，两者差异非常大，一般情况下都需要分而论之。

1.2.2　骨干通信网概况

1.2.2.1　基本架构

骨干通信网一般由电网企业自行投资建设，负责承载电力系统核心生产经营业务。骨干通信网承载的业务按重要程度和分类分区承载要求可大致分为以下三类：一是 35kV 及以上电网生产运行控制类业务，即电网调度、继电保护及安全自动装置、自动化系统和指挥提供数据、语音、图像等业务；二是 35kV 及以上电网生产运行信息类业务，即保护信息管理、稳控系统信息管理业务、设备故障监测等业务；三是电力企业管理信息化业务，即电力企业行政交换、电视电话会议、应急指挥等业务。

为满足不同电力业务的统一承载和骨干通信网自身运行管理的需要，骨干通信网按其实现功能的不同又可细分为信息传输功能网络（以下简称"传输网"）、业务服务提供功能网络（以下简称"业务网"）和自身运行管理支撑功能网络（以下简称"支撑网"）等三大功能网络部件。

骨干通信网的传输网为整个电力通信网提供底层的数据传输能力，多以光纤通信为主，微波、电力线通信（Power Line Communication，PLC）、卫星通信等为辅，多种传输技术并存，是整个电力通信网中最为核心的部分，承担着电力系统中最重要的通信任务，需要最安全可靠的通信方式。

骨干通信网的业务网是骨干通信网重要组成部分，本身建立在电力通信网的传输网之上，属于业务应用的范畴，即为电力系统的各种业务提供直接的应用服务，包含数据通信网、调度交换网、调度数据网、行政交换网、电视电话会议系统等应用层服务网络。

骨干通信网的支撑网是为了骨干通信网的正常运行而设立的，为骨干通信网的运行维护提供技术支撑，主要包括同步网、网管网等运行管理支撑功能网络。其中，同步网按功能又可细分为频率同步网和时间同步网，为整个通信网提供基准一致的频率同步或时间同

3

步功能；网管网负责整个传输网和业务网的运行状态监控和资源高效管理。

骨干通信网承载的业务和相关功能网络部件互相交织，构成错综复杂的骨干通信网基本架构，如图1-3所示。

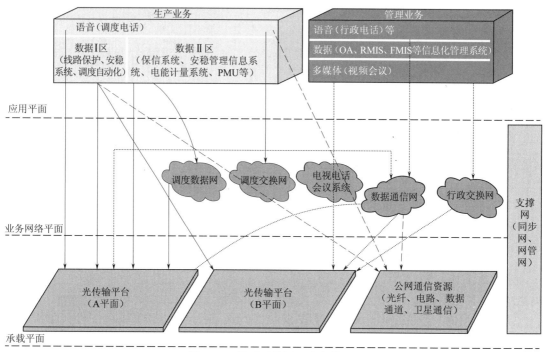

图1-3 骨干通信网基本架构图

——— 承载生产控制大区业务通信通道　　- - - 公网通信通道　　·········· 承载管理信息大区业务通信通道

1.2.2.2 网络现状

骨干通信网的传输网、业务网、支撑网各自实现的功能和技术路线完全不同，因此需要分别从传输网、业务网、支撑网三个维度描述各自的网络现状。

1. 传输网现状

传输网按服务对象的不同，可分为省际、省级和地市级三个层级。省际传输网的服务对象为电网企业总部、分部、省级直属单位、各省级电力公司和总部直调厂站；省级传输网的服务对象为省级电力公司、地市级直属单位、地市级供电公司、省调直调厂站；地市级传输网的服务对象为地市及以下供电公司、地市及以下直属单位、地市及以下直调厂站。

省际传输网和省级传输网均按照双平面建设，分为A/B平面，采用同步数字体系（Synchronous Digital Hierarchy，SDH）/多业务传送平台（Multi-Service Transfer Platform，MSTP）、自动交换光网络（Automatically Switched Optical Network，ASON）、光传送网（Optical Transport Network，OTN）等技术，以适应不同业务类型（生产控制业务、管理信息类业务等）、不同业务速率的通信通道需求，传输干线带宽一般远超10Gbit/s。地市级传输网按单平面建设，部分地区亦采用双平面建设，采用同步数字体系技术体制，主要覆盖地市级公司及其下属单位等，带宽以10Gbit/s、2.5Gbit/s、

622Mbit/s 为主。

现阶段，传输网大都以 SDH/MSTP 和 OTN 两种主流技术分别组网。SDH 技术基于时分复用，提供小颗粒业务通道，支持 2Mbit/s～10Gbit/s 的交叉颗粒度选择。SDH 技术成熟稳定，具备完善的保护机制，能够为业务提供高可靠、低时延的传输通道。目前 SDH 设备具有一定自主可控能力，安全性进一步得到了保障。OTN 技术以波分复用技术为基础，即将多个波道的信号在同一个纤芯中传输，能够使传输信号的带宽成倍增加。OTN 的业务颗粒度为 1～100Gbit/s，带宽远大于 SDH。OTN 技术继承了 SDH 技术优点，如丰富的操作、管理和维护（Operation，Administration and Maintenance，OAM）开支、灵敏的业务调度、完善的维护方式等，支持在光层和电层组织网络及业务调度。

目前 SDH 平面主要用于承载电力调度及生产控制业务，OTN 平面的网络平台主流容量为 40 波×10Gbit/s，主要承载管理信息化、调度自动化等高带宽数据业务。

2. 业务网现状

业务网按提供的应用层服务内容与形式不同，通常可分为数据通信网、调度交换网、调度数据网、行政交换网、电视电话会议系统等五大应用层网络。

（1）数据通信网。数据通信网（南方电网称综合数据网）是指由路由器和网络交换机为主要设备构成的，用于承载电力系统管理信息大区（即电力系统Ⅲ区、Ⅳ区）的 IP 数据承载网络，其主要覆盖范围包括电力企业总（分）部、调度机构、数据中心、客服中心、各省公司、各地市公司、各全资/控股县级单位、各级直属单位、供电所、营业厅、35kV 及以上变电站等管理信息业务联网站点，一般采取 IP MPLS-VPN 技术实现不同业务分类承载和逻辑隔离。

当前，电力企业总部至省公司的数据通信网骨干层网络带宽普遍为万兆，地市上联省公司带宽大部分为千兆，部分单位已达万兆。地市往下的数据通信网接入层（覆盖地市公司级单位、县公司级单位、供电所、35kV 及以上变电站）等，上联网络带宽绝大部分已达到百兆以上。

（2）调度交换网。调度交换网是电力调度运行指挥的专用电话交换网络，顾名思义，承载业务单一，即为调度电话业务。调度交换网通常由国家级、大区级、省级、地市级（含承担调度交换汇接功能的变电站、发电厂站）等各级调度交换节点及调度交换专用传输链路构成。目前，调度交换网技术体制仍以电路交换为主，国家电网、南方电网都在"十四五"期间开展了调度分组交换技术体制试点及技术演进策略研究，持续推进调度电话 IP 化工作。

（3）调度数据网。调度数据网是指由路由器和网络交换机为主要设备构成的，用于承载电力生产控制大区（即电力系统Ⅰ区、Ⅱ区）的 IP 数据承载网络，其主要覆盖了各级调度中心和直调发电厂站、变电站，按网络层级又可细分为调度数据网骨干层网络（以下简称"调度数据骨干网"）和调度数据网接入层网络（以下简称"调度数据接入网"）。调度数据网中内部使用开放式最短路径优先（Open Shortest Path First，OSPF）路由协议互通，通过 BGP/MPLS VPN 技术实现Ⅰ区和Ⅱ区业务的安全分区和隔离，所有业务均在虚拟专用网络（Virtual Private Network，VPN）内承载。

国家电网调度数据骨干网采用双平面设计，网络节点包括国调、网调、省调和地调。

当前，调度数据骨干网一平面链路带宽为 155Mbit/s，二平面链路带宽为 155Mbit/s 或 1000Mbit/s。调度数据接入网由各级调度直调厂站组成，按调度机构划分为网调接入网、省调接入网和地调接入网，各接入网相对独立。国调接入网设置西单、华北分中心两个核心层节点，直接与国调直调厂站接入层节点相连，链路带宽为 2×2Mbit/s。网调、省调接入网，一般在接入网核心层节点与厂站接入层节点间增加 1 层汇聚节点，汇聚节点原则上设在通信传输网上的枢纽节点，汇聚至核心链路带宽为 155Mbit/s，汇聚至接入链路带宽为 2×2Mbit/s。

南方电网调度数据骨干网细分为主干调度数据网、省级调度数据网、地区调度数据网三级网络。主干调度数据网、省级调度数据网采用双平面设计，地区调度数据网采用单平面设计。南方电网三级调度数据骨干网链路带宽都要求不小于 155Mbit/s，南方电网调度数据接入网单链路带宽，一般按 220kV 及以上电压等级厂站不小于 8Mbit/s、110kV 及以下厂站接入不小于 4Mbit/s 进行配置。

（4）行政交换网。行政交换网已经由电路交换逐步向 IP 多媒体系统（IP Multimedia Subsystem，IMS）技术体制（国家电网）和软交换技术（南方电网）演进。国家电网采用 IMS 技术体制建设了 IMS 行政交换网，采用异地灾备模式在总部和 27 家省（市）公司分别配置了互为备份的 2 套核心网，核心网架构呈现扁平化组网，原地市级用户、县级用户以及变电所、营业厅用户直接通过接入网关接入到核心网，以国家电网北京总部和上海灾备中心互为主备配置了一级 ENS，各省（市）公司为二级 ENS，实现全网的业务查询与呼叫。南方电网软交换网络由软交换机（用户注册网关）、中继网关、接入网关等组成，提供基本的音视频通信服务，南方电网总部及 5 个省公司统一规划和部署升级主系统，所辖地市级系统部署中继网关和接入网关，实现本地市话出局和本地语音自交换功能。行政交换网一般采用会话初始协议（Session Initialization Protocol，SIP）中继方式，实现省级及以上单位的核心交换设备互联互通。

（5）电视电话会议系统。电力企业陆续建成了多套技术体制或应用场景不同的电视电话会议系统，现阶段广泛应用的主要有专线硬视频系统、网络硬视频系统、软视频系统三类系统。以国家电网为例，"十三五"期间开展了数据通信网承载的网络硬视频系统建设，实现了县级供电公司高清视频会议终端全覆盖；早期建设的专线硬视频系统，承载通道仍为 SDH 专线通道，覆盖范围与网络硬视频系统基本相同，重大会议时，网络硬视频系统与专线硬视频系统同时进行会议保障。

3. 支撑网现状

支撑网按提供的支撑服务功能不同，一般包括频率同步网、网管网等两大支撑功能网络。

（1）频率同步网。电力企业频率同步网分为骨干同步网和省内同步网两层架构，全网按省划分为若干个同步区，同步区内采用全同步方式，同步区之间为准同步方式。省际 SDH 光传输系统应有来自两个不同一级基准时钟的定时基准源。

（2）网管网。电力企业大都开展了传输网、数据通信网、频率同步网等不同功能网络的专业网管系统的集中部署建设，网管网的集约化管理水平得到了大幅提升。后续仍将持续开展各专业功能网络管理系统的标准化接入，不断提高网管网的实用化水平，为电力通信网的运行管理提供强有力的支撑保障。

电力企业同步建成了电力通信网的综合运行监视管理系统（以下简称"通信管理系统"），目前已实现光传输网、数据通信网、动力环境监控系统等专业网络管理系统的标准接入，具备综合性的实时监视、资源管理、运行管理三大应用。

1.2.3 通信接入网概况

1.2.3.1 基本架构

与骨干通信网不同，通信接入网可以由电网企业自行投资建设，也可以租用公用通信网络资源，因此通信接入网一般是由多种不同属性的通信网络异构组成的。通信接入网可以是骨干通信网的延伸，也可以是单独组网接入电力系统各业务应用系统的主站，如图1-4所示。

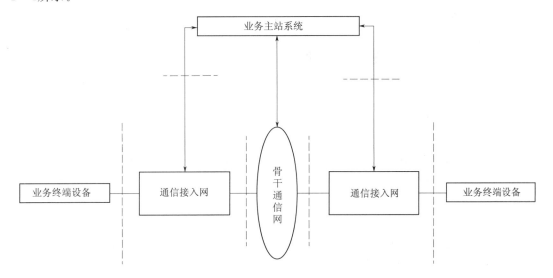

图1-4 通信接入网基本架构示意图

通信接入网按照网络层级又可进一步细分为通信接入网远程传输部分网络（以下简称"远程通信"）和通信接入网本地传输部分网络（以下简称"本地通信"）。

远程通信主要实现物联网网关至物联网平台之间的通信，是指承载10kV（20kV）开关站、开闭所、环网柜、柱上开关、公用配电房、专用配电房、分布式能源站、汽车充电站等节点各类业务的通信网络，主要承载的业务包括配电自动化、配变监测、大客户负荷管理、低压集抄、分布式能源站管理、汽车充电站管理、配电房视频监控、配电设备在线监测等。远程通信也可作为本地通信承载业务的上联通道。选用的通信技术主要包括光纤通信网络、无线公网、无线专网、中压电力线载波、北斗短报文通信等技术。

本地通信实现末端传感装置（感知层）至物联网网关之间的通信，是指承载380V/220V电表、汽车充电桩等用电设施各类业务的通信网络，主要承载的业务包括低压集抄、低压电表费控、汽车充电桩管理、智能小区、智能家居等。选用的通信技术包括以低压电力线载波、串口等有线通信技术，以及微功率无线（Micro Power Wireless）、无线局域网（Wireless Local Area Network，WLAN）、远距离无线电（Long - Range Radio，LoRa）等无线通信技术。

1.2.3.2　网络现状

通信接入网的远程通信、本地通信各自实现的功能和技术路线完全不同，因此需要分别描述各自的网络现状。

1. 远程通信现状

通信接入网本身仍处于高速建设发展阶段，作为通信接入网数据远程功能承担者的远程通信，当前主要采用的通信方式是无线公网（4G 为主），少部分地区采用无线专网（含 LTE 230MHz、230MHz 频段数传电台、LTE 1.8GHz 等）、中压载波和光纤通信等方式，在偏远山区等无公网信号的区域，也采用北斗短报文等卫星通信方式作为补充。

以南方电网为例，南方电网通信接入网是在充分利用现有骨干通信网的基础上，采用无线公网、光纤通信、无线专网、北斗卫星通信、中压载波等多种通信方式，满足配电自动化、计量自动化等业务终端接入的需求。当前，无线公网方式占比约为 97%，主要采用 4G 网络承载，少部分采用 5G 通信方式；光纤通信占比约 2.5%，主要在广州、深圳等大城市建设覆盖到配电房的配电数据网，用于承载配电自动化等配网侧各类业务，采用工业以太网交换机、XPON 等技术体制；无线专网主要是 LTE 230MHz、LTE 1.8GHz 和 230MHz 频段数传电台等技术体制，应用规模较小，占比约 0.25%；北斗卫星主要满足偏远山区小水电抄表应用，占比约 0.2%；中压载波规模逐渐减少，占比约 0.05%。

2. 本地通信现状

电力系统中最早采用本地通信的是低压集抄业务，主要采用的方式是通过 RS-485 总线将电表接入到采集器中，采集器与集中器之间采用 RS-485 串口线、低压电力线载波（窄带）方式通信。低压集抄不断发展，之后发展到载波表直采（全载波）、微功率无线自组网技术和低压宽带电力线载波（BPLC/HPLC）等技术。近年来随着电力物联网发展，变电站、配电房等区域也需要本地通信，蓝牙、LoRa 等无线通信技术也成为本地通信选择的技术新宠。

以南方电网为例，当前南方电网低压集抄业务本地通信以电力线载波为主（占比约 83%）、微功率无线为辅（占比约 14%），少部分地区采用 RS-485 总线和租用广电的宽带网络方式（合计占比约 3%）。电力线载波中，传统窄带低压电力线载波占总通信方式比约 68%，宽带电力线载波占总通信方式比约 15%，新投运的电表主要采用宽带电力线载波方式。

1.3　电力通信网面临的形势与挑战

新型电力系统背景下，传统电力通信网的发展面临更加复杂多变的外部环境制约和层出不穷的新业务需求驱动。

2021 年 4 月，南方电网发布《数字电网推动构建以新能源为主体的新型电力系统白皮书》，明确提出"数字电网将成为承载新型电力系统的最佳形态"。2022 年 2 月，《国家发展改革委、国家能源局关于完善能源绿色低碳转型体制机制和政策措施的意见》（发改能源〔2022〕206 号）指出，加强新型电力系统顶层设计，研究制定新型电力系统相关标准，对现有电力系统进行绿色低碳发展适应性评估，在电网架构、电源结构、"源网荷储"

协调、数字化智能化运行控制等方面提升技术和优化系统。2022 年 7 月，国家电网发布《新型电力系统数字技术支撑体系白皮书》，提出新型电力系统数字技术支撑体系分为"三区四层"，即生产控制大区、管理信息大区和互联网大区"三区"以及数据的采、传、存、用"四层"。

新型电力系统"源网荷储"各侧的规划、技术、服务边界发生深刻变化，能源电力生态、价值链产业链联系更加紧密快捷多样。新型电力系统下，分布式资源海量互联，电网实现"可观、可测、可控、可调"、市场服务频繁互动、"源网荷储"灵活调节等需求愈发迫切，其发展的趋势主要体现为：

（1）太阳能、风能、分布式储能等新能源大规模接入，电子伏特（electron volt，EV）充电桩、智慧园区、智能家居等业务的状态监测、泛在感知、闭环控制需求增大。

（2）电网"控制"由局部向全域拓展，一方面电源结构发生深刻变化，由大规模集中向集中与分布式并存转变；另一方面长距离、大容量、交直流混联，电网稳定形态更加复杂，全局电网系统协调控制成为必然，迫切需要基于全景感知和实时决策，实现"源网荷"多类控制资源的协同控制。

（3）"用电需求响应"由骨干向末梢延伸，从输变电控制，向配电网、分布式电源和用户侧末端拓展，控制点数量由万级向百万级、千万级变化；控制时延由准实时向实时转变；控制频次由低频转向高频。

（4）信息"采集"爆发式增长，电表与电网互动更加频繁，海量非计量信息；需求侧响应数据等呈几何增长，用户与电网关系由主从趋向于平等交互；采集点下移，用能终端随器计量；采集频次和实时性提高（15min/次）。

（5）平台间信息交互爆发式增长，各信息平台、各数据中心间信息量可达数十 G 到数百 G 流量；信息交互安全性、可靠性、实时性极高。

新型电力系统下，随着电网数字化、智能化发展，各种业务应用的实现都离不开通信网络的支撑，对通信的依赖更加强烈，对通信安全性、可靠性、实时性和带宽的需求也更加多样和严格，电力通信面临新的挑战，主要表现为：

（1）海量终端通信低成本覆盖需求强烈，当前通信终端数量为千万级，未来新型电力系统达到亿级，甚至十亿级别。

（2）通信通道安全性要求更苛刻，主要表现为电网控制类业务若被恶意攻击将可能导致大面积停电，无线通信的通道安全必须得以加强。

（3）继电保护等要求高质量低时延传输的配电网控制类业务，易受干扰的无线通信技术难以同时满足毫秒级低时延、超高可用性等高可靠性保障。

（4）差异化业务的个性化适配难度极大，电网业务种类丰富，通信的带宽、安全性要求、时延要求、成本要求差异性非常大。

（5）通信资源管控需求更加迫切，海量终端的通信运行水平很大程度上依赖于通信的智能运维水平，迫切要求端到端通信质量可监测、故障可定位、资源可管控。

为满足新型电力系统通信需求，迫切需要探究未来电力通信技术如何发展、网架如何演进，当前可见初步判断，电力通信网主要有以下发展方向：

（1）"云大物移智链"等新信息与通信技术（Information and Communications Technology，ICT）在电力通信得到有效应用，全面提升电力通信的安全性、可靠性和智能化水平，提升网络运维效率和管理水平。

（2）下一代网络互联网协议第 6 版（Internet Protocol Version 6，IPv6）及软件定义网络（Software Defined Network，SDN）技术得到广泛应用。

（3）基于单波 100Gbit/s 的 OTN、私有加密网络（Secret Private Network，SPN）等技术的大带宽网络成为电力骨干通信网的主要网络，核心层网络带宽达到 T 级以上。

（4）无线局域网鉴别与保密基础结构（WLAN Authentication and Privacy Infrastructure，WAPI）、BPLC/HPLC、5G、低功率广域网络（Low Power Wide Area Network，LPWAN）、卫星通信等"最后一公里"末端接入的通信新技术大规模应用，满足末端海量、低成本、安全、可靠接入通信需求。

综上，新型电力系统无论是"数字电网"形态、还是采用"三区四层"的数字技术支撑体系，都需要电网数字化转型，需要通信作为信息交换的载体，从这个意义上来说，电力通信网就是新型电力系统的基础底座，是"数字电网"的数字底座。新型电力系统大发展对电力通信网提出了"海量、低成本、安全、可靠、泛在"接入的新需求，电力通信网的技术发展与网架演进反过来将大大促进新型电力系统的建设与发展。

第 2 章

新型电力系统通信需求分析

新型电力系统与传统电力系统相比，其电源结构、负荷特性、电网形态和运行机理均已大不相同，由此提出众多通信业务新需求，这在通信接入网方面表现尤为突出。只有充分、全面、科学地分析新型电力系统通信业务新需求，去伪存真、由表及里，把零散的信息系统化，才能找到通信业务的关键与本质。

2.1 新型电力系统通信业务分类方法探究

2.1.1 通信业务常用分类方法

随着新型电力系统建设的持续推进，电力通信网的业务种类持续增加，已呈现出更加复杂的业务形式和业务种类，目前大都参照传统电力通信网的业务种类分类方法，对新型电力系统通信业务种类进行分类，具体如下：

（1）按照业务属性大致可分为两大类，即控制业务和非控制业务。

（2）按照电力二次系统安全防护管理体系划分，可划分为Ⅰ、Ⅱ、Ⅲ、Ⅳ四大安全区域业务。

（3）按照业务流类型划分，可分为语音、数据及多媒体业务。

（4）按照时延划分，可划分为实时业务和非实时业务。

（5）按照新型电力系统应用场景划分，可分为电源业务、电网业务、负荷业务和储能业务四大类。

（6）按照专业属性可分为发电业务、变电业务、输电业务、配电业务、营销业务、调控业务六大类。

上述通信业务分类方法，难以满足新型电力系统不同应用场景下通信技术差异化选型和电力通信网按需覆盖的本质要求，因此需要提出一种针对新型电力系统通信业务的多维度综合分类方法，并以此为基础开展新型电力系统不同应用场景下的通信业务需求分析。

2.1.2 通信业务综合分类方法探究

新型电力系统从理论到实践，其自身内涵仍在不断丰富和完善过程中，这就造成了新型电力系统的通信需求也在不断更新迭代，因此其通信需求分析不是一次能完成的，需要不定期地动态滚动更新，同时，为新型电力系统服务的电力通信网也需要不断迭代升级。

站在当前时间节点，客观地分析新型电力系统当前的通信需求，抓住关键业务、解决典型应用，是现阶段电力通信专业支撑新型电力系统建设的最主要和最紧迫的任务。

作为全新事物出现的新型电力系统，其通信需求分析需要有科学的分析方法和严谨的分析流程。科学的通信需求分析过程，大致分解为需求全面收集、需求评估判定和需求精炼聚类三个阶段。需求全面收集阶段，要求尽可能全面地完成收集工作，不论需求是否合理、能否实现，这个阶段都不予评价，以保证做到充分、全面的收集需求；需求评估判定阶段，要求深入全面评估已收集完整的需求，辨别需求真伪，去伪存真，并判定需求优先级顺序；需求精炼聚类阶段，要求进一步精练真需求的共性核心指标，聚类合并为同类需求，为后续技术选型设定门槛，切忌堆砌需求。

需求全面收集阶段和需求评估判定阶段的要求相对容易理解和实现，而需求精炼聚类阶段的要求，需要在总结新型电力系统业务特点基础上提炼，现无先例可参考。本书参考通信业务常用分类方法，结合新型电力系统应用场景、专业属性及业务属性等特点，抛砖引玉提出一种新的通信业务综合分类方法，即以独占一个通信端口单元为最小颗粒度，将新型电力系统通信业务种类进行多维度综合分类，并重新聚合为新的四大类业务，重点是对新型电力系统控制业务进行进一步细分，区分非核心控制业务，从而采用更加灵活的通信手段和网络安全防护措施，更好地支撑新型电力系统"源网荷储"友好互动，具体如下：

第一类为点对点控制或"条件反射型"控制业务（以下简称"第一类控制业务"）。第一类控制业务核心特征是采用点对点专线通道承载，且业务没有主站进行集中控制，也没有与外部站点进行数据交互的需求，对应电网"三道防线"中继电保护和安稳控制业务。通信畅通是这类业务在故障情况下快速切除故障元件、协调电源和负荷平衡的基础，因此这类业务对通信性能要求极其苛刻，需要提供最高级的通信确定性服务，包括：①通信时延要求为十毫秒级，且收发两个信道时延要保持一致；②通道长期占用，但带宽不超过 2M；③因不与外部站点进行数据交互，基本不存在网络安全问题。这类业务一般采用同步光传输系统（SDH 技术）进行承载。

第二类为调度闭环控制业务（以下简称"第二类控制业务"）。第二类控制业务核心特征是采用调度数据网进行统一承载，即承载网络属于关键信息基础设施范畴，控制指令由各级电力调度主站集中分析后统一下发执行，且执行结果反馈数据也在调度数据网内闭环传输，对应电力调度自动化业务。这类业务也需要提供比较高的通信确定性服务，包括：①通信时延要求为百毫秒级；②通道长期占用，且带宽要求相对较高，一般不超过百兆，可多站共享带宽；③因承载网络属于关键信息基础设施范畴，因此网络安全防护要求极其苛刻。这类业务一般采用光纤通信方式承载，也有少量采用无线专网方式承载。

第三类为设备远程操作或调度需求响应控制业务（以下简称"第三类控制业务"）。第三类控制业务的核心特征是控制指令和执行结果反馈数据未通过调度数据网进行承载，即承载网络不属于关键信息基础设施范畴，与调度数据网互联时，需要加装网络安全边界防护设备，同时业务一般有专业化或区域化的主站进行专业分类控制或区域分散控制，对应输变电设备远程操作业务和电力调度需求响应二级控制（群控群调）业务。这类业务的控制主站具有明显的专业化、网格化特点，需要提供基本的通信确定性服务，包括：①通信时延为秒级；②通道可不长期占用，且带宽要求不超过 2M；③因承载网络不属于关键信息基础设施范畴，因此网络安全防护要求可适当降低，具体网络安全防护要求取决于业务主站管理的业务重要性和终端规模，重要性高、规模大的第三类控制业务网络安全防护要求相对高些。这类业务可采用光纤通信方式、无线专网方式和 4G/5G 无线虚拟专网方式进行承载。

第四类为非控制类业务（以下简称"第四类业务"）。第四类业务也就是常规的输电、变电、配电、用电等专业领域的数据采集业务，包括遥信、遥测、在线监测等业务终端类型。这类业务通常没有特殊的通信确定性服务要求，即：①通信时延为不小于秒级；②通信带宽要求取决于业务类型，一般高清视频类业务带宽要求较高，其他业务带宽不高；③网络安全防护要求也相对较低，但必要的网络边界防护必不可少。这类业务可采用各种灵活的通信方式进行差异化承载，一般以经济性、灵活性作为通信技术选择的优先考虑因素。

四类业务聚合分类见表 2-1。

表 2-1　　　　　　　　　　　　　　四 类 业 务 聚 合 分 类

业务分类	业务名称	业务特征	典型业务	通信需求
第一类 控制业务	点对点控制或"条件反射型"控制业务	1. 无控制主站。 2. 专线通道承载。 3. 不成网	1. 继电保护。 2. 安稳控制	最高级的通信确定性服务，包括： 1. 时延：十毫秒级 2. 带宽：≤2Mbit/s（长占） 3. 安全性：较高
第二类 控制业务	调度闭环控制业务	1. 电力调度主站。 2. 调度数据网承载。 3. 成网运行，属于关键信息基础设施	调度自动化	比较高的通信确定性服务，包括： 1. 时延：百毫秒级 2. 带宽：≤100Mbit/s（长占） 3. 安全性：较高
第三类 控制业务	设备远程操作或调度需求响应控制业务	1. 专业化主站或群控群调主站。 2. 未通过调度数据网承载。 3. 成网运行，不属于关键信息基础设施	1. 配网自动化。 2. 新能源群控群调。 3. 可中断负荷控制	基本的通信确定性服务，包括： 1. 时延：秒级 2. 带宽：≤2Mbit/s（可不长占） 3. 安全性：较高
第四类 业务	非控制类业务 （数据采集业务）	1. 无控制需求。 2. 综合数据网或公网承载。 3. 成网运行，不属于关键信息基础设施	1. 输变电在线监测。 2. 营销用电信息采集	无需通信确定性服务，包括： 1. 时延：不小于秒级 2. 带宽：尽力而为 3. 安全性：一般

下面以新型电力系统各类场景分析通信业务需求特点，总结提炼各类应用场景的业务种类，为后续通信技术选型奠定基础。

2.2　电　源　侧

2.2.1　传统电厂

2.2.1.1　应用场景概述

传统电厂是指并入电网运行的火力（燃煤、燃油、燃气及生物质）、水力、核能等发电厂，主要实现将一次能源转换为电能（二次能源）。传统电厂可分为统调电厂和非统调电厂，其中统调电厂由省级电网调度进行调度管理，承担调网、调峰任务，非统调电厂指一些地县调度管辖的电厂或企业自备电厂，不直接由省级电网调度管理。目前我国主要发电类型是火力发电和水力发电，2022 年上半年全国火力发电量占比 72.72%，水力发电占比 15.26%。

统调电厂与电力调度机构之间的联系非常紧密，通信业务种类也非常丰富，非统调电厂通信业务种类相对会少一些，鉴于统调电厂与非统调电厂同类业务的通信需求基本一致，因此本章节仅以传统统调水力发电厂为例进行通信需求分析。

2.2.1.2　业务种类分析

统调水力发电厂业务类型包括厂站内的生产调度管理通信业务（以下简称"厂站内的业务"）和连接站外的厂网间生产调度通信业务（以下简称"连接站外的厂网业务"）。厂站内的业务包括厂站内调度电话、电厂计算机监控系统及应急通信系统；连接站外的厂网业务，包括水力发电厂与电力调度之间的调度和管理业务、水力发电厂与电力系统之间其他部分业务，包括继电保护、安全稳定控制、调度自动化、调度电话等业务。为简化分析、突出重点，仅分析传统统调水力发电厂连接站外的厂网业务通信需求。

1. 继电保护业务

继电保护业务是对电力系统中发生的故障或异常情况进行检测，从而发出报警信号，或直接将故障部分隔离、切除的一种重要措施。继电保护业务类型包括主保护、后备保护（近后备或远后备）和辅助保护。继电保护业务数据包括故障测距、通道状态、故障时的输入模拟量和开关量、输出开关量、动作元件、动作时间、返回时间、故障相别、自动检测、开关变位、开入量变位、压板切换、定值修改、定值区切换、时钟信号等。

2. 安全稳定控制业务

安全稳定控制业务是用于防止电力系统稳定破坏、防止电力系统事故扩大、防止电网崩溃及大面积停电以及恢复电力系统正常运行的重要手段。安全稳定自动装置包括稳控装置、失步解列装置、低频减负荷装置、低压减负荷装置、过频切机装置、备用电源自投装置、水电厂低频自启动装置等。

3. 调度自动化业务

水力发电厂调度自动化业务通过对水力发电厂水库及其流域水文信息、水库和水力发电厂运行信息的自动采集处理，实现对水力发电厂和水库运行状态的实时监视。水力发电厂调度自动化业务主要包括数据采集与监视控制系统（Supervisory Control And Data Acquisition，SCADA）业务、相量测量业务、保护安全和录波业务以及综合监测业务。

（1）SCADA 业务。水力发电厂与相关调度（调控）中心交互 SCADA 信息，向相关调度上送遥测、遥信量，包括：①发电机、厂用高压变压器和启动备用变压器有功功率、无功功率、机组机端电压；②变压器各侧有功功率和无功功率、高压侧三相电流、三相电压、分接头档位；③水力发电厂上、下游（池）水位等信号。

调度（调控）中心根据需要向水力发电厂传送遥控或遥调命令，包括断路器分合、隔离开关分合、水力发电厂功率调节装置远方投切等指令。

（2）相量测量业务。水力发电厂向相关调度（调控）中心上送遥测、遥信量，包括：①送出线路三相电压、三相电流；②主变高压侧三相电压、三相电流；③自动电压调节器（automatic voltage regulator，AVR）自动/手动；④AVR 投入/退出；⑤电力系统稳定器（power system stabilizer，PSS）投入/退出；⑥低励限制动作等信号。

（3）保护安全和录波业务。水力发电厂向相关调度（调控）中心上送保护安全和录波业务遥测、遥信量，包括：①跳闸出口信号、装置故障、装置异常、通信中断、通道异常、主变/有载调压非电量保护告警及出口、装置故障、装置异常；②220kV 及以上电压等级线路、母联及分段、主变各侧的电流、电压，以及 220kV 及以上电压等级主要保护动作、各间隔断路器位置等信号。

（4）综合监测业务。水力发电厂向相关调度（调控）中心上送综合监测遥测、遥信量。包括：①坝上水位、坝下水位、尾水位；②测站降水量；③测站水位；④流域平均降水量；⑤闸门开度；⑥闸门状态；⑦机组有功；⑧机组状态；⑨水力发电厂全厂有功等信号。

4. 调度电话业务（可与站内调度电话合用）

调度电话用于实现系统调度并有效地指挥生产。调度电话要求有高可靠性，在正常情况下，甚至在恶劣的气候条件下和电力系统发生事故时，均应保证电话畅通。调度电话与现有通信网内各种传输设备应能有效连接和可靠工作，具有强拆、强插、代答、组呼/群呼、缩位拨号、回叫、会议、转移、保持、录音等用户服务功能，同时具备路由迂回、路由查找、路由重试、闭塞路由等通信增加服务功能，实现基于业务质量和呼叫服务信息来选择最佳路由。

2.2.1.3 通信性能要求

1. 继电保护业务

目前主要采用光纤通道作为保护通信的承载方式。继电保护光纤通道要求稳定可靠，满足继电保护的技术要求。复用通道宜采用 2Mbit/s 数字接口，2Mbit/s 数字接口的技术条件应符合标准《数字网系列比特率电接口特性》（GB/T 7611—2016）、《同步数字体系（SDH）设备功能块特性》（GB/T 16712—2008）和《光纤通道传输保护信息通用技术条件》（DL/T 364—2019）。用于继电保护的通信通道单向时延应不大于 12ms。传输继电保护信息的光纤通道应满足通道误码率不大于 1×10^{-8}。传输继电保护信息的光纤自愈网通信电路区段具备的性能指标应符合 GB/T 16712—2008 标准。

2. 安全稳定控制业务

安全稳定控制系统的信息传送通道应满足传输时间、安全性和可依赖性的要求。安全稳定控制系统的信息传送通道可采用光纤、微波、电力线载波等传输媒介，并尽可能采用光纤通道。对双重化配置的安全稳定控制系统，两套安全稳定控制装置的通信通道及通道接口设备（含通信光端设备、接口设备的电源）应相互独立，并尽量采用不同的通道路由，采用专用纤芯时，尽量采用不同光缆的纤芯。复用光纤通道时，宜符合《分等级的数字界面物理/电子特征》（ITU-T G.703—2001）要求；采用 64kbit/s 复接光纤通道时，两套安全稳定控制装置均应使用不同的脉冲编码调制（Pulse Code Modulation，PCM）终端。采用专用的电力线载波通道时，每套安全稳定控制装置均应使用专用的收发信设备；复用电力线载波通道时，每套安全稳定控制装置应复接不同的载波机。安全稳定控制装置复用光纤通道误码率应小于 $1×10^{-8}$。控制主站发出的控制命令经多级通道传输到最后一级执行装置的总传输时延，对于光纤通道不宜超过 20ms，对于载波通道不宜超过 40ms。双重化配置的两套安全稳定控制系统通道延时差宜小于 10ms。

3. 调度自动化业务

调度自动化业务实行双平面部署，采用 SDH/MSTP 光传输网络，核心节点之间带宽百兆，采用以太网接口，实际开通带宽 VC3 - 2v，采用虚拼接（virtual concatenation，VCAT）方式，可根据调度自动化业务实际需求随时调整带宽，电路允许自动保护倒换。调度端之间网络通道带宽不应小于 100Mbit/s，厂站端接入通道带宽不应小于 2Mbit/s。接入节点各节点分两路接入，采用 2×2Mbit/s 捆绑汇聚至相应节点，通信通道的误码率应优于 $1×10^{-5}$，通信可靠性需求不低于 99.9％。专线通道应统一接口标准，模拟接口采用全双工通道，通信速率不小于 1200bit/s，误码率在信噪比为 17dB 时不大于 $1×10^{-5}$，数字接口通信速率不小于 2400bit/s；E1 网络专线通信速率不小于 2048kbit/s，误码率在信噪比为 17dB 时不大于 $1×10^{-7}$。

4. 调度电话业务（可与站内调度电话合用）

水力发电厂可根据外部电力调度需求及站内调度电话规模部署专用于调度电话业务的调度交换机，或部署直接接入外部电力调度机构调度交换机的调度话机，进行内外部电力调度指挥。当采用专用于调度电话业务的数字程控调度交换机时，局间中继应为双向中继电路，采用"呼出只听一次拨号音（Direct Outward Dialing－One，DOD_1）＋呼入自动直拨到分机用户（Direct Inward Dialing，DID）全自动直拨"中继方式。当采用调度话机与调度交换机互联时，采用 U 接口、PCM 设备通过 2M 口与传输网互联，继而实现与调度交换机互联，U 接口以及 PCM 设备与调度话机采用 2/4 芯电话线互联。若调度交换机配置 IP 用户板时，也可采用"IP 用户板＋集成/综合接入设备（Integrated Access Device，IAD）设备"方式提供调度电话服务，互联通道可采用 IP 专线或数据网 VPN 通道。单路语音电话传输带宽在 G.711 模式下速率为 64kbit/s，在 G.273.1 模式下为 5.3kbit/s，进一步压缩速率可达到 2.4kbit/s。为保证语音通话质量，语音业务对网络时延要求一般为 250ms 以内。

2.2.1.4　业务聚类小结

统调水力发电厂是传统电厂的典型代表。统调水力发电厂的通信业务需求，一般包括：第一类控制业务，如继电保护、安全稳定控制等；第二类控制业务，如调度自动化。非统调水力发电厂一般只有第二类控制业务，但也会有一些特例，如国家电网控股的水力发电厂，还需要电力通信网承载第四类业务，如数据通信网业务。

新型电力系统建设背景下，未来传统电厂将向灵活调节型电源转变，同时伴随新能源爆发会引入大量的电力电子设备，传统电厂一、二次系统也需同步提高对故障短路电流的耐受力，需要更低的通信传输时延和继电保护设备开断时间，因此需要引入更加灵活可靠、快速高效的骨干通信网技术，以应对新型电力系统更加频繁的电源灵活性调节需求。

2.2.2　集中式新能源电站

2.2.2.1　应用场景概述

集中式新能源电站是指通过太阳能、生物质能、风能、地热能、波浪能、洋流能和潮汐能等清洁能源发电的大容量电站。目前我国新能源发电装机容量保持较快增长，呈现出"风光领跑、多源协调"态势，风电、光伏发电将是我国发展最快的电源类型。截至2022年上半年，全国风电装机容量为 3.42 亿 kW、光伏发电装机容量为 3.36 亿 kW。本章节主要以集中式光伏电站为例进行通信需求分析。

2.2.2.2　业务种类分析

集中式光伏电站一般参照传统电厂进行管理和调度，集中式光伏电站与电力调度机构之间的主要业务包括继电保护、安全稳定控制、调度自动化和调度电话业务，其中继电保护业务、安全稳定控制业务和调度电话业务，与传统电厂完全一致。调度自动化业务与传统电厂相比，具体采集处理的信息内容略有不同。

集中式光伏电站调度自动化通过对集中式光伏电站运行信息的自动采集处理，实现对集中式光伏电站运行状态的实时监视。集中式光伏电站调度自动化业务主要包括 SCADA 业务、相量测量业务、保护安全和录波业务。

（1）SCADA 业务。集中式光伏电站与相关调度（调控）中心交互 SCADA 信息，向相关调度上送遥测、遥信量，包括：①逆变器、站用高压变压器和启动备用变压器有功功率、无功功率、机组机端电压；②变压器各侧有功功率和无功功率、高压侧三相电流、三相电压、分接头档位等信号。

调度（调控）中心根据需要向集中式光伏电站传送遥控或遥调命令，包括断路器分合、隔离开关分合、集中式光伏电站功率调节装置远方投切等指令。

（2）相量测量业务。集中式光伏电站向相关调度（调控）中心上送遥测、遥信量，包括：①送出线路三相电压、三相电流；②主变高压侧三相电压、三相电流；③AVR 自动/手动；④AVR 投入/退出；⑤PSS 投入/退出；⑥低励限制动作等信号。

（3）保护安全和录波业务。集中式光伏电站向相关调度（调控）中心上送保护安全和录波业务遥测、遥信量，包括：①跳闸出口信号、装置故障、装置异常、通信中断、通道异常、主变/有载调压非电量保护告警及出口、装置故障、装置异常；②220kV 及以上电压等级线路、母联及分段、主变各侧的电流、电压，以及 220kV 及以上电压等级主保护动作、各间隔断路器位置等信号。

2.2.2.3　通信性能要求

集中式光伏电站的继电保护、安全稳定控制、调度自动化和调度电话业务，其通信性能要求与传统电厂完全一致。

2.2.2.4　业务聚类小结

集中式光伏电站是集中式新能源电站的典型代表。综上所述，集中式新能源电站与统调传统电厂类似，通信业务需求一般包括：第一类控制业务，如继电保护、安全稳定控制等；第二类控制业务，如调度自动化。但也存在一些区别，如：部分集中式新能源电站需要同时接入省级新能源集控中心，部分集中式新能源电站需要同时接入"虚拟电厂"集中控制平台。同时，集中式新能源电站因占地面积庞大，站内通信比传统电厂更加庞大、复杂，这也是电力通信网需要攻克的难题之一。

新型电力系统建设背景下，未来集中式新能源的通信接入将大幅增加。由于集中式新能源电站普遍位于偏远地区，骨干通信网较为薄弱，因此需要提升电网末端骨干通信网覆盖和可靠接入能力。后续在国家大型新能源基地全面建设的情况下，需要结合区域通信网实际情况，建设安全、可靠、高效的骨干通信网，同时需要因地制宜建设经济、高效的站内通信网络，全面支撑和保障大型新能源的外送。

2.2.3　中压分布式电源

2.2.3.1　应用场景概述

中压分布式电源指接入 10kV 电压等级，位于用户附近，就地消纳为主的电源，包括用以满足电力系统和用户特定要求的电源，如电网调峰、为边远用户供电等特殊需求电源。目前全国中压分布式电源主要以分布式光伏电站为主，现有 10kV 分布式光伏电站站点数量约 1.3 万余个，到"十四五"末，10kV 分布式光伏电站预计占光伏发电容量的 30%。本章节以 10kV 电压等级并网的光伏分布式电源为例进行通信需求分析。

2.2.3.2　业务种类分析

10kV 电压等级并网的光伏分布式电源主要分为两类业务，一类是调度监控业务/并网点远程控制业务，该业务间接接入调度主站，实现对 10kV 电压等级并网的光伏分布式电源的运行控制；另一类是电能计量业务，该业务接入用电信息采集系统，实现对 10kV 电压等级并网的光伏分布式电源的电能量结算和考核。

1. 调度监控业务/并网点远程控制业务

10kV 电压等级并网的光伏分布式电源调度监控业务和并网点远程控制业务均可实现分布式光伏远程控制，但业务架构存在一定差异，其中：调度监控业务通过调度主站下发需求至群控群调子站，由群控群调子站进行二次控制；并网点远程控制业务通过配电主站或营销负控主站进行专业化集中控制。目前主要以调度主站群控群调控制方式为主。根据《分布式电源接入配电网技术规定》（NB/T 32015—2013）标准要求，通过 10kV 电压等级并网的光伏分布式电源应向电网调度机构实时上传数据并接受电网调度机构指令。10kV 电压等级并网的光伏分布式电源实时采集并网运行信息，主要包括并网点开关状态、并网点电压和电流、分布式电源输送有功、无功功率、发电量等，并上传至相关电网调度部门；配置遥控装置的分布式电源，需要执行调度（调控）中心向 10kV 电压等级并网的光伏分布式电源传送遥控或遥调命令，包括接收、执行调度端远方控制解/并列、启停和发电功率的指令。

2. 电能计量业务

根据《电能信息采集与管理系统　第 3—3 部分：电能信息采集终端技术规范—专变采集终端特殊要求》（DL/T 698.33—2010）的相关规定，10kV 电压等级并网的光伏分布式电源电能计量业务主要包括：用户计量关口电能量数据；电压、电流、功率等负荷数据；采集终端、电能表运行事件信息等。

2.2.3.3　通信性能要求

1. 调度监控业务/并网点远程控制业务

目前，10kV 电压等级并网的光伏分布式电源大部分站点（94%）已接入调度自动化系统，少量站点仍不具备调度监视、控制能力。10kV 电压等级并网的光伏分布式电源接入电网监控终端与主站之间的通信系统应满足电网安全经济运行对电力系统通信业务的要求。分布式电源接入电网监控终端与主站之间的通信方式和信息传输应符合《电力监控系统安全防护规定》要求,包括遥测、遥信、遥控、遥调信号,以及提供信号的方式和实时性要求等,可采取基于《远动设备及系统 第5-101部分:传输规约基本远动任务配套标准》(DL/T 634.5101—2022)和《远动设备及系统 第5-104部分:传输规约采用标准传输协议集的 IEC 60870-5-101 网络访问》(DL/T 634.5104—2009)的通信协议。通信系统应具备与电网调度机构之间进行数据通信的能力,能够采集电源的电气运行工况,上传至电网调度机构。

2. 电能计量业务

10kV 电压等级并网的光伏分布式电源接入用电信息采集系统终端与主站之间的通信协议应符合《电能信息采集与管理系统 第4-1部分:通信协议-主站与电能信息采集终端通信》(DL/T 698.41—2010)的要求。终端与电能表的数据通信协议至少应支持《多功能电能表通信协议》(DL/T 645—2007)。

10kV 电压等级并网的光伏分布式电源站点业务总体通信需求见表 2-2。

表 2-2　　　　　　　　　业务总体通信需求

业务类别	通信需求		
	单向时延/s	带宽/(kbit/s)	通道可用性/%
调度监控业务/并网点远程控制业务	≤1	≥64	≥99
电能计量业务	≤3	≥64	≥95

10kV 电压等级并网的光伏分布式电源站点需要考虑电网调度、营销等业务需求,通信带宽需求上行速率大于等于 64kbps,下行速率大于等于 4.5kbps。

10kV 电压等级并网的光伏分布式电源业务实时性需求见表 2-3。

表 2-3　　　　　　　　　业务实时性需求

性　能			实时性指标/s
遥测	遥测越限由终端传递到子站/主站	光纤通信	<3
		载波通信	<30
		无线通信	<60
	遥测越限由子站传递到主站		<3
遥信	站内事件分辨率		<0.01
	遥信变位由终端传递到子站/主站	光纤通信	<3
		载波通信	<30
		无线通信	<60
遥控	命令选择、执行或撤销传输时间	光纤通信	≤10
		载波通信	≤60
孤岛检测	远方方式		孤岛检测、隔离时间≤300
	本地方式		孤岛检测、隔离时间≤3
故障隔离	远方方式		故障识别、隔离时间≤300
	本地方式		故障识别、隔离时间≤3

10kV 电压等级并网的光伏分布式电源接入电网监控终端与主站之间通信通道的误码率应优于 1×10^{-5}，通信可靠性需求不低于 99.9%。

2.2.3.4 业务聚类小结

10kV 电压等级并网的光伏分布式电源是中压分布式电源的典型代表。综上所述，中压分布式电源一般包括：第三类控制业务，如分布式电源调度监控业务，本质上与主网调度自动化业务功能相同，但与关键信息基础设施没有共网运行，因此群控群调的二次控制方式是一种更为合理的运行控制方式；第四类业务，如分布式电源电能计量业务。但也存在少量 10kV 电压等级并网的光伏分布式电源未接入电力调度控制主站，这些 10kV 电压等级并网的光伏分布式电源仅有分布式电源电能计量业务。

新型电力系统建设背景下，10kV 电压等级并网的光伏分布式电源发电占比逐年上升，迫切需要 10kV 电压等级并网的光伏分布式电源接入电力调度运行控制中心进行统一监视、控制。以光伏为例，光伏发电更易受天气和气象条件变化的影响，使其具有更加不确定的随机性。在新能源占主导的情况下，由于 10kV 分布式电源的短周期、随机不确定性等特点，导致发电量精准预测的难度加大，因此针对分布式电源系统需要加强气象监测通信网络建设，提高 10kV 电压等级并网的光伏分布式电源的采集频率、数据颗粒度，强化气象数据采集及新能源出力分析，提高预测精度，支撑电力生产、供销实时平衡。

2.2.4 低压分布式电源

2.2.4.1 应用场景概述

低压分布式电源是指 380V/220V 电源等级并网的分布式电源，并网点功率一般不大于 500kW，根据用户主体主要分为居民用户和非居民用户，并网方式有自发自用、自发自用余电上网和全额上网，其中部分 380V、全量 220V 分布式电源主要采用自发自用方式，可作为一般负荷看待。380V/220V 侧接入的分布式电源在全国范围均有广泛接入，截至 2022 年年底，全国低压分布式电源业务规模约 198 万台。考虑到自发自用的分布式电源不并入电网，不接受电网调控，本章节仅以接受电网调度管理的 380V 低压分布式电源为例分析通信需求。

2.2.4.2 业务种类分析

380V 低压分布式电源主要分为两类业务，一类是调度监控业务/并网点远程控制业务，通过直采直控、其他业务系统转发、聚合商转发等方式实现调度监控，可实现对 380V 低压分布式电源的运行控制；另一类是电能计量业务，该业务接入用电信息采集系统，实现对 380V 低压分布式电源的电能量结算和考核。

1. 调度监控业务/并网点远程控制业务

380V 低压分布式电源调度监控业务和并网点远程控制业务与 10kV 电压等级并网的光伏分布式电源基本一致。380V 低压分布式电源调度监控业务包括：孤岛检测和并网点开关控制；欠压延时跳闸；检有压合闸；过电流保护、剩余电流保护、并网分段控制和功率调节等功能。380V 低压分布式电源业务数据包括并网状态、电压、电流、有功功率、无功功率、功率因数、总谐波畸变率、电流不平衡度、日发电量和累计发电量等信息。

2. 电能计量业务

根据 DL/T 698.33—2010 的相关规定，电能计量业务主要包括：用户计量关口电能量数据；电压、电流、功率等负荷数据；采集终端、电能表运行事件信息等。

2.2.4.3　通信性能要求

目前大部分 380V 低压分布式电源仅实现电能计量业务，380V 低压分布式电源调度监控业务正随着电力通信技术变革，不断推广深化应用。380V 低压分布式电源通信方式宜采用无线公网、无线专网等方式，通信接口宜采用以太网接口，通信规约宜采用与本地智能终端互联的 DL/T 634.5101—2022 和 DL/T 634.5104—2009 等标准；与本地智能配变终端通信方式宜采用载波、无线等方式，通信接口宜采用串口、以太网等接口，通信规约宜采用 DL/T 634.5101—2022 和 DL/T 634.5104—2009 等标准。

380V 低压分布式电源调度监控业务要求带宽大于等于 64kbit/s，有调度调控要求的信息时延要求满足秒级。380V 低压分布式电源电能计量业务要求带宽大于等于 64kbit/s，时延要求满足分钟级。

2.2.4.4　业务聚类小结

接受电网调度管理的 380V 光伏电站是低压分布式电源发展的主要趋势。综上所述，低压分布式电源一般包括：第三类控制业务，如调度监控业务，本质上与主网调度自动化业务功能相同，但与关键信息基础设施没有共网运行，因此群控群调的二次控制方式是一种更为合理的运行控制方式；第四类业务，如电能计量业务。将来仍会存在大量低压分布式电源，特别是 220V 分布式电源，信息不会接入电力调度主站，这些低压分布式电源仅有电能计量业务，且因其自发自用的特性，通常作为一般负荷进行看待，无任何特殊通信需求。

新型电力系统建设背景下，配电网末端将接入大量 380V/220V 分布式电源，通信业务分布将更为广泛，通信网络末端延伸将更加深入，从而实现更高密度、精度和功能的电能量、设备状态等数据采集及控制。

2.3　电　网　侧

2.3.1　变电站

2.3.1.1　应用场景概述

变电站是指电力系统中对电压和电流进行变换，接受电能及分配电能的场所。变电站把一次、二次设备结合使用，用以切断或接通、改变或调整电压，在电力系统中，变电站是输电和配电的集结点，变电站主要可分为升压变电站、主网变电站、高压开关站、直流换流站、用户变电站等。本章节主要以主网变电站为例进行通信需求分析。

2.3.1.2　业务种类分析

主网变电站主要业务有继电保护业务、安全稳定控制业务、调度自动化业务、调度电话业务、数据通信网业务等，其中继电保护业务、安全稳定控制业务和调度电话业务与传统电厂完全一致，因此不再重复展开描述。以下仅对调度自动化业务和数据通信网业务进行阐述。

1. 调度自动化业务

调度自动化通过对主网变电站运行信息的自动采集处理，实现对主网变电站运行状态的实时监视。主网变电站调度自动化业务主要包括 SCADA 业务、相量测量业务、保护安全和录波业务以及二次设备监测告警业务。

（1）SCADA 业务。主网变电站与相关调度（调控）中心交互 SCADA 信息。主网变电站向相关调度（调控）中心上送遥测、遥信量，包括：①变压器各侧有功功率和无功功率、高压侧三相电流、三相电压、分接头档位；②线路、母联、旁路和分段断路器位置；③调度范围内的通信设备运行状况信号；④影响电力系统安全运行的越限信号等。

调度（调控）中心根据需要向主网变电站传送遥控或遥调命令，包括：①断路器分合；②隔离开关分合；③中性点接地刀闸控制；④无功补偿装置投切；⑤有载调压变压器抽头调节等指令。

（2）相量测量业务。主网变电站向相关调度（调控）中心上送相量测量业务，包括：①220kV 及以上电压等级线路三相电压、三相电流；②主变高压侧三相电压、三相电流；③220kV 及以上电压等级母线电压；④与系统稳定相关或连接较多电源的 110kV 线路三相电压、三相电流；⑤直流换流站所有交流出线、换流变压器交流侧三相电压、三相电流。

（3）保护安全和录波业务。主网变电站向相关调度（调控）中心上送保护安全和录波业务遥测、遥信量，包括：①跳闸出口信号、装置故障、装置异常、通信中断、通道异常、主变/有载调压非电量保护告警及出口、装置故障、装置异常等保护装置；②安全自动装置出口信号、安全自动装置告警信号、安全自动装置压板投退信号；③220kV 及以上电压等级线路、母联及分段、主变各侧的电流、电压，以及 220kV 及以上电压等级主保护动作信号、各间隔断路器位置等信号。

（4）二次设备监测告警业务。主网变电站向相关主站上送二次设备状态监测信息和告警信息，包括站用电电源异常、直流系统接地、直流系统异常、测控装置控制切换至就地位置、消防装置火灾告警、合并单元检修状态和装置异常、智能终端检修状态和装置异常、交换机装置异常、站用电备自投动作和装置告警、直流电源系统交流输入故障和控制装置通信中断、时钟同步装置运行状态和异常告警、二次设备时钟信息、测控装置告警、通信网关告警、消防装置故障告警、消防装置高压脉冲防盗告警、边界防盗告警、相量测量系统异常、故障录波装置、保护及故障录波信息管理系统异常、监控逆变电源告警、安全技术防范设备告警等二次设备状态监测告警等信息。

2. 数据通信网业务

数据通信网通过 VPN 虚拟隔离方式承载一次设备在线监测业务、智能巡检业务等具体的业务系统。

（1）一次设备在线监测业务。一次设备在线监测业务是利用物联网感知、边缘计算等技术，实现主网变电站一次设备运行状态进行实时在线监测，辅助检修决策。主网变电站向相关主站上送信息，包括：①主变压器油色谱、振动特性、运行温度、外观；②主变压器铁芯电流；③金属氧化物避雷器绝缘状态的泄漏电流、放电次数；④组合电气设备局部放电；⑤主变压器及高压电抗器瓦斯跳闸及报警、油温高告警、压力释放告警、油位异常告警；⑥组合电气设备开关气室 SF_6 气室告警、其他气室 SF_6 气室告警交流电源消失、直流电源消失、加热器异常等信息。

（2）智能巡检业务。主网变电站智能巡检业务是利用人工智能、机器人、新型传感、物联网、数字孪生等新技术与主网变电站巡检场景相结合，通过机器人、无人机、智能穿戴设备、手持移动终端等智能设备，实现主网变电站智能巡视、移动作业等工作。

主网变电站智能巡视，是通过覆盖全站的各种智能终端（机器人、无人机等），自动识别设备外观、表计、缺陷及内外部异常等巡视信息，利用大数据分析及人工智能技术集中管控终端、自动判别推送异常结果、追溯巡视过程、获取历史巡视情况，实现现场无人化的智能机器巡视。

主网变电站移动作业，是利用手持移动终端、智能穿戴设备和无线通信技术，结合变电运维工作的特点，实现智能维修工作派单、优化规范变电运维流程、辅助运维检修执行，具体包括智能接受工作任务、移动终端定位和检修作业线路规划、作业流程指导、人员监视和确认、工作状态自动提醒、缺陷和隐患自动上报等。

2.3.1.3 通信性能要求

主网变电站继电保护业务、安全稳定控制业务、调度自动化业务和调度电话业务的通信性能要求，与传统电厂完全一致，因此不再重复展开描述。以下仅对数据通信网业务通信性能要求进行阐述，数据通信网业务主要采用网络方式通信，其接口通信传输速率一般为 100MB/s。

2.3.1.4 业务聚类小结

主网变电站是变电站类业务的典型代表。综上所述，变电站的通信业务需求一般包括：第一类控制业务，如继电保护、安全稳定控制业务；第二类控制业务，如调度自动化业务；第四类业务，如数据通信网业务。但也存在一些特例，如电厂升压变电站或用户变电站，一般没有第四类业务通信承载需求。

新型电力系统建设背景下，变电站作为能源调配的核心节点，智能化、智慧化、自动化要求越来越高，随着巡检机器人、高压带电作业机器人、风机检修机器人、物联网感知设备等先进装备的进一步发展应用，变电站本地无线通信业务将快速增长，需同时满足大带宽和大连接的需求，从而实现变电站实现监视全景化、巡视智能化、操作程序化、检修少人化、作业零风险。

2.3.2 输电线路

2.3.2.1 应用场景概述

输电线路是连接发电厂与变电站（所）的传送电能的电力线路。国内输电线路按电压等级划分，可分为 35kV、66kV、110kV、220kV、330kV、500kV、750kV、±800kV、1000kV；按照传输电流的性质可分为交流输电线路、直流输电线路；按照结构形式可分为架空输电线路、电缆线路。输电线路主要由导线和地线构成，其中导线是用来传导电流、输送电能的元件。截至 2022 年 6 月，国家电网 220kV 及以上输电线路回路长度达 84 万 km。本章节主要以 220kV 及以上输电线路为例进行介绍。

2.3.2.2 业务种类分析

220kV 及以上输电线路主要业务有运行状态监测业务、智能巡检业务。

1. 运行状态监测业务

运行状态监测业务是对 220kV 及以上输电线路运行中设备本体工况与周边环境相结

合的全工况运行状态进行监视的业务，主要由若干安装在架空输电线路的数据采集设备和监测主站分析系统组成，可提供连续状态监测能力。运行状态监测业务主要功能有覆冰雪监测、杆塔倾斜监测、导地线振动监测、导地线舞动监测、导线温度监测、气象监测、视频监测、绝缘子盐密灰密监测。其主要采集数据包括：导地线综合荷载、地线轴向、径向倾斜角；绝缘子串偏斜角、杆塔倾斜角度；导线综合荷载、导地线振动参数、导地线舞动参数、导线温度、导线电流值；环境温度、湿度；气象参数，如日照强度、风速、风向、雨量和大气压；现场图像、电池电压；绝缘子串表面所附的盐密灰密等数据。同时，运行状态监测业务能够实时接收监控中心摄像或拍照、拍摄角度转换等控制命令。

2. 智能巡检业务

智能巡检业务是利用人工智能、机器人、新型传感、物联网、数字孪生等新技术与输电线路巡检场景相结合，通过机器人、无人机、穿戴设备、移动作业终端等智能设备，实现输电线路机器人带电作业、输电线路巡视、电缆管廊巡视、移动作业等。

（1）输电线路机器人带电作业。输电线路机器人沿架空输电线路导、地线运行，具备自主带电作业或遥控带电作业模式，可自主完成架空输电线路带电作业任务或遥控完成架空输电线路带电作业任务。机器人与地面监控基站具有双向数据传输和实时视频传输功能。主要业务包括可见光检测、断股修补、螺栓校紧、异物清理等。

（2）输电线路巡视。输电线路巡视是指针对输电线路走廊跨度大、覆盖范围广、线路环境复杂等特点，综合利用直升机、机器人、无人机和遥感卫星等智能设备，构建三维全景模型，自主或遥控实现输电线路巡视。主要业务包括识别输电设备缺陷和输电通道潜在风险。

（3）电缆管廊巡视。电缆管廊巡视是指对电缆管廊内电缆线路、管廊环境等方面监视、巡视，采用物联感知装置、视频监控、机器人等设备，实现电缆本体监测、电缆隧道环境监测、电缆隧道防盗预警、早期火灾预警等各项功能。

（4）移动作业。移动作业是利用手持移动终端、智能穿戴设备和无线通信技术，结合输电运维工作的特点，实现智能维修工作派单、优化规范输电运维流程、辅助运维检修执行，具体包括智能接受工作任务、移动终端定位和检修作业线路规划、作业流程指导、人员监视和确认、工作状态自动提醒、缺陷和隐患自动上报等。

2.3.2.3 通信性能要求

1. 运行状态监测业务

运行状态监测业务通信方式可分为本地通信和远程通信，本地通信指线路状态传感设备到数据采集设备的数据传输，远程通信指数据采集设备到相关主站的数据传输。本地通信主要采用本地无线通信技术，其中：采集类监测业务，一般选用 LoRa、ZigBee、微功率无线等自组网通信技术，带宽需求不大于 64kbit/s；视频类监测业务，一般选用 WLAN 等宽带本地通信技术，带宽需求约 2Mbit/s。远程通信主要采用 4G/5G、LTE 自组网、P2MP 微波等通信技术，其通信传输速率大于 10MB/s。

2. 智能巡检业务

智能巡检业务根据业务通信需求，可分为设备远程操作类控制业务和非控制类业务，其中设备远程操作类控制业务对通信性能要求较高，带宽要求大于 64kbit/s，时延小于 100ms；非控制类业务如输电线路巡视、电缆管廊巡视、移动作业，要求带宽大于

2Mbit/s，时延秒级，同时针对小颗粒度的物联网采集需求，还需要满足大连接的接入需求。

2.3.2.4 业务聚类小结

综上所述，输电线路业务均为第四类业务，具体包括运行状态监测业务和智能巡检业务。运行状态监测业务作为辅助输电线路运行管理的支撑业务，主要实现对输电线路故障定位和内外部工况监视，对通信性能要求不高。智能巡检业务涉及设备操作、物联网感知、视频监视等多种业务需求，需要挑选合适的本地和远程通信技术，高效、经济支撑业务运行。

新型电力系统建设背景下，一方面支撑特高压电网建设和现有新能源基地满功率送出，需要全面统筹通信网组网需求，不断优化和完善各级通信网网络架构，建设更加坚强、可靠的骨干通信网；另一方面在相对艰苦的地区人工巡视和检修作业将成为输电线路高效运维的难题。未来新型电力系统输电线路监视、操作、巡视、检修、作业等将更依赖于无人化智能运维技术，需要通过多种通信技术优势互补，来提高输电线路的通信支撑能力。

2.3.3 智能配电网

2.3.3.1 应用场景概述

智能配电网包括 110kV/35kV 高压配电网、10（20、6）kV 中压配电网、380V/220V 低压配电网。基于 35kV 及以上配电网光纤已覆盖完善，本章节以 10kV 及以下配电网为例进行介绍，其电网基础设备主要包括集中式及分布式电源（10kV 分布式电源、380V/220V 分布式电源）、储能、配网线路、配电变压器、开闭所、环网柜、开关、充电桩、负荷等。截至 2021 年年底，配电网源（储）侧中分布式电源占我国电源总装机的 7.2%，其中低压接入的比例较高；电网侧国家电网的 10kV 开闭所 7.8 万个、10kV 环网柜 34.3 万台、柱上开关 175.9 万台、专线及分支线路开关 740 万台、配电变压器超过 1000 万台；负荷侧国家电网的低压负荷开关超过 5 亿台、电能表 5.4 亿块、接入车联网平台的充电桩 170 万座。

2.3.3.2 业务种类分析

10kV 及以下配电网主要业务有配电自动化、微电网、新型配网保护、智能巡检、智能配电房等业务。

1. 配电自动化业务

根据《配电自动化系统技术规范》（DL/T 814—2013）明确，配电自动化业务用于监视和控制配电网的运行情况。配电自动化终端当前主要传输的业务包括终端上传主站的遥测、遥信等信息采集类业务，以及主站下发终端的常规总召、线路故障定位（定线、定段）隔离、恢复时的遥控命令等。其结构主要包括配电主站、配电子站、配电远方终端。

2. 微电网业务

微电网由分布式发电、用电负荷、监控、保护和自动化装置等组成（必要时含储能装置），业务场景可涵盖调度、设备、营销等各类业务，是一个能够基本实现内部电力电量平衡的小型供用电系统，它既可以与外部电网并网运行，也可以离网独立运行。

微电网应具备一定电力电量自平衡能力，分布式发电年发电量一般不低于微电网总用电量的 30%，微电网模式切换过程中不中断负荷供电，独立运行模式下向负荷持续供电时间不低于 2h。微电网的接入电压等级应根据其与外部电网之间的最大交换功率确定，经过技术经济比较，采用低一电压等级接入优于高一电压等级接入时，采用低一电压等级接入，但不低于微电网内最高电压等级。微电网并网运行时，微电网内分布式电源应满足 NB/T 32015—2013 的相关要求。

3. 新型配网保护业务

传统配电网保护是利用配电网的辐射性，通过配电网保护装置之间的相互配合，确保继电保护的可靠性和灵敏性。分布式电源接入配电网后，配电网将会呈现双向潮流特性，对继电保护的可靠性和灵敏性将会产生较大的影响。分布式电源接入配电网后，一般从以下方面保证配电网稳定运行：一是配电网出现故障时，分布式电源立即退出运行，保证故障识别、处理以及配电网的保护等将不会受到分布式电源的影响，现有的传统配电网保护也无需做出任何调整；二是限制分布式电源的接入容量、短路电流与接入位置，使传统配电网保护不会产生短路电流超限、故障电流越限、非同期重合等情况，从而最大化使用传统配电网保护。

新型配电网保护运用更为完善的配电网保护方法来应对分布式电源接入带来的影响。随着分布式电源接入并网的数量越来越多，采用传统的配电保护也可能带来一定的安全隐患，如对系统的三段式电流保护、过电流保护、反时限过电流保护、距离保护、重合闸等原有保护造成了影响，同时可能造成不可控孤岛运行情况，影响供电质量和人员安全。通过引入通信技术、差动技术、方向元件等方式来实现配电网的保护，不仅可以促进分布式电源的广泛应用，还将有助于缩小故障影响范围，形成故障隔离，提高配电网保护的效率和质量。

4. 智能巡检业务

智能巡检业务是利用人工智能、机器人、新型传感、物联网、数字孪生等新技术与配电网巡检场景相结合，通过机器人、无人机、穿戴设备、移动作业终端等智能设备，实现配电网远程检修、全景监视、移动作业等。

（1）远程检修。通过智能电房、无人机＋机巢、远程视频等设备，集成热力成像、温湿度传感、水浸传感等感知功能，实现现场数据采集，在后台系统完成远程巡视＋图像识别/状态评价。目前，配电网巡视工作重心由现场人工检修转为现场数据采集，操作人员在主站后台完成缺陷诊断与数据分析，通过远程遥控方式开展程序化操作，实现配电网停送电、方式调整（含计划、临时、紧急事故处理）的"一键顺控"。

（2）全景监视。全景监视对 10kV 及以下配电网的设备及运行状态进行全面、实时、多维度的感知，系统具有负荷辨识、状态监测、停复电上报三重功能，实现台区户变拓扑识别和数据信息全量汇聚，指令上传下达。全景监视综合用电计量数据及配网自动化系统的运行数据，应用电网统一信息模型，实现"站—线—变—户"关系实时准确，提升故障就地处理、精准主动抢修、三相不平衡治理、区域能源自治水平。运行智能控制方面，全景监视实现配电网双向潮流有序化，完成谐波治理及对系统运行方式的灵活调节，依据云端分析，采用典型控制策略实时控制电源输出功率，并监视、削减谐波影响。

（3）移动作业。移动作业利用手持移动终端、智能穿戴设备和无线通信技术，结合配电网运维工作的特点，实现智能维修工作派单、优化规范配电运维流程、辅助运维检修执行，具体包括智能接受工作任务、移动终端定位和检修作业线路规划、作业流程指导、人员监视和确认、工作状态自动提醒、缺陷及隐患自动上报等。

5. 智能配电房业务

智能配电房业务为实现配电室电力系统的可靠、高效运行，通过各类传感器对配电房内一、二次设备运行状态、环境状态等进行统一采集监控，实现实时电量分析、实时诊断分析、电量平衡、网损计算、负荷预测、台账管理、变压器监测、配电室环境监测、视频监视等。

2.3.3.3 通信性能要求

1. 配电自动化业务

10kV 及以下配电网自动化根据其电压等级、线路类型和业务重要程度，通信业务需求可分为配电自动化"三遥"和配电自动化"二遥"业务。其中配电自动化"三遥"主要采用光纤专网方式接入，通信技术体制以无源光纤网络（Passive Optical Network，PON）和工业以太网为主；配电自动化"二遥"主要采用无线公网方式接入，配电自动化业务带宽需求大于 19.2kbit/s，时延要求小于 2s，可靠性要求不低于 99.9％。

2. 微电网业务

微电网根据其组网结构，通信网可分本地通信和远程通信，本地通信指微电网用户到微电网生产调控中心的数据传输，远程通信指微电网生产调控中心到配电网调控中心的数据传输。本地通信可采用无线通信技术或有线通信技术，可选用 LoRa、ZigBee、微功率无线等自组网通信技术或以太网、RS－485、RS－232 等有线通信技术，带宽需求不大于 64kbit/s。远程通信一般参照智能电网配电网的通信网络架构进行构建，将微电网作为个有源可控客户端来处理，主要采用光纤专网方式，可选 PON、工业以太网、SDH 等通信技术，一般通信带宽大于 100Mbit/s，也可采用无线公网通信方式，但应采取信息通信安全防护措施。

3. 新型配网保护业务

目前新型配网保护主要为配网差动保护，采用光纤通道作为保护通信方式。配网差动保护光纤通道要求稳定可靠，满足差动保护的技术要求。专用通道带宽需求大于 5Mbit/s，通道单向时延应不大于 30ms，可靠性要求不低于 99.99％。

4. 智能巡检业务

智能巡检业务根据业务通信需求，可分为设备远程操作类控制业务和非控制类业务，其中设备远程操作类控制业务对通信性能要求较高，带宽要求大于 64kbit/s，时延小于 100ms；非控制类业务如全景监视、移动作业，要求带宽大于 2Mbit/s，时延秒级，同时针对小颗粒度的物联网采集需求，还需要满足大连接的接入需求。

5. 智能配电房业务

智能配电房业务主要为非控制类业务，一般需要利用本地通信网接入汇总，再通过远程通信网接入远程监控中心。智能配电房业务本地通信主要采用 RS－485、以太网、WiFi等方式接入，带宽根据业务类型差异较大，视频监控业务带宽大于 2Mbit/s，物联采集类数据带宽大于 64kbit/s，时延秒级；远程通信主要采用光纤专网、无线公网等方式接入，通信关口带宽大于 4Mbit/s，时延秒级。

2.3.3.4　业务聚类小结

综上所述，智能配电网的通信业务需求一般包括：第一类控制业务，如新型配网保护业务；第三类控制业务，如配网自动化"三遥"业务；第四类业务，如配电自动化"二遥"业务、智能巡检业务、智能配电房业务等。第一类控制业务，目前应用很少。

新型电力系统建设背景下，智能配电网业务爆发式增长，迫切需要通信接入网同步或超前推进建设，同时配电网面临复杂的现场运行环境多样化、差异化的通信需求，需要针对不同运行环境、不同业务需求选择安全、适配、经济的通信方式，从而实现配电网可观、可测、可调、可控。

2.4　负　荷（用户）侧

2.4.1　可中断负荷

2.4.1.1　应用场景概述

可中断负荷包括调度机构直接调度的传统高载能工业负荷、工商业可中断负荷等，可分为调度直控型和非调度直控型两类。调度直控型可中断负荷是指具备电力调度机构直接控制条件，并与电力调度机构签订并网调度协议的可中断负荷，包括直控型电力用户和直控型聚合平台（含负荷聚合商、虚拟电厂等形式聚合），对通信可靠性要求较高，非调度直控型可中断负荷主要指通过非实时方式进行负荷控制，大多以参加需求侧响应的方式非实时控制，业务响应情况主要通过事后评价完成，对通信通道的依赖性较低。本章节分别对调度直控型可中断负荷和非调度直控型可中断负荷进行介绍。

2.4.1.2　业务种类分析

调度直控型可中断负荷包括精准负荷控制业务，非调度直控型可中断负荷包括营销负荷控制、电动汽车充电桩业务。

1. 精准负荷控制业务

精准负荷控制是指为保障电力系统在遇到大扰动时的稳定性，而在变电站、环网柜、电力用户、储能电站、蓄水电站、燃煤电厂等处装设的控制设备，经通信连接实现快速、精准切除可中断负荷等功能而组成的控制系统。通过对负荷资源的分类、分级、分区域管理，实现由调度直接发令对分类用户可中断负荷的实时精准控制，能避免对大量变电站或线路进行整体拉闸，将电网故障的社会影响降到最低，提升大电网故障防御能力。

精准负荷控制系统主要包括控制主站、控制子站、用户侧就近变电站通信接口装置、负荷控制终端组成，各站之间通过专用通信通道连接。精准负荷控制，典型架构示意如图 2-1 所示。

2. 营销负荷控制业务

营销负荷控制是利用现代化管理、计算机应用、自动控制、信息通信等多学科技术，实现电力营销监控、管理、营业抄收、数据采集和网络连接等多功能的业务。本书中提到

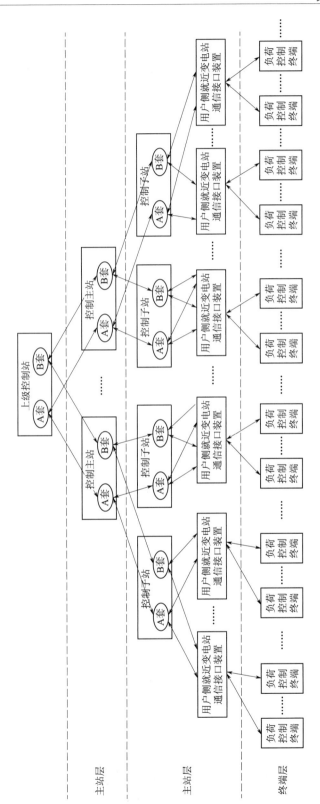

图 2 - 1　精准负荷控制典型架构示意图

的负荷控制主要是通过直接或间接控制手段，实现在高峰用电时段，切除一部分可中断负荷，提高电网用电可持续性的业务。

营销负荷控制业务支持接入用电信息采集和相关负荷控制系统，实现实时负荷数据采集，执行负荷快速响应，支持就地功率控制、需求响应等负荷管理功能。

3. 电动汽车充电桩业务

电动汽车充电桩是一种新型能源充电装置，负责给日常使用的电动汽车充电。从充电类型来看，充电桩可分为交流充电桩和直流充电桩。交流充电桩俗称"慢充桩"，一般表现为小电流、桩体较小、安装灵活、充电时间较长，适用于小型乘用电动车；直流充电桩俗称"快充桩"，一般表现为大电流、短时间内充电量更大、桩体较大、占用面积也较大、充电时间较短，适用于电动大巴、出租车等。充电桩领域目前的商业运行模式主要有三种，分别是资产型充电运营商自营、第三方充电服务商和车企充电自运营模式。根据《2022 年中国电动汽车公共充电服务行业市场发展研究报告》统计，截至 2021 年年底，我国公共充电基础设施保有量达 114.7 万台，同比增长 42.1%，其中 2021 年新增公共充电基础设施 34 万台，同比增长 23.2%。电动汽车充电桩可按一般营销负荷控制业务管理。

随着新型电力系统建设推进，对源荷互动能力的要求及规模都有了更多的需求，因此电动汽车与电网互动（V2G）的应用场景应运而生。通过电网系统的统一控制，在用电低谷期有序协调车辆充电，在用电高峰期利用电动车存储的能量向电网释放能量，实现削峰填谷，改善电能质量，消纳可再生能源等功能。因此以充电电流区分，电动汽车充电桩也可分为单向充电桩和 V2G 双向充电桩。V2G 电能交互示意如图 2-2 所示。

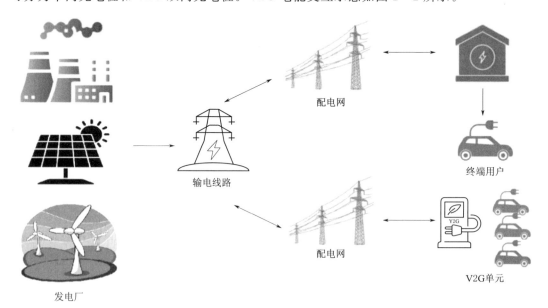

图 2-2　V2G 电能交互示意图

由于 V2G 技术尚处于前期研究阶段，相应的业务仅在局部地区示范应用。若后续 V2G 场景作为调度直控型可中断负荷接入调度端，考虑到电力监控系统网络安全的需要，及其具有电能量双向互动的基本特征，可将其作为虚拟电厂的一部分进行归集接入并进行调控管理。

2.4.1.3 通信性能要求

1. 精准负荷控制业务

精准负荷控制系统典型架构可分为汇聚层与接入层。汇聚层负责传输控制子站与控制主站之间的通信业务；接入层负责传输控制子站与业务终端的通信业务。精准负荷控制系统的信息传送通道可采用光纤、无线专网、电力线载波等传输媒介。

控制主站发出的控制命令经多级通道传输到最后一级执行装置的总传输时延，对于光纤通道不宜超过 20ms，对于载波通道不宜超过 40ms。精准负荷控制系统采用的信息传输通道带宽宜为 64kbit/s～2Mbit/s，误码率应小于 10^{-8}。

双重化配置的两套精准负荷控制系统通道延时差宜小于 10ms，两套系统装置的通信通道及通道接口设备（含通信光端设备、接口设备的电源）应相互独立，并尽量采用不同的通道路由，要求采用专用纤芯时，尽量采用不同光缆的光纤芯。复用光纤通道时，宜采用符合 ITU-T G.703—2001 标准的 2Mbit/s 接口方式；采用 64kbit/s 复接光纤通道时，两套系统装置均应使用不同的 PCM 终端。采用专用的电力线载波通道时，每套系统装置均应使用专用的收发信设备；复用电力线载波通道时，每套系统装置应复接不同的载波机。

2. 营销负荷控制业务

营销负荷控制业务通信通道可采用无线专网、无线公网、光纤、有线网络、电力线载波等。传输速率可选用 600bit/s、1200bit/s、2400bit/s 或以上。无线专网、电力线载波信道数据传输误码率小于 1×10^{-5}；光纤信道数据传输误码率小于 1×10^{-9}；其他信道的数据传输误码率应符合相关标准要求。电力负荷管理系统主站与终端之间的数据传输规约应遵循相关的行业标准。

3. 电动汽车充电桩业务

由于电动汽车充电桩业务为非调度直控型可中断负荷调节业务，今后可作为可调节负荷的一类资源并入虚拟电厂后与调度主站进行间接交互。充电桩管理系统典型架构可分为三层，业务主站层、远程通信层与终端层。终端层应实现双向通信，具备用户充用电信息上传能力的同时，也具备控制信号下发的通信条件。

充电桩管理系统的信息传送通道可采用无线专网、4G、5G 等传输媒介进行通信。由于充电桩管理系统对负荷控制的实时性要求相对较低，因此在通信时延方面，可以允许秒级时延。在传输带宽方面，需区分其上传主站信号是否有视频监控业务，如有视频监控信号，通信带宽需大于 2Mbit/s；若仅为监控、控制类信息交互，则带宽需求为 64kbit/s～2Mbit/s。由于电动汽车充电桩业务为市场新兴类业务，且并不直接参与调度控制，可不考虑网络安全分区属性。若后续业务规模增加，且参与调度实时调节，相关业务需求可参考 2.6 节虚拟电厂。

2.4.1.4 业务聚类小结

综上所述，可中断负荷主要分为调度直控型可中断负荷（精准控制负荷业务）和非调度直控型可中断负荷（营销负荷控制业务和电动汽车充电桩业务），其中调度直控型可中断负荷属于第一类控制业务，非调度直控型可中断负荷属于第三类控制业务。

新型电力系统建设背景下，随着精准负荷控制、营销负荷控制、V2G 在传统用电侧广泛应用，电力流向由单向变为双向，负荷特性由传统的刚性、纯消费型向柔性、生产与消费兼具型可调节负荷转变，传统负荷较为简单的计量和控制通信方式已经不能满足新型电力系统对于柔性负荷的管理和调度需求，需要更为灵活地支持实现双向计量、分时计量、多费率计量、需量计量等功能的通信网络支撑。

2.4.2　常规负荷

2.4.2.1　应用场景概述

在新型电力系统建设过程中，常规负荷场景是电网规模最大、覆盖最广的业务。常规负荷场景正面临现有电能计量及用电采集相关装置向智能化方向演进，供用电模式向支持电能量友好交互、满足用户多元化需求、实现灵活互动的方式转变。同时，叠加了电力现货市场对用户侧信息采集量实时性高频次的影响，传统用电采集装置及其通信通道已较难支撑业务转型需要。本章节将重点围绕电能计量的通信需求进行重点分析。

电能计量和用电信息采集是电网营销业务的一项重要工作，主要借助感知通信技术手段监测和分析电能量使用情况及用户用电负荷，包括电流互感器、电能表以及二次回路等装置。

2.4.2.2　业务种类分析

常规负荷主要包括电能计量和用电信息采集业务。电能计量系统经过多年发展，已形成了一个大型的物理信息采集网络，它的系统架构主要分为终端层、远程通信层和业务主站层，其主要由终端层的用电采集设备，通过双向互动的高速通信网络与业务主站进行互联互通及数据分析。电能计量及用电信息系统总体通信架构如图 2-3 所示。

上行数据负责将本地采集的用电信息上传至控制主站，包括用电量数据、负荷曲线类数据、用电行为分析数据等，便于管理人员开展客户用电负荷跟踪、需求侧响应实时执行情况、用电结算等工作。下行数据负责将主站侧系统（电力市场交易、营销系统、95598客服系统等）的分时计价、用电负荷通断控制等信息下发至本地控制终端，以便更好地适应电力市场改革以及加强源荷互动的控制协调能力。

2.4.2.3　通信性能要求

电能计量业务根据不同的使用场景，对通信时延、安全性等方面的要求不同。电能计量业务通信可分为本地通信和远程通信。本地通信是指智能电表、采集器等终端侧设备至集中器的数据传输，可采用的通信方式有 RS-485、载波通信、小功率无线等。远程通信是指集中器至营销用电信息采集平台的数据传输，重要用户优先选用专用光纤网络或无线专网方式，普通用户也可选用 3G、4G、5G 等公网通信方式接入，由于主站侧系统为电力监控系统安防Ⅱ区业务系统，以公网形式接入的站端数据需在主站侧接入安全接入区，并确保符合网络安全相关要求后，方可接入主站系统。

在通信时延方面，根据 DL/T 698.41—2010 中相关通信协议的要求，主动站发出请求命令帧后，从动站收到命令帧后的响应延时小于等于 500ms。在业务侧带宽方面，上下行业务速率应不低于 64kbit/s，随着业务采集数据量及采集频次的增加，建议可适当提速至不低于 128kbit/s。在网络安全方面，应满足电力监控系统安防Ⅱ区业务系统相关要求。

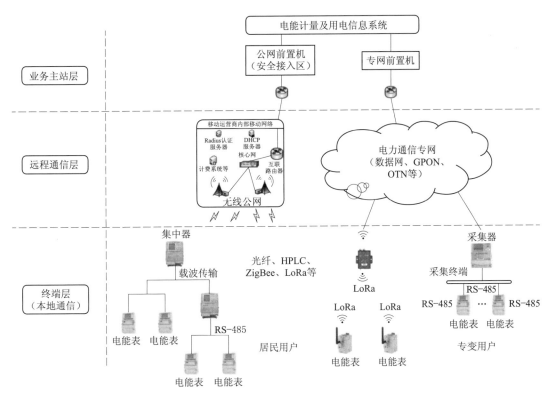

图 2-3　电能计量及用电信息系统总体通信架构图

2.4.2.4　业务聚类小结

综上所述，常规负荷业务属于第四类业务，是负荷侧最常见的一项重要业务。在新型电力系统建设背景下，对用户电量计量数据的精度、数据高频采集、数据完整性等方面提出更高的要求，对通信通道的需求也逐渐向低时延、高带宽、高可靠方向发展。

2.5　储　能　侧

2.5.1　集中式储能

2.5.1.1　应用场景概述

集中式储能是指将水能、电能、热能、机械能等不同形式的能源转化成其他形式的能量存储起来，在需要时将其转化成所需要的能量形式释放出去。集中式储能系统的出现为电力系统实时平衡提供了更多的灵活性，在不同环节、不同时间加入储能可以发展出多种应用模式，是促进新能源大规模高比例发展、助力实现双碳目标的重要技术手段。集中式储能系统按储能类型可分为抽水蓄能、化学储能、热储能、电气类储能、机械类储能和电化学类储能；按接入环节可分为发电侧、电网侧、用电侧三类；按调度方式可分为直接参与电网调节和间接参与电网调节方式，直接参与电网调节方式以电网侧储能电站为主，间接参与电网调节方式以发电侧储能电站、用电侧储能电站为主。本小节以电网侧直接参与电网调节的集中式电化学储能电站（以下简称"直调集中式电化学储能电站"）为例进行通信需求分析。

2.5.1.2　业务种类分析

直调集中式电化学储能电站作为一个特殊电厂参与电力市场和电网运行、接受电网调度指令、参与需求侧响应、提供电网辅助服务。直调集中式电化学储能电站一般参照传统电厂进行管理和调度，实现储能电站与电力系统调度部门之间的调度和管理业务，业务类型包括继电保护、安全稳定控制、调度自动化和调度电话业务，其中继电保护业务、安全稳定控制业务和调度电话业务与传统电厂完全一致。调度自动化业务与传统电厂相比，具体采集处理的信息内容略有不同。

调度自动化通过对集中式储能电站运行信息的自动采集处理，实现对集中式储能电站运行状态的实时监视。集中式储能电站调度自动化业务主要包括 SCADA 业务、相量测量业务、保护安全和录波业务。

（1）SCADA 业务。集中式储能电站与相关调度（调控）中心交互 SCADA 信息，向相关调度上送遥测、遥信量，包括：①逆变器、站用高压变压器和启动备用变压器有功功率、无功功率、机组机端电压、储能电站双向调节能力曲线等；②变压器各侧有功功率和无功功率、高压侧三相电流、三相电压、分接头档位等信号。

调度（调控）中心根据需要向集中式储能电站传送遥控或遥调命令，包括断路器分合、隔离开关分合、电站功率调节装置远方投切等指令。

（2）相量测量业务。集中式储能电站向相关调度（调控）中心上送遥测、遥信量，包括：①送出线路三相电压、三相电流；②主变高压侧三相电压、三相电流；③AVR 自动/手动；④AVR 投入/退出；⑤PSS 投入/退出；⑥低励限制动作等信号。

（3）保护安全和录波业务。集中式储能电站向相关调度（调控）中心上送保护安全和录波业务遥测、遥信量，包括：①跳闸出口信号、装置故障、装置异常、通信中断、通道异常、主变/有载调压非电量保护告警及出口、装置故障、装置异常；②220kV 及以上电压等级线路、母联及分段、主变各侧的电流、电压以及 220kV 及以上电压等级主保护动作、各间隔断路器位置等信号。

2.5.1.3　通信性能要求

直调集中式电化学储能电站的继电保护、安全稳定控制、调度自动化和调度电话业务，其通信性能要求与传统电厂完全一致。

2.5.1.4　业务聚类小结

直调集中式电化学储能电站是集中式储能的典型代表。综上所述，集中式储能电站与统调传统电厂类似，通信业务需求一般包括：第一类控制业务，如继电保护、安全稳定控制等；第二类控制业务，如调度自动化。但也存在一些区别，如：部分集中式储能电站需要同时接入省级新能源集控中心；部分集中式储能电站需要同时接入"虚拟电厂"集中控制平台。

新型电力系统建设背景下，集中式储能电站受政策性利好，将会迎来一个技术快速迭代更新的高速成长期，一定程度上填补新能源出力不稳定的缺点，从而成为电网调峰、调频等辅助服务市场主力，其高度电力电子化的设备特点和与电力调度机构高频互动的工作特性，均对电力通信骨干传输网提出了更高的要求。

2.5.2 分布式储能

2.5.2.1 应用场景概述

分布式储能一般储能容量较小，在用户所在场地建设，在用户与电网结算的计量关口后，接入用户或用户内部电网，具备降低用户用能成本或提升用户供电可靠性等功能。分布式储能电站按调度方式可分为调度直控型分布式储能电站和非调度直控型分布式储能电站。调度直控型分布式储能电站一般通过二级调度主站参与电网辅助调峰调频等电力市场运营工作；非调度直控型分布式储能电站以用电侧电源系统配套的储能电站为主，可看作为用户负荷的一部分。本小节以调度直控型分布式储能电站为例进行通信需求分析。

2.5.2.2 业务种类分析

调度直控型分布式储能电站主要分为两类业务，一类是调度监控业务/并网点远程控制业务，该业务间接接入调度主站，实现对调度直控型分布式储能电站的运行控制；另一类是调度直控型分布式储能电站电能计量业务，该业务接入用电信息采集系统，实现对调度直控型分布式储能电站的电能量结算和考核。

1. 调度监控业务/并网点远程控制业务

调度直控型分布式储能电站调度监控业务和并网点远程控制业务均可实现储能电站远程控制，但业务架构存在一定差异，其中调度监控业务通过调度主站实现控制，并网点远程控制业务通过配电主站或营销负控系统实现控制。目前主要以调度主站控制为主。根据《电化学储能电站接入电网设计规范》（DL/T 5810—2020）要求，分布式储能电站主要向调度主站上送遥测、遥信量，包括：储能元件数据电压、电流、荷电状态、温度；开关状态、事故位号、异常信号；变流器电压、电流、温度；开关状态、事故信号、异常信号。调度主站根据需要向分布式储能电站传送遥控或遥调命令，包括有功/无功功率控制功能、就地监视和启停功能等指令。

2. 电能计量业务

根据 DL/T 698.33—2010 的相关规定，分布式储能电站电能计量业务主要包括用户计量关口电能量数据、电压、电流、功率等负荷数据和采集终端、电能表运行事件信息等。

2.5.2.3 通信性能要求

调度直控型分布式储能电站业务通信可分为本地通信和远程通信。本地通信是指内部终端到主站的数据传输，可采用通信方式包括串口通信、无线通信、载波通信、以太网通信和光纤通信方式等；远程通信是指调度直控型分布式储能电站到电力调度主站之间的数据传输，可采用经过加密处理的光纤和无线专网通信方式，当容量较大且地理位置较近时宜采用光纤通信，具有遥控功能需求时宜采用光纤通信方式，不具备专网接入条件的可采用 5G 无线虚拟专网。

上述调度直控型分布式储能电站的调度监控业务/并网点远程控制业务、电能计量业务，其通信性能要求与 10kV 分布式电源站点的同类业务完全一致，具体指标包括：上行速率大于等于 64kbit/s，下行速率大于等于 4.5kbit/s；通信通道的误码率应优于 1×10^{-5}，通信可靠性需求不低于 99.9%。

2.5.2.4 业务聚类小结

截至 2022 年年底，调度直控型分布式储能电站较少，今后更多的分布式储能将以用户侧储能或 V2G 充电桩形式存在。综上所述，调度直控型分布式储能电站一般包括：第三类控制业务，如分布式电源调度监控业务，本质上与主网调度自动化业务功能相同，但与关键信息基础没有共网运行，因此群控群调的二次控制方式是一种更为合理的运行控制方式；第四类业务，如分布式电源电能计量业务。将来仍会存在大量分布式储能，信息不会接入电力调度主站，这些分布式储能仅有电能计量业务，通常也作为一般负荷进行看待，无任何特殊通信需求。

新型电力系统建设背景下，调度直控型分布式储能电站将被纳入电力调度范畴统一调管，要求通信接入网向电网末端分布式储能电站进行延伸，满足分布式储能电站监视、调控需求。

2.6 虚拟电厂/负荷聚合商/综合能源服务

2.6.1 应用场景概述

虚拟电厂/负荷聚合商/综合能源服务是指将分布式电源、储能系统、可控负荷、电动汽车等可调节负荷资源聚合，形成虚拟等效的对外功率调节服务单位，从而作为一个整体参与电力市场和电网运行。由于虚拟电厂、负荷聚合商和综合能源服务业务模型基本相同，所以本章节以虚拟电厂为例进行通信需求分析。虚拟电厂概念的核心可以总结为"通信"和"聚合"。虚拟电厂具备"源""荷"共同特性，其既可以作为"正电厂"向系统供电调峰，又可以作为"负电厂"加大负荷消纳配合系统填谷。虚拟电厂聚合方式可以是单一类型资源的聚合，如数量众多的分布式小负荷聚合；也可以是多种类型资源的聚合，如分布式小负荷＋分布式储能的聚合。

2.6.2 业务种类分析

虚拟电厂作为承担电网辅助调峰调频、清洁能源消纳、电力市场交易等新兴低碳功能的一个业务主体，根据其发挥作为的不同，可进一步细分为统调型虚拟电厂和非统调型虚拟电厂两类。统调型虚拟电厂是指直接接受电力调度机构调度指挥的虚拟电厂；非统调型虚拟电厂是指不直接接受电力调度机构调度指挥，而是通过电力调度二级控制方式或营销需求侧响应方式参与电网调峰调频等辅助服务的虚拟电厂。

1. 统调型虚拟电厂

统调型虚拟电厂与传统统调电厂类似，业务类型包括虚拟电厂内部的生产调度管理业务和连接站外电力调度机构的电网生产调度业务，其中连接站外电力调度机构的电网生产调度业务主要有调度自动化和调度电话两种业务，功能与传统统调电厂保持一致，因此不再重复展开阐述。

统调型虚拟电厂内部的生产调度管理业务，与传统统调电厂有本质区别，它的控制对象分散在不同的区域，不可能像传统统调电厂一样可以采用自建本地通信网络实现简单的通信，而需要采用无线专网、无线公网等多种通信方式。

统调型虚拟电厂内部的生产调度管理业务包括分布式新能源、分布式储能、可中断负荷等多种控制业务类型，该类业务的共同特点是接受虚拟电厂主站（可视为相对独立的调度二级控制主站）的统一调度指挥，通过远程探测指令监测负荷侧负控终端运行状态，下发切负荷指令，以实现精准调控，具有上行流量大，下行流量小的特点，对通信的实时性、可靠性、安全性均要求较高。该类业务目前支持对分布式光伏、直流微网、园区智能楼宇空调等分布式能源的控制，业务覆盖范围广，终端类型多样。

统调型虚拟电厂内部还存在电能计量业务，这是因为虚拟电厂内部都是一个个独立主体，这些独立主体与统调型虚拟电厂管理机构之间存在电能结算问题，因此需要采集这些独立主体的电能计量数据。根据相关规定，电能计量业务主要包括：用户计量关口电能量数据；电压、电流、功率等负荷数据；采集终端、电能表运行事件信息等。

2. 非统调型虚拟电厂

非统调型虚拟电厂没有连接站外电力调度机构的电网生产调度业务，但有连接类似营销需求侧响应主站的第三类控制业务。非统调型虚拟电厂业务与传统非统调电厂有本质区别，它的控制对象分散在不同的区域，不可能像传统非统调电厂一样可以采用自建本地通信网络实现简单的通信，而需要采用无线专网、无线公网等多种通信方式。

非统调型虚拟电厂内部的生产调度管理业务包括分布式新能源、分布式储能、可中断负荷等多种控制业务类型，该类业务的共同特点是接受虚拟电厂主站（可视为相对独立的需求侧响应主站）的统一指挥，通过实时电价传达各方需求，协调电网公司、虚拟电厂聚合商、虚拟电厂各参与主体之间的电能分配，改善电力供需形势，功能主要包括电力市场交易、现货采集、出清及交易等。随着电力市场的开放以及电力交易机制逐渐完善，虚拟电厂利用先进的双向通信技术参与电能实时交易，通过实施制定电价策略引导用户调峰调频，增加电力市场灵活性，对促进电力市场自由化、电力资源配置合理化，以及能源消费精细化具有重要意义。

非统调型虚拟电厂内部还存在电能计量业务，这是因为虚拟电厂内部都是一个个独立主体，这些独立主体与非统调型虚拟电厂管理机构之间存在电能结算问题，因此需要采集这些独立主体的电能计量数据。根据相关规定，电能计量业务主要包括：用户计量关口电能量数据；电压、电流、功率等负荷数据；采集终端、电能表运行事件信息等。

2.6.3 通信性能需求

1. 统调型虚拟电厂

连接站外电力调度机构的电网生产调度业务主要有调度自动化和调度电话两种业务，其通信性能需求与传统电厂保持一致，因此不再重复展开阐述。

统调型虚拟电厂内部的生产调度管理业务主要有分布式新能源、分布式储能、可中断负荷等多种业务类型，其性能要求略差于调度直控型业务，通信时延一般为百毫秒级，通道带宽不大于2Mbit/s，可靠性不低于99.99%。

统调型虚拟电厂内部电能计量业务，根据DL/T 698.41—2010的相关要求，主动站发出请求命令帧后，从动站收到命令帧后的响应延时小于等于500ms；在业务侧带宽方面，上下行业务速率应不低于64kbit/s，随着业务采集数据量及采集频次的增加，建议可适当提速至不低于128kbit/s。

2. 非统调型虚拟电厂

非统调型虚拟电厂只有虚拟电厂内部的生产调度管理业务主要有分布式新能源、分布式储能、可中断负荷等多种业务类型，其性能要求略差于调度直控型业务，通信时延一般为百毫秒级，通道带宽不大于 2Mbit/s，可靠性不低于 99.99%。

非统调型虚拟电厂内部电能计量业务，根据 DL/T 698.41—2010 的相关要求，主动站发出请求命令帧后，从动站收到命令帧后的响应延时小于等于 500ms；在业务侧带宽方面，上下行业务速率应不低于 64kbit/s，随着业务采集数据量及采集频次的增加，建议可适当提速至不低于 128kbit/s。

2.6.4 业务聚类小结

综上所述，虚拟电厂/负荷聚合商/综合能源服务作为新型电力系统建设下的一种新兴业务形态，有助于推动高比例新能源的安全可靠消纳，有着广阔的发展前景。虚拟电厂/负荷聚合商/综合能源服务根据其发挥作为的不同，可进一步细分为统调型虚拟电厂/负荷聚合商/综合能源服务和非统调型虚拟电厂/负荷聚合商/综合能源服务两类。统调型虚拟电厂/负荷聚合商/综合能源服务业务类型，一般包括：第二类控制业务，如站外通信的调度自动化业务；第三类控制业务，如站内通信的分布式电源控制、可中断负荷控制等业务；第四类业务，如站内通信的电能数据采集业务。非统调型虚拟电厂/负荷聚合商/综合能源服务业务类型，一般包括：第三类控制业务，如站外通信的需求侧响应业务，以及站内通信的分布式电源控制、可中断负荷控制等控制业务；第四类业务，如站内通信的电能数据采集业务。同时，虚拟电厂/负荷聚合商/综合能源服务因虚拟组合的特点，内部通信是一个相对完整且独立的通信网络，它的构建也是新型电力系统通信专业需要重点攻克的难题之一。

新型电力系统建设背景下，虚拟电厂/负荷聚合商/综合能源服务必会大有可为。因虚拟电厂/负荷聚合商/综合能源服务不受地域限制、虚拟结合等特点，更加需要灵活、经济、高效的内部通信网络进行支撑，同时虚拟电厂/负荷聚合商/综合能源服务资源组合和参与电力市场形势的差异很大，也更加需要因地制宜、差异化选择合适的通信技术。

2.7 应 急 通 信

2.7.1 应用场景概述

由于我国地形复杂、气候多变，电力系统的运行常年面临着台风、雨雪、霜冻、洪水以及地震等极端自然灾害的威胁，导致电力系统应急通信需求强烈。电力应急通信在突发事件应对、重要保电情况下发挥作用，包括保障电力运行控制通信和应急指挥通信两类任务。保障电力运行控制的应急通信系统的关键特性是冗余备份。保障应急指挥的应急通信系统的关键特性是融合互通，包括与调控、营销、运检等电力系统内部专业的专用通信系统互联互通，与社会面各行业的专用通信系统互联互通，与公众通信网络互联互通。

2.7.2 业务种类分析

电力系统由发电、输电、配电、用电等多个环节组成，应急场景包括：出现自然灾害或重大事故，特别是极端的"三断"（断电、断网、断路）情况时，需要进行应急的抢险抢修作业；重要保供电作业期间，为提高指挥效率及前线响应速度，需要采用应急指挥手段来实现指令的下达及设施的实时监控；对于户外的基建施工或设备巡检作业，在一些缺乏公网覆盖的区域，同样需要应急通信组网方式来实现前后方的通信及指挥。

电力应急通信在突发事件应对、重要保电情况下发挥作用，包括保障电力运行控制通信和应急指挥通信两类任务。

在突发事故灾难、自然灾害、社会公共事件情况下，电力应急通信应满足迅速建立应急指挥中心与应急现场之间的通信通道；迅速建立电力生产关键业务通信通道；为应急指挥及快速恢复电力供应提供通信保障。

电力应急通信在电力运行控制方面应满足在调度机构、重要厂站之间提供调度电话、调度自动化、保护、安稳等关键业务应急通信通道的任务。

电力应急通信在应急指挥方面应满足在应急指挥中心之间和应急现场与应急指挥中心之间建立通信通道，传输语音、视频、数据通信业务；应急指挥中心与行政交换系统、调度交换系统、视频会议系统、外部公共信息网、公共广播电视系统互联互通；应急现场实现局域通信覆盖，支持音视频、数据信号的采集与回传。

在重要保电情况下，电力应急通信应满足快速建立保电相关场所的临时性业务通信；保障保电过程中的电力生产控制、应急指挥等的通信畅通，包括各保电场所已有常规通信手段的加固和无通信场所临时通信的建立；在重要保电情况下，电力应急通信应满足为各级应急指挥中心、保电区域相关调度中心与变电站之间的调度电话、调度自动化业务提供临时加强通道的任务。

电力应急通信保障应急指挥应满足保障各级应急指挥中心、运维场所、保电区域配电房、保电活动现场的语音及数据通信；保障应急指挥中心、活动现场的视频会议通信；保障重要供电场所、活动现场的视频监控通信。

根据《电力应急通信设计技术规程》（DL/T 5505—2015）要求，应急通信通道指标要求见表 2 - 4。

表 2 - 4　　　　　　　　　　　应急通信通道指标要求

应用分类	业务类别	通道指标					
		传输速率 kB/s	传输时延/ms	误码率	丢分组率/%	通道属性	通信类型
电力运行控制	调度电话	22.5	≤600	—	≤1	双向	TCP/IP
		64	≤150	<10^{-3}	—	双向	TDM
	交流线路保护	2048	≤20	<10^{-8}	—	双向	TDM
		—	≤5	<10^{-3}	—	双向	PLC
	安全稳定控制	2048	≤30	<10^{-6}	—	双向	TDM
	调度自动化	2048	≤30	<10^{-6}	—	双向	TDM
		64	≤30	<10^{-6}	—	双向	TDM
		1.2	≤15	<10^{-3}	—		PLC
		64	≤600	—	≤1	双向	TCP/IP
	直流控制保护	2048	≤30	<10^{-6}	—	双向	TDM
应急指挥	语音	22.5	≤600	—	≤1	双向	TCP/IP
	视频	512～2048	≤600	—	≤1	双向	TCP/IP
	数据	512～2048	≤600	—	≤1	双向	TCP/IP

2.7.3 通信性能需求

为保障应急指挥顺畅进行，电力应急通信系统和设备应根据通信方式不同满足对应性能指标。卫星回传链路带宽，上行带宽需求为 8～10Mbit/s，下行带宽需求为 15Mbit/s，单兵终端续航时间不小于 3h 电池锂电池，总重小于 20kg。无线宽带 MESH 自组网设备单子网最大规模应不小于 32 节点，端到端通信最大支持跳数应不低于 8 跳；单跳最大传输速率的频谱效率应不低于 2Mbit/s/MHz，3 跳传输后，端到端最大传输速率应不低于单跳最大传输速率的 25%，在最大传输速率 50% 的条件下，单跳单向平均时延应不高于 10ms。布控球视频有效像素应不低于 200 万，分辨率应不低于 1920×1080，视频支持 H.264/H.265 编码方式，摄像头支持 20 倍光学变焦，红外补光距离应不低于 50m，摄像头云台支持 360°水平旋转角度，−25°～90°垂直旋转角度。行为记录仪视频格式支持 H.264/H.265 编码方式，分辨率 1080P，从拍摄视频到后台显示时延应低于 600ms，从捕捉音频到后台播放时延应低于 200ms。

2.7.4 业务聚类小结

综上所述，电网各环节均涉及应急通信场景，应急通信场景具备较多的共性，均涉及自然灾害或重大事故造成的"三断"场景、重要保供电作业，以及无公网的户外基建和设备巡检作业，均要求应急通信系统和设备具备融合、便携和通用的特性，从而能够最大限度地降低部署难度、缩短现场部署时间，为应急抢修抢险争取更多时间，提高应急指挥调度效率。

新型电力系统建设背景下，需要应急通信系统能结合当前流行的北斗、5G 等各种新型通信技术和数据处理技术，提高应急通信快速部署、持久续航、移动互联网通信能力，全面提升应急通信支撑能力。

2.8　调　度　交　换

2.8.1　调度交换概述

电力调度交换网是电网调度生产的专用交换网，是电力系统通信的重要网络之一，各级电网调度机构之间、调度机构与调度用户之间、电网调度机构与电厂之间均通过调度交换网进行通信和指令下达。

调度交换网目前承载的业务主要是调度电话语音业务，它是电网运行的组织、指挥、指导和协调机构，主要完成电网运行设备的常规检修、事故处理、电网频率调整、电网电压调整、发电厂出力调整等操作指令。由于调度电话的业务性质决定了调度交换网必须具备高效性、实时性、安全性、唯一性和独立性。

特别在事故处理时，属于突发非计划内的调控作业，各级调控中心之间需要可靠、高效的实时交互方式，确保各类临时应急调度操作的高效上传传达，因此调度交换系统一直以来都是电力系统稳定运行的重要依托，是电力调控业务的常态化通信手段，更是保底通信手段。

2.8.2　调度交换现状

我国电力调度交换网经过二十多年的建设和发展，已经形成了从调度中心到站端，从电网到发电厂整个电力流的全覆盖，其中国家电网和南方电网的系统建设结构存在一定的差异。

1. 国家电网

国家电网的电力调度交换网目前已经建成了四级汇接、五级交换的专用电路交换网络，调度电话业务覆盖国调（C1）、分部（C2）、省调（C3）、地调（C4）及县调/厂站（C5）等终端交换站。组网技术主体参考《电力系统自动交换电话网技术规范（英文版）》（DL/T 598—2010）及《电力调度交换网组网技术规范》（Q/GDW 754—2012)》，在各汇接节点部署调度程控交换机，通过 2M 中继链路进行互联互通及路由备份，采用 Q. sig 信令协议。

在国家电网部分省市已经建设了软交换调度试点，并承载了部分新的 IP 业务应用。如在 2014 年，随着国分一体化调度可视项目建设，国调及当时的五大分部建设了软交换调度系统，国调及各分部均部署软交换调度平台及高清媒体服务器及高清视频调度台，提供调度高清视频业务。在其他部分单位根据考虑新业务发展及 IP 路由备份，也已独立建设了软交换调度系统。目前软交换调度与电路调度交换网一样，均属于分层部署平台的方式。

2. 南方电网

按照《中国南方电网电力调度管理规程》规定，南方电网运行实现"统一调度、分级管理"的制度，南方电网不同于国家电网，没有设置分部（C2），电力调度机构从上至下分为四级，分别为：一级电力调度机构简称南网总调，即中国南方电网电力调度控制中心；二级省级电力调度机构简称中调；三级电力调度机构简称地调；四级电力调度机构简称县（配）调。各级电网调度机构在电网调度业务活动中为上下级关系，为保证电网的安全、可靠运行，下级机构必须完全服从上级机构的调度命令。

在南方电网总调、广东及海南等多个省市已经建设了软交换调度系统，用于承载传统调度业务应用，同时在配网领域承载调度新业务应用，部分地市还承担了厂站小号 IP 化部署的职责。

2.8.3　调度交换面临的挑战

随着我国"双碳"目标要求落实，构建新型电力系统为当前首要目标，新型电力系统要求接入大规模的新能源，要能够平衡波动性电源大规模并网对系统安全稳定运行造成的冲击，也必将加大调控作业的不可预测性，推高非计划调控作业量，各级调控中心之间同步、实时交互的频次会越来越大，可靠性要求会越来越高，因此调度交换技术亟需转型升级，可从以下两个方面进行技术优化：

（1）结合人工智能等 IT 新技术，建设"人机融合、群智开放、多级协同、自主可控"的新一代调度技术支持系统。

（2）建设贯穿国、分、省、地、县的分布式电源调度管理系统，构建全景观测、精准控制、主配协同的新型有源配电网调度模式。

2.8.4　调度交换技术迭代升级需求

基于调度交换面临的挑战，结合新型电力系统建设要求、电网调度转型升级契机和交换技术发展，亟须开展调度交换网下一代规划和研究，重点包括：

（1）研究明确下一代调度交换网演进的技术路线，并确定平滑升级替代方案。

（2）提高调度交换网的开放水平，打破系统壁垒，通过能力接口方式和现有信息系统进行有机深度的融合。

（3）提升调度交换网的智能化水平，满足未来智能化业务发展要求，并同步打造智能运维体系。

（4）提高调度交换在配网的覆盖程度，并进一步构建贯穿"源网荷储"的一体化调度交换体系。

（5）规范下一代调度交换网录音数据管理要求，为下一步数据挖掘打下基础，全面提升调度交换的数字化水平。

第 3 章

电力通信技术分析

与新型电力系统类似，现代通信技术正以前所未有的速度在快速演进发展，特别是通信技术与传感技术、计算技术的深度融合，使通信技术的发展更为日新月异，适合不同应用场景的细分，通信技术也因此层出不穷，能适应业务变化而快速、灵活匹配通信资源的多模态网络将成为未来通信网的发展主流。限于篇幅，并结合新型电力系统新业务需求，本章重点是通过分析骨干通信网中的光传输网和通信接入网的多种典型有线/无线通信技术原理、优缺点和多业务承载能力，为后续新型电力系统业务应用场景与通信技术适配分析奠定理论基础。

3.1　骨干通信网光传输网技术

光纤通信技术是一种以高频率的光波作为载波、以光纤作为传输介质的一种通信方式。光纤通信技术是目前电力通信网中应用最广泛、最重要的通信技术，它主要用于承载继电保护、安控、调度自动化等调度生产业务和企业经营等业务。电力通信网中应用较广的光纤通信技术体制包括 SDH/MSTP、OTN、分组传送网（Packet Transport Network，PTN）等，同时，随着电网规模不断扩大、业务承载需求快速增长，SPN、MS-OTN 等新技术也在电力骨干通信网部分区域开展了试点应用。

3.1.1　SDH/MSTP 技术

SDH 是传统电力通信系统主要采用的传输层技术之一。MSTP 是指基于 SDH 平台，同时实现时分复用技术（time-division multiplexing，TDM）、以太网等业务的接入、处理和传送，提供统一网管的传输网技术，是目前电力光传输网中最主流的技术。

3.1.1.1　技术原理概述

SDH 传输体制采用了全世界统一的 155M、622M、2.5G、10G 同步传输模块 n 级（Synchronous Transport Module level N，STM-N）速率接口和帧结构，实现了高速信号中直接复用/解复用低速信号的同步传输，并提供全面的运行、管理、维护和指配（Operation，Administration，Management & Provision，OAM&P）智能化网络管理，实现了灵活组网和较强的网络生存性。

SDH 传输体制的传输信号帧结构为 STM-N，依次传输左、右、上、下的串行码流，包括段开销、信息净负荷、管理单元指针三个部分。基本的传送过程为：发送端将 STM-N 帧结构中信息净负荷中各种信息码块，附加上用于通道性能管理监视、控制开销字节，再附加网络运行管理、维护（OAM）字节，再添加确保有效分离信息净负荷的管理单元指针后，传送到收信端。SDH 传输业务信号时各种业务信号经过映射、定位和复用，将信号进行码速调整、帧偏移调整后复用进入 SDH 的帧进行传输。SDH 信号等级及速率情况见表 3 - 1。

表 3 - 1 SDH 信号等级及速率情况

SDH 信号等级	速率/(Mbit/s)	包含 2Mbit/s 数量
STM - 1	155.520	63
STM - 4	622.080	252
STM - 16	2488.320	1008
STM - 64	9953.280	4032

3.1.1.2 典型组网模式

SDH 网络的常见网元有终端复用器（Termination Multiplexer，TM）、再生中继器（Regenerative Repeater，REG）、分插复用器（Add/Drop Multiplexer，ADM）、数字交叉连接设备（Digital Cross Connect equipment，DXC）。常用的 SDH 网络拓扑基本结构有链型网络、星型网络、树型网络、环型网络和网状型网络，如图 3 - 1 所示。

电力通信网中，骨干传输层面以链型网络和环型网络拓扑结构为主，在这两种拓扑结构下，业务通道的保护方式主要为：针对链型网络的 1+1 或 1：1 线性复用段保护；针对环型网络的二纤单向通道保护环，二纤单向复用段专有保护环，四纤双向复用段保护环，二纤双向复用段共享保护环。

1. 链型网络保护

当 SDH 网络为链型网络拓扑结构且网络由二纤链连接构成，此时网络不具备自愈及业务保护功能。对于由收、发二纤主用通道和收、发二纤备用通道互为主备信道构成的四纤链，根据不同的需求，可采用 1+1 或 1：1 的方式对其传输的业务进行保护。

采用 1+1 方式时，主用和备用通道中同时对业务进行传输，当主用通道中断时，业务将在低于 50ms 的倒换时间内自动切换到备用通道进行传输，并在主用通道恢复时可选择性地自动切换回主用通道。采用 1：1 方式时，业务在主用通道进行传输，备用通道一般承载优先级较低（无需保护）的业务，当主用通道中断时，主用通道业务倒换至备用通道，备用通道上原承载业务中断。与 1+1 方式相比，业务保护倒换及恢复的时间相对较长。电力通信网络中多采用 1+1 的方式对其传输的业务进行保护。

2. 环型网络保护

SDH 环型网络结构是由网络中的各个节点串联连接，组成的闭合的、不开放的环型网络，可以看成是链型网络首尾相连而成。环型网络相对于链型网络，其生存性显著提高。SDH 环型网络，一般是由汇聚网络和接入网络共同构成。汇聚网络一般采取自愈环的形式对环上节点的业务进行保护，而接入层一般采取子网连接保护（SubNetwork Connection Protection，SNCP）的方式对环上节点的业务进行保护。

ITU - T 规定，当传输网络因故障中断时，在不需要人工干预的情况下，网络可以在 50ms 以内自动切换到备用通道重新建立通信连接，业务自动恢复，对运行业务不造成影响的传输网络可称为自愈型网络。环型网络自愈环一般可采用两种方式提供：一种是采用

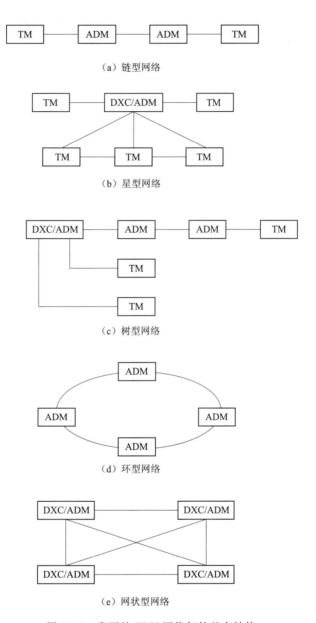

图 3-1 常用的 SDH 网络拓扑基本结构

与主用通道完全独立的设备；另一种是采用当前设备的冗余功能实现。自愈环的分类见表
3-2，各类自愈环对比分析见表 3-3。

表 3-2 自 愈 环 的 分 类

分类方法	按环上业务方向	按网元节点间光纤数	按业务级别
自愈环名称	单向环、双向环	双纤环、四纤环	通道保护环、 复用段保护环

表 3 - 3　　　　　　　　　　　　各类自愈环对比分析

名称	二纤单向通道倒换环	二纤单向复用段倒换环	四纤双向复用段倒换环	二纤双向复用段倒换环
结构	首端桥接，末端倒换	节点在支路分插功能前的每一高速线路上都设有保护倒换开关	线性的分插链路自我折叠而成（一主一备）	通过时隙交换技术将四纤环转换成二纤环
节点数	K	K	K	K
高速线路速率	STM - N	STM - N	STM - N	STM - N
最大业务量	STM - N	STM - N	$K \times$ STM - N	$K/2 \times$ STM - N
节点成本	低	低	高	中
APS 变化	不要求	要求	要求	要求
系统复杂性	最简单	简单	简单	复杂
备用方式	专用备份	公用备份	公用备份	公用备份
倒换时间	快	一般	一般	一般

SNCP 是一种基于业务的通道层保护方式，是针对需要保护的通道，事先建立一条交叉连接，其工作子网和保护子网是相互独立的网络，可用于对不同厂家、不同型号的设备组成的各类通信网络（链型网络、网状型网络、环型网络或混合网络）进行保护。SNCP 保护方式可以对任何通道层业务进行部分保护，当子网保护贯穿通信网络的整个通道时，就变成了路径保护中的链型网络的通道保护，也就是说路径保护的通道保护方式是 SNCP 的其中一种模式。

SNCP 的分类及对比情况见表 3 - 4。

表 3 - 4　　　　　　　　　　　　SNCP 的分类及对比情况

启动条件监测方式	固有监测的子网连接保护（SNC/I）	非介入式监测的子网连接保护（SNC/N）
保护路径利用情况	1+1 的 SNCP	1：1 的 SNCP
工作路径正常反倒换是否返回	返回式 SNCP	非返回式 SNCP
两端倒换时是否协同动作	单向倒换保护	双向倒换保护

3.1.1.3　技术特点分析

1. SDH 网络的主要特点

作为一种传送网体制，SDH 网络的主要特点可以总结如下：

（1）使 1.5Mbit/s 和 2Mbit/s 两大数字传输体系在 STM - 1 等级上获得统一，首次真正实现了数字传输体制上的世界性标准。

（2）采用了同步复用方式和灵活的复用映射结构。各种不同等级的码流在帧结构净负荷内的排列是有规律的，而净负荷与网络是同步的，因而可从高速信号中一次直接分插出低速支路信号，这样既不影响别的支路信号，又不需要对全部高速复用信号进行解复用，省去了全套背靠背复用设备，网络结构得以简化，上下业务十分容易。利用同步分插能力还可以实现高可靠的自愈环结构，网络保护倒换时间仅 50ms。

（3）SDH 帧结构中安排了丰富的开销比特，使网络的 OAM 能力大大加强。此外，通过嵌入在段开销中的控制通路可以使部分网络管理能力通过软件下载分配给网元，实现分布式管理和单端维护，降低了运行维护成本，使新特性和新功能的开发较为容易。

（4）将标准光接口综合进各种不同网元，减少了将传输和复用分开的传统做法，简化了硬件。此外，有了标准开放光接口后，可以在基本光缆段上实现横向兼容，满足多厂家产品环境要求，节约了网络成本。

（5）SDH 网络具有信息净负荷的透明性，即网络可以传送各种净负荷及其混合体而不管其具体信息结构如何。净负荷与 SDH 网络的接口仅在网络边界才有，一旦净负荷装入虚容器后，网络内部所有设备只需处理虚容器即可，不用关心各种具体规格的净负荷，从而减少了管理实体数量，简化了网络管理。

（6）SDH 网络即可以兼容以前的准同步数字体系的各种速率，又能容纳各种新业务信号，例如以太网信号等。简言之，SDH 网络具有较好的后向兼容性和前向兼容性。

2．SDH 网络的缺点

作为一种技术体制，SDH 网络也必然有它的不足之处。例如：

（1）安全隐患。在计算机普及的今天，病毒也无处不在。而软件的大量使用很容易让 SDH 受到病毒的破坏，加上人为操作，软件故障，对 SDH 系统的影响往往是致命的。

（2）SDH 的 STM－1 信号可复用进 63 个 2Mbit/s 或 3 个 34Mbit/s（相当于 48 个 2Mbit/s）或 1 个 140Mbit/s 相当于（64 个 2Mbit/s）的 PDH 信号。只有当 PDH 信号是以 140Mbit/s 的信号复用进 STM－1 信号的帧时，STM－1 信号才能容纳 642Mbit/s 的信息量，但此时它的信号速率是 155Mbit/s，速率要高于 PDH 同样信息容量的 E4 信号（140Mbit/s），也就是说 STM－1 所占用的传输频带要大于 PDH E4 信号的传输频带（二者的信息容量是一样的）。

（3）调整机理复杂。从高速信号中直接下低速信号可以应用 SDH 体制轻松地实现，省去了多级复用、解复用的过程。但是这种功能的实现主要是通过指针机理来完成的，指针功能的实现也让系统的调理机制变得极其复杂。

3.1.1.4　业务能力小结

综上所述，SDH/MSTP 光纤通信技术具备非常强的物理隔离多业务承载能力，在网络带宽满足的前提下，可同时承载第一类控制业务、第二类控制业务、第三类控制业务和第四类业务，能较好地满足电力通信业务需求，其主要缺点是设备单价较高、以太网业务支撑能力相对不足。

随着近年来中美贸易摩擦的升级，未来 SDH/MSTP 光纤通信技术演进的重点是实现全面的自主可控，避免芯片封锁带来断供风险。

3.1.2　OTN 技术

OTN 是以波分复用技术为基础，借鉴 MSTP 技术电域业务调度处理特点，实现在光层和电层组织网络及业务调度的传输网技术。OTN 技术在具备大容量业务传送能力的同时，实现透明的端到端波长/子波长连接调度及电信级业务保护功能。OTN 在子网内部实现全光处理通过波分复用实现大容量传输，在子网边界处进行光电混合处理能提供各种业务的适配接入。

3.1.2.1 技术原理概述

OTN 定义的电层带宽颗粒为光通路数据单元 ODU0（*GE*）、ODU1（2.5Gbit/s）、ODU2（10Gbit/s）、ODU3（40Gbit/s）和 ODU4（100Gbit/s），同时也支持 STM-N 业务的接入。OTN 技术目前不支持 E1（2Mbit/s）等小颗粒业务的接入。《光传送网络架构标准》（ITU-T G.872—2013）将整个网络层次自上而下分为三层，涵盖了光和电两个不同的处理领域。OTN 网络的分层情况如图 3-2 所示。

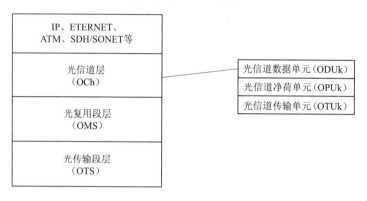

图 3-2　OTN 网络的分层情况

1. 光信道层

光信道层（Optical Channel Layer，OCh）为不同业务信号提供端到端的透明光传输。这一层中又划分了三个电域子层，分别是光信道净荷单元（Optical Channel Payload Unit，OPUk）、光信道数据单元（Optical Channel Data Unit，ODUk）和光信道传输单元（Optical Channel Transport Unit，OTUk）。这样划分的目的是适应不同速率的多种业务的接入，同时每层网络都加入开销字节，提高网络监测与 OAM 能力。光信道层应实现的功能包括不同业务信号的适配、光信道的建立、光信道层开销的处理、提供光信道的监视功能和实现光信道层业务的保护与恢复，另外 OTN 的电交叉也是基于本层的 ODUk 实现。

2. 光复用段层

光复用段层（Optical Multiplex Section Layer，OMS）为多波长信号提供网络连接功能，保证多波长信号的完整传输。该层网络的功能包括多波长复用及复用段层开销的处理，以及实现复用段的监视和保护等管理功能。

3. 光传输段层

光传输段层（Optical Transmission Section Layer，OTS）为光复用段的信号在不同类型的光媒介（如 G.652、G.653、G.655 光纤等）上提供传输功能。OTS 应具备的功能包括处理本层开销、产生提取光监控信道、提供光信道到物理传输媒介的适配等，另外对光放大器和中继器的监控也在本层实现。

3.1.2.2 典型组网模式

1. OTN 设备类型

根据 OTN 设备的光/电交叉、线路接口与业务接口适配等功能不同，可将 OTN 设备分为光终端复用设备（Optical Terminal Multiplexer，OTM）、电交叉连接设备、光分插复用设备（FOADM/ROADM）以及光电混合交叉连接设备四种设备类型。OTN 不同设备形态功能示意如图 3-3 所示，其中虚线框表示不同形态的差异。

（1）OTN 光终端复用设备（OTM）。OTN 光终端复用设备（OTM）是在波分复用（Wavelength Division Multiplexing，WDM）设备基础上增加了满足 G.709 标准的物理和逻辑接口，支持 ODUk 和 OCh 复用，可以理解为具有 OTN 接口的 WDM 设备，通过在 WDM 系统中引入 OTN 接口，可以实现业务上/下、光信号的传输以及对波长通道端到端的性能和故障监测。功能示意，如图 3-3 中不包括虚线框的电交叉和光交叉部分。

（2）OTN 电交叉连接设备。光传送体系（Optical Transmission Hierarchy，OTH）与 SDH 的电交叉连接设备相似，OTN 的电交叉连接设备采用光—电—光（E-O-E）的处理方式，能够完成基于 ODUk 的各种业务颗粒电路的交叉功能，具有良好的业务适配性，还可为 OTN 网络提供灵活的电路调度和可靠的电层保护功能。OTN 电交叉连接设备既可以独立组网，也可与 OTN 光终端复用设备混合组网，提供各种业务接口和 OTUk 接口，实现了光复用段和光传输段的功能。功能示意如图 3-3 中虚线框内 ODUk 电交叉部分。

（3）OTN 光分插复用设备（FOADM/ROADM）。OTN 光分插复用设备（FOADM/ROADM）完成基于波长级的业务调度，和电交叉相比，调度容量更大，满足大规模网络的交叉调度需求。OTN 光分插复用设备能够提供 OCh 层的调度功能，无需 O-E-O 转换环节，可实现整波道的调度和保护恢复，进而实现光层的灵活组网、光信号的复用/放大等功能，从而在一定程度上降低了网络成本。但其组网受到保护倒换速度、波长分配冲突、传输距离、多厂商设备互联互通等条件限制，交叉的灵活性有一定限制。功能示意如图 3-3 中虚线框内 OCh 光交叉部分。

（4）OTN 光电混合交叉连接设备。OTN 光电混合交叉连接设备能够同时提供电层和光层交叉调度能力，是 OTN 电交叉连接设备与 OTN 光交叉的结合。两者配合可以优势互补，同时避免各自的不足。功能示意如图 3-3 中虚线框内 ODUk 电交叉和 OCh 光交叉两部分。

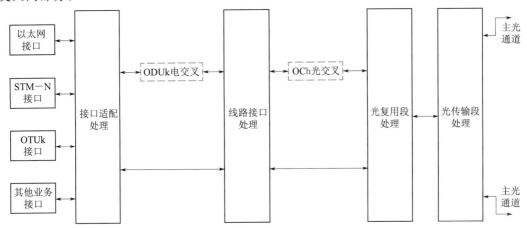

图 3-3　OTN 不同设备形态功能示意图

2. 组网模式

OTN 网络可采用不同形态的 OTN 设备进行网络组网。

（1）利用 OTM 进行组网。OTM 为在 WDM 设备上增加支持 G. 709 接口，可在光层实现信号的处理，如放大、传输等功能，因此，这种组网模式成本较低、实现简单，通过升级设备板卡即可实现，是 WDM 网络向 OTN 网络演进的最直接方式。但这种组网模式下，网络不具备交叉连接功能，仅能为业务信号提供传送功能。

（2）利用 OTN 电交叉连接设备进行组网。利用 OTN 电交叉连接设备进行组网，业务通过 G. 709 规定的封装规程映射，可同时支持不同大小的颗粒（根据 k 不同，可支持 1Gbit/s、2.5Gbit/s、10Gbit/s 等）交叉调度，提供 Gbit/s 级别以上的较大容量传输，具有基于 ODUk 的多种保护方式，在电层实现基于 ODUk 颗粒的交叉调度。同时，该组网模式实现了信号 3R 功能，实现了光层信号的长距传送。

（3）采用 OTN 光分插复用设备（FOADM/ROADM）进行组网。采用 OTN 光分插复用设备（FOADM/ROADM）进行组网，业务通过 G. 709 规定的封装规程映射，可在光层实现基于波长级别的交叉调度和信号传送。在这种组网模式下，可开通波长级别的端到端业务的交叉调度，调度容量比电交叉更大；可在光层实现业务的直通，不需经过电层处理；光交叉可实现灵活组网，支持网状型网络；提供光通道、复用段等多种光层保护方式。但这种组网模式存在波长一致性约束问题，需要采取措施避免资源冲突。同时，长距离传输会产生信号衰耗和色散，需要增加光放大器和色散补偿等，但是增加的同时又将引入噪声累积，因此需保证信噪比（SNR），与利用 OTN 电交叉连接设备进行的组网模式相比其传输跨段距离较短。

（4）采用 OTN 光电混合交叉连接设备进行组网。采用光电混合交叉设备进行组网，既有电层处理的优势，又有光层处理的好处。可支持多种业务的适配，可进行电层和光层的联合调度。在这种组网模式下，光电联合调度更加灵活、多样，多业务适应能力更强；支持大容量传输，组网模式更加合理，支持网状型网络；支持光层、电层多种保护方式，可靠性更高；可利用电层 3R 功能，实现光信号再生，提高单跨段传输距离。但电层和光层交叉设备更复杂，组网成本较高，光层仍存在波长资源冲突问题等。

实际应用在选择组网模式时，应考虑系统容量、功能需求、网络结构、组网成本等多种因素，综合各方面的要求选择合适的方案。

3. 1. 2. 3　技术特点分析

1. 灵活的组网方式

与传统的 WDM 技术相比，可重构光分插复用器（Reconfigurable Optical Add - Drop Multiplexer，ROADM）提供灵活的组网方式，可构成多环、网格型、星型等常用的组网模式，适合新业务的开拓及业务的频繁调整的现实情况。ROADM 不仅提高波长上下的灵活度，而且光层保护机制能确保承载业务的可靠传输。

2. 节约网络建设及运营成本

在传送网上大量采用 ROADM，应用其阻塞波长技术减少无业务节点的光－电－光转换，降低传输成本，实现业务传输的"可视化"，支持远程调度控制，减少了运行维护的工作量及人员等可避免的运营成本。

3. 大颗粒业务传送

适合电力系统通信网应用的 ROADM 的单波长均能满足 100Gbit/s 及以上的速率，可满足电力通信系统中大容量业务的传输需求。

4. 支持客户信号的透明传送

与 SDH 技术相似，OTN 技术支持客户信号的透明传送，同时 OTN 技术支持客户信号的"可视化"，保证客户信号的完整性。

5. 具有多级串联连接监视 TCM 功能

为了支持不同运营商网络的通道监视金万维终端行为管理系统（Terminal Compliance Management，TCM）功能，OTN 的 ODUk 拥有 6 个串联连接监视 TCM 开销字段，用来支持 6 级串联连接监视，与 SDH 系统不同，OTN 可在不同的段落中支持 TCM 嵌套式、重叠式或级联式。

6. 高阶交叉能力强

SDH 技术以 VC-12、VC-4 颗粒进行映射和交叉，业务颗粒度比较小，对于 GE 以上的高速信号传送效率较低，同时应用成本较高。OTN 提供光层电层二级交叉，主要通过 ODU1/ODU2/ODU3 的颗粒映射、交叉，提供任意波长调度能力，且粒度适中，适用于现在的 GE 以上的业务，同时 ODUk 的级联和虚级联，满足大颗粒疏导需求。

3.1.2.4 业务能力小结

OTN 技术既拥有波分复用的大传输能力，同时可灵活组网，具有较为完善的保护机制特性，拥有较好的网络管理功能，在一定程度上解决了传统的 WDM 网络在波长/子波长业务调度方面组网能力差、保护性能弱等问题。OTN 技术是目前电力通信网中最主要的光传送网技术之一，该技术主要应用于省际骨干传输网、省内干线传输网、地市传输网的骨干层、汇聚层，提供 N×100Gbit/s 或 N×10Gbit/s 线路速率。

综上所述，OTN 技术具备非常强的物理隔离多业务承载能力，可同时承载第二类控制业务、第三类控制业务和第四类业务，能较好地满足电力大颗粒通信业务的需求，但因主流设备不提供小颗粒（如 2Mbit/s）业务端口且难以保证收发时延完全一致，暂不能承载第一类控制业务。OTN 技术的主要缺点是设备单价高、设备功耗大、网络调整不灵活等。未来 OTN 技术将朝着大容量、长距离、灵活承载及业务调度等方向进行技术演进。其中大容量、长距离传送的核心技术方面，主要包含大容量 OTN 线路发送端调制技术、OTN 相干接收和 DSP 技术、SD-FEC 以及 100G 客户侧技术等。在灵活承载及业务调度方面，目前已开展了基于灵活以太网（Flexible Ethernet，FlexE）、光业务单元（Optical Service Unit，OSU）架构的传送网承载等核心技术研究。

3.1.3 PTN 技术

3.1.3.1 技术原理概述

在 2G 时代，现网主流业务是语音等带宽较小、流量稳定的业务，到了 3G 和 4G 时代，高清图片、短视频、多媒体等逐渐成为网络的主流业务，这类业务的特点是瞬时流量大、流量间歇性、不连续性显著，带宽增长快，业务呈 IP 化分组化趋势，在这种情况下，传统的基于 TDM 的技术表现出了承载效率低、建网成本高、可扩展灵活性差等缺点。

随着业务不断发展，迫切需要一种新技术的出现，来满足承载需求的同时能够降低建网成本，在此背景下 PTN 应运而生。PTN 是以分组交换为内核，以多协议标签交换—传送子集（Multiprotocol Label Switching – Transport Profile，MPLS – TP）技术为基础，具备分组统计复用能力的传送网技术。PTN 支持多种基于分组交换业务的双向点对点连接通道，具有适合各种粗细颗粒业务、端到端的组网能力，具备丰富的保护方式；继承了 SDH 技术的操作、管理和维护机制（OAM），具有点对点连接的完美 OAM 体系，保证网络具备保护切换、错误检测和通道监控能力；网管系统可以控制连接信道的建立和设置，实现了业务服务质量（Quality of Service，QoS）的区分和保证，灵活提供服务级别协议（Service Level Agreement，SLA）等优点。PTN 技术的功能演进如图 3 – 4 所示。

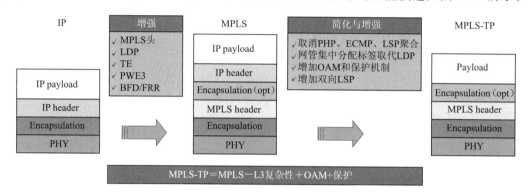

图 3 – 4　PTN 技术的功能演进

3.1.3.2　典型组网模式

PTN 的组网模式与 SDH 类似，常用的 PTN 网络拓扑的基本结构有链型网络、星型网络、树型网络、环型网络和网状型网络。

PTN 网络提供了多种网络级别的保护，能够满足不同的接入场景及业务模型。主要保护包括线性保护、子网保护、Wrapping（环同）保护、伪线双归保护等。

1. 线性保护

MPLS – TP 的线性保护中包括 1＋1 路径保护和 1∶1 的路径保护，两种保护方式都是基于标签交换协议或伪线层的快速路径状态。

2. 子网保护

子网保护大部分特点与线性保护相同，不同点在于倒换以及桥接点可为 P 节点或 PE 节点，用于保护网络内部的子网连接部分。可应用于环带链的组网模式，环网启用环网保护，在环带链的相接点配置子网保护。

3. Wrapping 保护

Wrapping 保护方式是基于故障相邻节点的环回保护倒换，当网络上检测到故障，通过 APS 协议，故障侧相邻节点将业务倒换至保护方向，避过失效节点或链路，以保证业务正常通信。

4. 伪线双归保护

伪线双归保护是指业务的源端点相同，宿端点不同。伪线双归保护是为防止宿端设备出现故障时造成对业务的影响。当一台宿端设备发生故障时，业务可以快速切换至另外一台宿端设备，切换时间小于 50ms。PTN 网络的伪线双归保护是为了防止业务落地设备发生故障时，造成业务中断。

总体来说，PTN 在保护对象和类型的完整性及丰富性上与 SDH 基本一致，其独特之处在于对业务接入的保护类型上，PTN 可在网络边缘支持对 STM－N 接入链路（1＋1 MSP、1：1 MSP）或以太网接入链路的保护，并可与业务网络联合实现伪线双归保护，保护形式丰富。

3.1.3.3 技术特点分析

1. PTN 业务承载

PTN 技术主要针对分组业务流量的突发性和统计复用的要求而设计，继承了光传输的传统优势，包括高可用性和可靠性、高效的带宽管理机制和网管的可扩展性、安全性等。

2. PTN 安全隔离

PTN 安全性从数据平面、管理平面、控制平面三个层面综合分析。

（1）数据平面。数据平面负责用户接入和数据转发，采用 L2 组网模式，对调度数据网、配电自动化等关键业务，采用虚拟专线服务（Virtual Private Wire Service，VPWS）点对点模式，建立业务的静态连接、安全可控。对一般组网业务，采用虚拟专用局域网服务（Virtual Private Lan Service，VPLS）模式，规避媒体接入控制（Media Access Control，MAC）学习引发的网络风暴。

（2）管理平面。管理平面负责设备和业务管理，PTN 与 SDH 等传输设备网管系统架构一致，带内网管采用 OSPF 等路由协议，带外网管可在网管和网关网元之间采用安全套接字协议（Secure Sockets Layer，SSL）方式等安全手段实现双向认证，管理平面等同于 SDH。

（3）控制平面。控制平面主要负责标签分配、业务路径选择。PTN 由多协议标签交换（Multiprotocol Label Switching，MPLS）简化而来，沿用了两层标签形式，PTN 的标签分配方式采用静态方式或直接通过管理平面进行配置，规避了因动态协议引起的安全风险。

3. PTN 业务保护

PTN 业务保护类型分为单板级别保护、端口级别保护和网络级别保护三种。

（1）单板级别保护。单板级别保护包括支路板保护倒换（Tributary board protection switch，TBS）保护（支路板保护）、电源板 1＋1 保护及主控板 1：1 保护。核心层和汇聚层 PTN 设备的所有单板，都具有 1＋1 的保护。接入层 PTN 设备，根据设备的具体型号及接入场景存在差异化的单板级别保护。

（2）端口级别保护。端口级别保护包括组建链路聚合组（Link Aggregation Group，LAG）主备保护和 LAG 分担保护方式。

（3）网络级别保护。PTN 网络提供了多种网络级别的保护，能够满足不同的接入场景及业务模型。主要保护包括线性保护、子网保护、Wrapping（环同）保护、伪线双归保护等。

4．对比 SDH 技术的优点

从传输单元上看，PTN 具备数据通信网组网灵活和统计复用传送的特性，天然适配以太网协议，传送的最小单元是 IP 报文；SDH 传输的是时隙，最小单元是 E1 即 2M 电路。PTN 的报文大小有弹性，而 SDH 的电路带宽是固定的。

SDH 承载 IP 业务需通过点对点协议映射到 SDH 传输帧中，传送效率较低。PTN 则可以提供大带宽柔性通道，充分发挥统计复用的特性，一方面能发挥大带宽优势，提升图像级别，增强用户体验；另一方面可在闲时释放资源，节省通道成本。

3.1.3.4　业务能力小结

总体来讲，PTN 网络由于其封装和缓存机制，导致仿真承载 E1 业务存在时延抖动，稳定性不如 SDH 网络，不适合承载 E1 业务；而由于其具备较强的 IP 业务承载能力，因此更适合 IP 类业务特性。相对于 TDM 时隙隔离机制，PTN 基于 PW 域名（Professional Website）、分层服务提供商（Layered Service Provider，LSP）隔离通道，其安全隔离度一直存在争议。综上所述，PTN 技术可承载第三类控制业务和第四类业务，随着光通信技术的进一步升级，PTN 技术正快速被 SPN 技术取代。

3.1.4　SPN 技术

3.1.4.1　技术原理概述

SPN 是 PTN 的继承和增强，它继承了 PTN 的现有功能并在一些方面进行了扩展和增强。SPN 采用高效以太网内核，提供低成本大带宽承载管道。通过多层网络技术的高效融合，实现灵活软硬管道分片，提供从 L0～L3 的多层业务承载能力。通过 SDN 集中管控，实现开放、敏捷、高效的网络新运营体系。SPN 技术架构如图 3-5 所示。

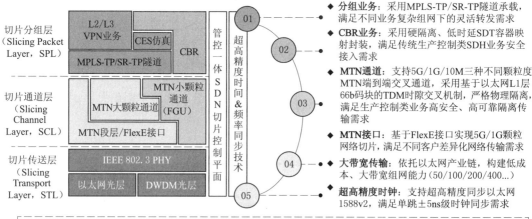

图 3-5　SPN 技术架构

3.1.4.2　典型组网模式

智能电网涉及的通信连接服务具有种类多、业务性能要求多种多样、安全要求高、可靠性要求高等特点。面对未来多业务对网络要求的巨大差异，网络需要端到端的切片来保障业务的差异化承载。电力行业的不同安全分区的业务，以及有特殊时延、抖动、隔离等诉求的业务，都需要通过网络切片来进行隔离，从而减少新的业务上线时对整体网络的影响，降低试错成本。基于切片的网络架构会是未来电力通信承载网的基础能力要求。

以太网凭借其简单、高效、最具性价比的优势成为数据承载的主流技术。大带宽业务、大连接业务、低时延业务、抖动敏感业务等对承载网络提出了更高的要求，如何有效对业务数据进行隔离，确保不同业务的差异化 SLA 需求，是未来承载网络面临的新挑战。SPN 依托其强大的分组能力和基于 G. MTN 的 TDM 时分复用技术，构筑新一代电力传输网，全方位匹配电力各类业务的差异化承载和硬隔离传输需求。SPN 通信网组网架构如图 3-6 所示。

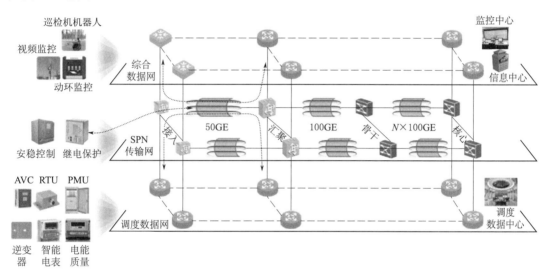

图 3-6　SPN 通信网组网架构

3.1.4.3 技术特点分析

1. 切片以太网技术

SPN 架构中创新性提出切片以太网（Slicing Ethernet）技术，如图 3-7 所示，基于原生以太内核扩展以太网切片能力，既完全兼容当前以太网络，又避免报文经过 L2/L3 存储查表，可提供确定性低时延、硬管道隔离的以太网 L1 组网能力。切片以太网核心是基于 64B/66B 以太网码流的端到端数据通道。

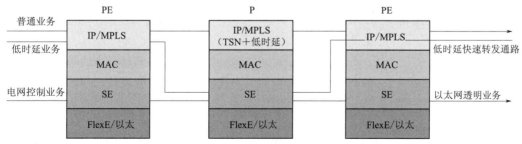

图 3-7　切片以太网技术

对于电网控制等专线业务，可通过 L1 的透明映射技术和码块的交叉技术，实现端到端透明承载；对于管理经营类业务，可采用分组统计复用方式，通过 L2、L3 的分组调度，实现高效带宽利用；对于继电保护等低时延业务，通过在业务接入节点进行 L2、L3 的分组调度，在网络内节点进行 L1 的码块交叉，实现网络内的低时延快速转发。

2. 高效大带宽技术

在需求和技术的双轮驱动下，以太网接口物理层呈现为低成本的单路技术与高性能的多路技术同时发展，以获得最优的性价比。以 PAM4 调制加 25GE 光器件的 50GE、200GE、400GE 速率逐渐成为下一代以太网主流接口。

基于 25GE 光器件，辅助 FEC 和 PAM4 等关键技术实现速率翻倍，实现 Lane 50GE 的数据速率，有效降低了每 bit 成本。在单 Lane 50GE 基础上，使用多 Lane 模式，发展出 200GE、400GE 等低成本高速以太网接口。基于 PAM4 技术的高速以太网技术包括 50GE/200GE/400GE 标准，已经分别在 IEEE802.3bs 和 IEEE802.3cd 制订，获得产业链广泛认可。

SPN 网络中，通过 FlexE 技术进行多路光接口绑定，可以在低成本、低速率光模块的基础上实现高速率的以太网接口，例如通过 4 个 200GE 的以太接口绑定，实现 800Gbit/s 的单端口容量，同时，通过 FlexE 绑定和密集型光波复用（Dense Wavelength Division Multiplexing，DWDM）多波长技术的融合，SPN 系统可实现单纤 T 级别的传输容量。

3. 灵活可靠连接技术

传统基于流量工程的段路由（Segment Routing – Traffic Engineering，SR – TE）隧道不需要在中间节点上维护隧道路径状态信息，提升了隧道路径调整的灵活性和网络可编程能力。但 SR – TE 只在源节点维护隧道路径信息的特性，使得其无法实现双向关联，丢失了传统面向传送的端到端 OAM 检测、双向隧道能力。

SR – TP 通过携带 Path Segment，唯一标识一条端到端的连接，且通过 Path Segment 关联实现双向隧道。SR – TP 隧道作为 SR – TE 隧道的传送子集，既具有 SR – TE 灵活的特性也保留了传统隧道面向传送的能力，是现有传送网 MPLS – TP 隧道的理想演进方案。

4. 低时延技术

传统分组设备在实现业务报文转发时，需要在出口方向进行队列处理，从而导致分组网的时延很高，达到几十微秒的级别。在网络拥塞的情况下，时延更大，甚至可以达到毫秒级别，无法满足 5G 时代的低时延业务要求。

基于 Slicing Ethernet 的低时延方案通过引入 SPN channel 和切片以太–交叉连接（Slicing Ethernet – Cross Connect，SE – XC）技术，将传统的存储转发方式革新为基于业务流的物理层交叉方式，用户报文在网络中间节点无须解析，业务流转发过程近乎实时完成，单节点转发时延即使接入层设备也可以优化到 $1\mu s$ 级别。SE – XC 交叉架构如图 3 – 8 所示。

基于 SE – XC 交叉的转发技术，在时隙层面完成了业务的转发，类似于 L1 的转发技术，其时延极低，最小时延可以达到 $1\mu s$ 以内，并且抖动极小，非常适合配网差动保护等

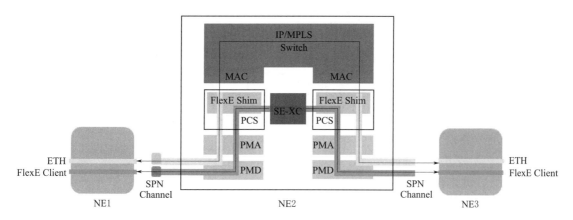

图 3 - 8　SE - XC 交叉架构

低时延高可靠通信（Ultra - Reliable Low - Latency Communications，URLLC）业务承载。

5. 小颗粒技术

通过对原生城域传输网络（Metro Transport Network，MTN）技术进行小颗粒时隙扩展，采用层次化架构完全兼容 SPN 架构，新增小颗粒通道层（Fine - Grained Slicing Ethernet，FG - SE），基于 TDM 时隙复用与交叉设计，提供 10Mbit/s 颗粒硬隔离管道。10M 小颗粒技术架构如图 3 - 9 所示。

每 5Gbit/s 大颗粒支持 480 个 10Mbit/s 时隙，10Gbit/s 接口支持 960 个 10Mbit/s 时隙，承载效率达到 96％，提升切片承载效率，灵活满足多样化带宽需求。

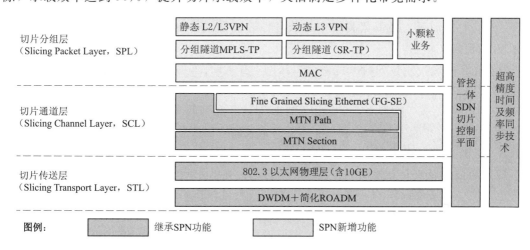

图 3 - 9　10M 小颗粒技术架构

3.1.4.4　业务能力小结

SPN 采用高效以太网内核，提供低成本大带宽承载管道。通过多层网络技术的高效融合，实现灵活软硬管道分片，提供从 L0～L3 的多层业务承载能力。通过 SDN 集中管控，实现开放、敏捷、高效的网络新运营体系。

1. 安全灵活性方面

SPN 在 PTN 标准上增加了切片层，采用柔性以太网（FlexE）实现基于时隙的切片转发，提供与 SDH 相同的刚性管道隔离，具备"高可靠硬隔离的硬切片"和"弹性可扩展的软切片"能力。SPN 支持在一张物理网络进行资源切片隔离，形成多个虚拟网络，为多种业务提供差异化承载服务，安全性和灵活性更高。经过公司测试，业务拥塞等情况对切片内通道无影响，SPN 承载继电保护等 E1 电力生产业务具备理论可行性。

2. 通道传输时延方面

PTN 在实现业务报文转发时，需要在出口方向进行队列处理，导致分组网时延达到微秒级别。在网络拥塞的情况下，时延更大。SPN 将传统的存储转发方式革新为基于业务流的物理层交叉方式，用户报文在网络中间节点无须解析，业务流转发过程近乎实时完成，最小时延达 $1\mu s$，并且抖动极小。

3. 高效大带宽方面

相较于 PTN 技术，SPN 通过 FlexE 技术进行多路光接口绑定，在低成本低速率光模块的基础上实现高速率的以太网接口，通过以太接口绑定，实现单端口容量的提升，构筑低成本的大带宽组网能力，实现接入层 50GE/100GE，汇聚核心层 200GE/400GE 的高速率端口。

4. 小颗粒技术方面

SPN 小颗粒技术细粒度单位（Fine Granularity Unit，FGU）继承高效以太网内核，将硬切片的颗粒度从 5Gbit/s 细化为 10Mbit/s，即 10GE SPN 设备可支持 960 个切片，满足电力生产业务的小带宽、高隔离性等承载需求。FGU 为每条小颗粒通道提供 OAM 监测能力，资源分配更加灵活，可以覆盖接入、汇聚、核心等多种设备类型，保证端到端硬隔离、确定性低时延、高带宽利用率和兼容性等特征。目前，10M 颗粒度切片已在部分地区正式商用。

综上所述，SPN 定位为新一代融合传送网，在大带宽、安全隔离、业务承载灵活性等方面具有较强的综合能力，为传统电力通信传输网演进提供了全新思路，理论上可同时承载第一类控制业务、第二类控制业务、第三类控制业务和第四类业务，但目前 SPN 技术的标准体系还不健全、产业链还不够完善，多业务承载能力也还需要更大范围的实践验证。

3.1.5　极简通信（电力波分）技术

极简通信是以波分复用技术为基础，结合电力通信系统及传输业务的特点，专为电力调度生产类业务研究设计的一种传输网技术。极简通信技术舍弃传统 SDH 技术中繁杂的大颗粒封装、映射等电信号处理过程，将传统通信系统扁平化为全透传的光层传送系统，实现端到端波长与业务的直接关联，极大地优化了设备的传输时延及信息安全能力。

3.1.5.1　技术原理概述

基于极简通信技术的电网生产业务专用通信传输系统如图 3－10 所示。在发送侧，电网生产类设备传送的生产业务信号通过客户侧光模块接入，通过业务处理单元实现客户侧信号和线路侧信号之间光波长的转换；在线路侧，通过 DWDM 合波单元实现多路线路侧信号合波，随后和网管信号合波，并通过多波功率放大器将光信号功率放大；在接收侧，光信号经多波前置放大器放大，提升接收端系统灵敏度，后经 WDM 分波将网管信号分

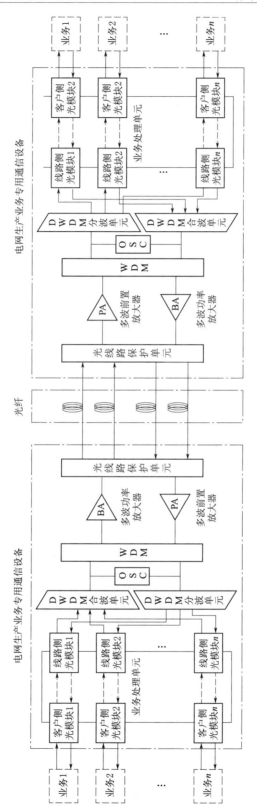

图 3-10 电网生产业务专用通信传输系统（基于极简通信技术）

离，然后经过 DWDM 分波单元实现不同线路侧信号的分波，最后将分波后的光信号转换为客户侧信号并接入至接收侧电网生产类设备。

客户接收与发送光模块主要位于电网生产控制业务设备与电网生产控制业务专用通信设备的连接部分，起到了生产控制业务的发送和接收作用。在接收侧，用于接收来自生产控制业务设备发出的多个客户侧业务，然后传送至传输系统；在发送侧，通过该客户侧光模块发送经过传输系统的生产控制业务至生产控制业务设备，二者之间通过 LC/UPC 光口直接连接，实现了客户侧的多个生产控制业务的双向传输。

业务处理单元主要位于客户侧接收与发送光模块和线路侧接收与发送光模块之间。在业务发送端，业务处理单元先将客户侧接收与发送模块的业务光进行光波长转换，然后对电信号业务进行 FEC 编码、时钟锁定等工作，最后将经处理的业务通过线路侧接收与发送光模块发送出去。

线路侧接收与发送光模块主要位于光波长转换单元与合分波器之间，起到了线路侧 WDM 业务的发送和接收作用。在发送侧，经过光波长转换单元处理的业务，通过该线路侧接收与发送光模块发送线路侧 WDM 业务的业务至合波器设备；在接收侧，经过分波器解出的多个 WDM 业务传送至线路侧接收与发送光模块的接收端，然后传送至光波长转换单元进行业务处理；线路侧接收与发送光模块采用 LC/UPC 光口与合分波器连接，实现了线路侧的多个 WDM 业务的发送与接收功能。

合分波器位于线路侧接收与发送光模块与监控光汇聚单元（WDM）之间，主要包含发送端的合波器和接收端的分波器。发送侧的合波器将多个线路侧 DWDM 业务光合波，通过一根光纤传送至发送端的监控光汇聚单元（WDM）；接收侧的分波器将一根光纤输入的总业务光分解成每一个波长独立的业务光，最终传送至线路侧接收与发送光模块的接收端。合分波器采用 LC/UPC 光口与线路侧接收与监控光汇聚单元（WDM）连接，实现了线路侧的多个 DWDM 业务的合波与分波功能。

光监控单元（OSC）位于发送端的合波器与监控光汇聚单元（WDM）之间。主要将设备控制单元的上报的各类型告警、性能参数等信息从电信号转换为光信号，再经过监控光汇聚单元（WDM）汇聚到业务链路和业务一起传输，实现设备网管信息自组网的功能。光监控单元（OSC）采用 LC/UPC 光口与监控光汇聚单元（WDM）连接，实现了网络管理信号的上行和下载。

监控光汇聚单元（WDM）位于发送端的合波器与功率放大器（Booster Amplifier，BA）或末端的分波器与前置放大器（Power Amplifier，PA）之间。其主要实现将合波业务光信号和光监控信号整合到光纤传输链路中，或者将光纤链路传输到末端的混合信号分成光监控信号和业务光信号。监控光汇聚单元（WDM）采用 LC/UPC 光口与合分波器、光监控单元（OSC）以及光纤链路连接，实现光监控信号的合分波。

功率放大器 BA 位于发送端的合波器与传输链路光纤之间，主要将合波后的多个低功率的 DWDM 业务进行光功率的放大，提升发送端的入纤光功率，从而实现更远距离的传输。功率放大器 BA 采用 LC/UPC 光口与监控光汇聚单元（WDM）和光纤链路连接，实现了发送端的多个 DWDM 业务的光功率放大功能。前置放大器 PA 位于接收端的分波器与传输链路光纤之间，主要将经过光纤链路传输损耗后的多个低功率的 DWDM 业务进行光功率的放大，提升接收端的接收灵敏度，从而实现更远距离的传输。前置放大器 PA 采用 LC/UPC 光口与合分波器和光纤链路连接，实现了接收端的多个 DWDM 业务的光功率放大功能。

光纤线路自动切换保护装置（Optical Fiber Line Auto Switch Protection Equipment，OLP）位于监控光汇聚单元（WDM）和传输光纤之间。OLP 主要对线路进行保护，当主/备线路出现故障，可及时地切换到另外的线路。OLP 采用 LC/UPC 光口与监控光汇聚单元（WDM）和传输光纤连接。

3.1.5.2　典型组网模式

基于极简通信技术电网生产业务专用通信设备优先应用于点对点组网应用场景，典型组网模式包括链型组网、环型组网、T 型组网等。

1. 点对点组网

电网生产业务专用通信设备点对点组网应用场景示意如图 3-11 所示。

图 3-11　电网生产业务专用通信设备点对点组网应用场景示意图

2. 链型组网

电网生产业务专用通信设备链型组网应用场景示意如图 3-12 所示。电网生产业务专用通信设备支持独立链型组网应用；涉及与 SDH 传输设备对接时，两侧对接站需分别配置一台电网生产业务专用通信设备和一台 SDH 传输设备，电网生产业务专用通信设备通过客户侧接口与 SDH 传输设备实现互联互通。

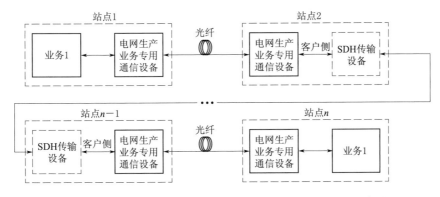

图 3-12　电网生产业务专用通信设备链型组网应用场景示意图

3. 环型组网

电网生产业务专用通信设备环型组网应用场景示意如图 3-13 所示。电网生产业务专用通信设备支持独立环型组网应用；涉及与 SDH 传输设备对接时，两侧对接站需分别配置一台电网生产业务专用通信设备和一台 SDH 传输设备，电网生产业务专用通信设备通过客户侧接口与 SDH 传输设备实现互联互通。

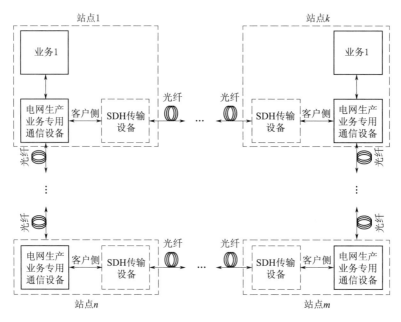

图 3-13　电网生产业务专用通信设备环型组网应用场景示意图

4. T 型组网

电网生产业务专用通信设备 T 型组网应用场景示意如图 3-14 所示。电网生产业务专用通信设备支持独立 T 型组网应用；涉及与 SDH 传输设备对接时，两侧对接站需分别配置一台电网生产业务专用通信设备和一台 SDH 传输设备，电网生产业务专用通信设备通过客户侧接口与 SDH 传输设备实现互联互通。

实际应用在选择组网模式时，应考虑系统容量、功能需求、网络结构、组网成本等多种因素，综合各方面的要求选择合适的方案。

3.1.5.3　技术特点分析

基于极简通信技术的电网生产业务专用传输系统具有安全可控、超低时延、超长跨距、开放互联，以及低功耗、小容量且易于部署等特点。

1. 安全可控

电网生产业务专用传输系统基于极简化、透明化、去电交叉化的系统设计理念，其客户侧光模块、光波长转换单元、DWDM 合/分波单元和光放大器（多波功率放大器 BA 和多波前置放大器 PA）均采用自主可控的原材料、开发设计和制造工艺，可以实现国家电网对电网生产控制业务的通信系统、设备、器件、生产制造的完全自主可控。该系统为自主研发的封闭式传输系统，大大降低了被第三方端口操作和控制的风险，同时也解决了使用厂商通用型设备需进行频繁升级的问题，极大地保障了电网生产业务传输系统的安全。

2. 超低时延

系统将繁杂的 SDH 及 OTN 板间通信、电交叉转换、高速汇聚融合等功能简化，从而大幅缩短了业务处理时延，基于极简通信技术的电网生产专用通信设备时延可控制在

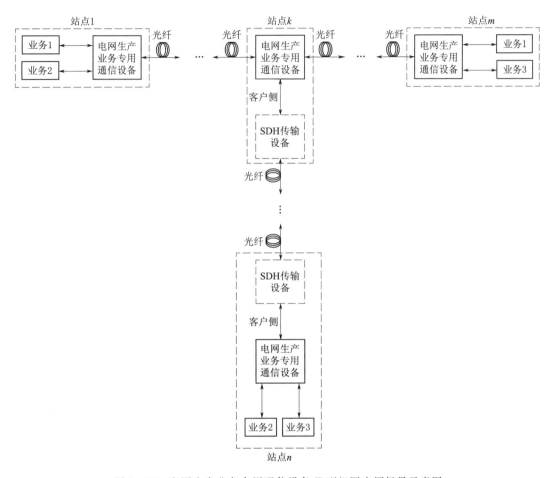

图 3-14　电网生产业务专用通信设备 T 型组网应用场景示意图

$1\mu s$ 以内,远低于基于 SDH 技术的传统传输设备。

3. 超长跨距

由于基于极简通信技术的电网生产专用通信设备采用业务与波长关联原则,而电网生产业务速率不高,因此通过内置普通光放就可实现超长跨距的传输,如实现 300km 无中继传输。

4. 开放互联

系统的 DWDM 合/分波单元、多波功率放大器、多波前置放大器等核心器件均为光层的白盒化设计,可打破厂商壁垒,实现透明开发、开放传输,不受限于供应商的产品形态、技术指标、货源供应、备品备件等因素,支持不同厂家的不同类型设备的无障碍互联互通,同时,支持保护、安控业务源端的多源化接入,具有不同源端、不同类型的多业务兼容特性。

5. 低功耗、小容量且易于部署

极简通信技术为波分复用全光通信,实现端到端简易化部署,并大大缩减了设备的功耗和体积,基于极简通信技术的电网生产专用通信设备功耗仅为基于 SDH 技术的传统传输设备的 6.6%，体积仅为传统传输设备的 20%，符合国家双碳发展趋势。

3.1.5.4　业务能力小结

极简通信技术是结合电网生产业务颗粒小、速率低的特点，并充分考虑传输设备安全可控、时延、功耗、传输距离等因素后，专为电力保护、调控等生产业务设计的一种新型电力传输网技术。该技术简化了 SDH 复杂的电信号处理过程，因此对设备电芯片复杂度要求不高，这意味着基于极简通信技术的设备可实现高度甚至完全的安全可控，并且时延和功耗相较于基于 SDH 技术的设备有极大的缩减。

由于简化了电信号处理过程，当前极简通信技术支持的业务速率主要为 2M、FE、GE 速率，并能实现 40 波 2Mbit/s 继保业务 300km（跨损 60dB）无中继传输、40 波 FE 业务 250km（跨损 50dB）无中继传输、40 波 GE 业务 225km（跨损 45dB）无中继传输，以及 2M 业务、FE 业务、GE 业务的混合传输通信。基于极简通信技术的电网专用通信设备具备点对点组网、链形组网、T 形组网，环形组网等典型组网传输能力，可应用在特高压、地市传输网、电厂侧接入层等应用场景。

综上所述，极简通信技术具备非常强的物理隔离多业务承载能力，在网络带宽满足的前提下，可同时承载第一类控制业务、第二类控制业务，其主要缺点是设备传输带宽及交叉能力相对较弱，组网灵活性不高。

3.2　通信接入网远程通信技术

3.2.1　光纤通信技术

远程通信中的光纤通信技术一般都具有大带宽、传输距离远、抗干扰能力强、保密性能好、传输可靠性高等特点，大部分不具备不同业务之间的物理隔离能力，因此不具备多业务同时承载能力。以下重点介绍 PON 技术和工业以太网技术。

3.2.1.1　PON 技术

2000 年，电气与电子工程师协会（Institute of Electrical and Electronic Engineers，IEEE）成立 802.3EFM 研究组开展以太网无源光网络（Ethernet Passive Optical Network，EPON）标准化工作，2004 年发布 IEEE 802.3ah 标准（2005 年并入 IEEE 802.3－2005 标准）。EPON 在物理层采用 PON 技术，在数据链路层使用以太网协议，利用 PON 的拓扑结构实现以太网接入，为用户提供高带宽互联网接入业务。

EPON 采用点到多点结构，无源光纤传输方式，在以太网之上提供多种业务。EPON 技术融合了低成本、高带宽的以太网设备和低成本的光纤网技术，系统由网络侧的光线路终端（OLT）、用户侧的光网络单元（ONU）和光分配网络（ODN）组成。下行方向（OLT 到 ONU）采用广播的方式，OLT 发送的信号通过 ODN 到达各个 ONU。在上行方向（ONU 到 OLT）采用 TDMA 接入方式，ONU 发送的信号只会到达 OLT，而不会到达其他 ONU。EPON 网络可以灵活组成树形、星形、总线形等拓扑结构。

EPON 系统一般采用双 PON 口保护组网方式，满足网络高可靠性要求。配置主站与终端安全模块，实现下发指令数字签名安全防护加密。EPON 典型组网方式如图 3－15 所示。

EPON 技术可承载配电自动化、用电信息采集、分布式电源、电动汽车充电站（桩）

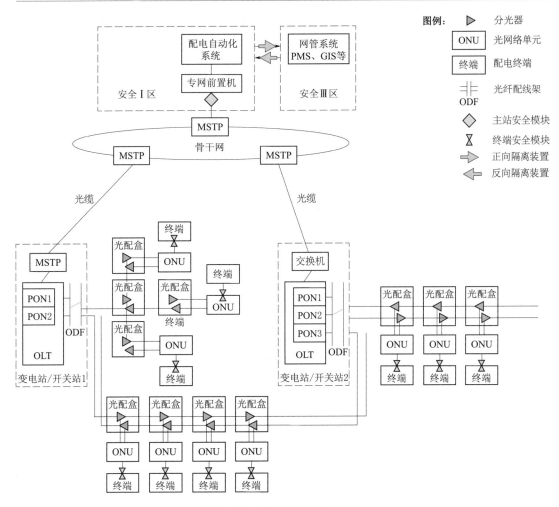

图 3-15　EPON 典型组网方式

等业务，对于生产控制和管理信息大区之间的业务隔离，主要通过部署两套独立的通信设备组网实现横向物理隔离。对于同一大区的不同业务，可通过虚拟化技术实现横向逻辑隔离。配电自动化、用电信息采集等业务，还需采用纵向认证和加密机制，提高业务数据安全防护能力。

从目前来看，PON 技术沿着两个方向发展，一个是单波长、大带宽趋势，如 10G PON；另一个是网络向多波长发展，即 WDM-PON 技术。WDM-PON 是一种采用波分复用技术、点对点的无源光网络，即在同一根光纤中，双向采用的波长数目在 3 个以上，利用波分复用技术实现上行接入，能够以较低的成本提供较大的工作带宽。

1. 10G PON

10G PON 技术是在 EPON/GPON 网络框架和特点的基础上得出的产物，其主要是以点到多点衔接的技术，无源光分配网络由局侧光线路终端、用户侧光网络单元、光分配网络三部分组成。与原有 PON（EPON/GPON）类似，10G PON 也分为 10G EPON 和 10G GPON，10G EPON 以 IEEE 802.3av 标准为基础，最大限度地沿用了以往 IEEE

802.3ah 中的内容，具有很好的向上兼容性。将 IEEE 802.3ah 标准中上下行带宽速率扩大到 10Gbit/s，充分考虑了与 1G EPON 的兼容性问题，在规定相关物理参数时，保证 10G EPON 的 ONU 可以与 1G EPON 的 ONU 共存于同一个光配线网络（ODN）中，且该 ODN 的配置可以不作任何变化，最大限度地保证了前期的投资。

10G GPON 以 ITU - T G.987 协议组为基础，定义了包括总体特征、物理媒质相关子层、传输汇聚子层和管理控制接口等一系列标准，提出上下行非对称和上下行对称 10 PON。

2. WDM - PON

WDM - PON 系统由 OLT、光波长分配网络（Optical Wavelength Distribution Network，OWDN）和 ONU 三部分组成。OLT 是局端设备，包括光波分复用器/解复用器（OM/OD），一般具有控制、交换、管理等功能。局端的 OM/OD 在物理上与 OLT 设备可以是分立的。OWDN 是指在位于 OLT 与 ONU 之间，实现从 OLT 到 ONU 或者从 ONU 到 OLT 的按波长分配的光网络。物理链路上包括馈线光纤和无源远端节点（Passive Remote Node，PRN）。PRN 主要包括热不敏感地阵列波导光栅（Athermal Arrayed Waveguide Grating，AAWG），AAWG 是波长敏感无源光器件，完成光波长复用、解复用功能。ONU 放置在用户终端，是用户侧的光终端设备。下行方向，OLT 发射多个不同的波长 $\lambda_{d1} \sim \lambda_{dn}$，在局端 OM/OD 合波后传送到 OWDN，按照不同波长分配到各个 ONU 中。上行方向，不同用户 ONU 发射不同的光波长 $\lambda_{u1} \sim \lambda_{un}$ 到 OWDN 中，在 OWDN 的 PRN 处合波，然后传送到 OLT，完成光信号的上下行传送。其中下行波长 λ_{dn} 和上行波长 λ_{dn} 可工作在相同波段，也可工作在不同波段。

3.2.1.2 工业以太网技术

工业以太网技术是应用于工业控制领域的以太网技术，在技术上遵循 IEEE 802.3 标准，可以在光缆和双绞线上传输，针对工业环境对工业控制网络可靠性能的超高要求，加强了冗余功能。工业以太网在技术上与以太网兼容，在网络规划设计、材质选用等方面需要充分兼顾到实时性、互操作性、可靠性、抗干扰等工程应用的需要。工业以太网交换机具有技术成熟、性能稳定、组网灵活、便于升级扩容等优点，具有耐高温、潮湿环境、强电磁干扰等恶劣环境的特点，使用的是透明而统一的 TCP/IP 协议。

工业以太网是通信接入网中常用的通信方式，采用工业以太网交换机可直接连接至骨干通信网，同时，工业以太网交换机可构建双网络保护组网方式，满足配电自动化三遥等业务高可靠性需求。典型工业以太网交换机组网部署方式如图 3 - 16 所示。

3.2.2 无线公网通信技术

远程通信中的无线公网通信技术一般都具有网络覆盖好、接入便捷、前期投入少等特点，其中：①2G/3G/4G 通信技术不具备不同业务之间的物理隔离能力，因此不具备多业务承载能力；②4G 虚拟专网/5G 软切片通信技术具备不同业务之间的强逻辑隔离能力，可以同时承载安全性、可靠性要求不高的第三类控制业务和第四类业务；③5G 硬切片具备不同业务之间的近似物理隔离能力，可以同时承载第三类控制业务和第四类业务。

3.2.2.1 2G/3G/4G

我国移动通信无线公网主要由中国移动、中国电信和中国联通三家公司运营，采用的

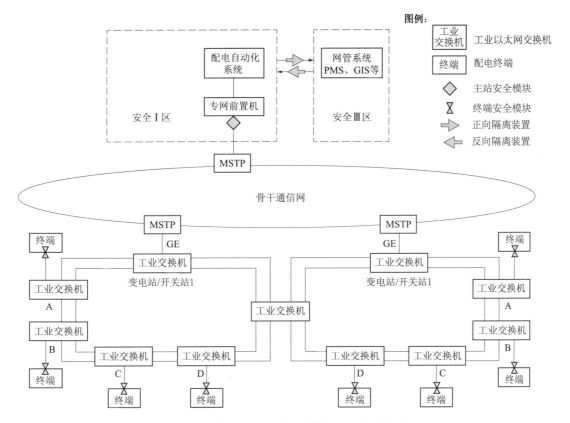

图例:
工业交换机　工业以太网交换机
终端　配电终端
◇　主站安全模块
⋈　终端安全模块
⇨　正向隔离装置
⇦　反向隔离装置

图 3-16　典型工业以太网交换机组网部署方式

网络制式主要为 2G 技术 GPRS/CDMA、3G 技术 WCDMA/CDMA2000/TD-SCDMA 和 4G 技术 TD/FDD-LTE，公网移动通信技术演进路线如图 3-17 所示。时分同步码分多址（Time Division - Synchronous Code Division Multiple Access，TD-SCDMA）、长期演进（TD-SCDMA Long Term Evolution，TD-LTE）是我国具有自主知识产权的无线通信系统。目前 2G/3G 已逐步退网，运营商主推 4G/5G 网络。

通用分组无线服务技术（General Packet Radio Service，GPRS）是全球移动通信系统（Global System for Mobile Communications，GSM）在原有的基础之上发展起来的一种移动分组数据业务，引入了分组交换和分组传输的概念，调制方式为 GMSK/8PSK；码分多址（Code Division Multiple Access，CDMA）是一种扩频多址数字式通信技术，调制方式为 QPSK/8PSK/16QAM；宽带码分多址（Wideband Code Division Multiple Access，WCDMA）采用直接序列扩频码分多址、频分双工方式，调制方式为 QPSK/16QAM；CDMA2000 设计了两类码复用业务信道，基本信道用于传送语音、信令和低速数据，是一个可变速率信道，补充信道用以传送高速率数据；TD-SCDMA 是时分双工，不需要成对的频带，关键技术包括综合寻址技术、上下行时隙配置、智能天线和动态信道分配，调制方式为 QPSK/8PSK/16QAM；LTE 技术采用正交频分复用技术（Orthogonal Frequency Division Multiplexing，OFDM）和多输入多输出（Multiple - Input Multiple - Output，MIMO）技术，调制方式为 QPSK/16QAM/64QAM/ BPSK/ QPSK，TD-

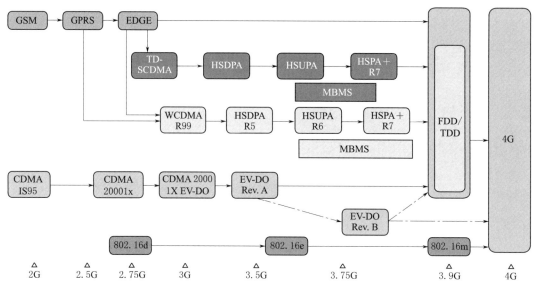

图 3-17　公网移动通信技术演进路线图

LTE 是应用时分双工的 LTE 技术，支持时间和频率两个维度的链路自适应，FDD-LTE 是应用频分双工的 LTE 技术，在分离的两个对称频率信道上，采用包交换等技术进行接收和传送。

无线公网为运营商无线网络，技术标准完备，技术成熟，产业链成熟完整。目前无线公网承载带宽较小与时延要求不高的业务为主，如配电自动化业务中的非 A/A+类区域的配电自动化"二遥"等业务、计量自动化业务中的集中抄表与分布式电源计量等，考虑运营商网络性能与经济成本，小部分大带宽业务选择以 4G/5G 网络进行承载。

1. 组网方案

无线公网承载生产控制大区业务主要为配电自动化业务，配电自动化系统在各地市部署，通信终端数据通过无线公网汇聚至地市运营商，经运营商 VPN 专线进入地市公司配电自动化前置交换机、网关以及前置服务器，再通过正反向隔离装置传输至配电自动化主站。

无线公网由两部分构成，分别是核心网和无线接入网。核心网可以分为基站子系统、网络子系统、支撑系统三部分，其功能主要是提供用户链接、用户管理及业务承载，作为承载网络提供到外部网络的接口。无线接入网是指部分或全部采用无线电波这一传输媒质，通过基站系统连接用户移动台与交换系统的一种接入技术。交换系统完成网络主要的交换功能，管理与其他通信网络之间的通信，系统还包括用于移动性管理和存储用户数据的数据库；移动台是移动通信网中的用户设备，在电力应用中，终端位置基本固定。无线公网接入网架构如图 3-18 所示。

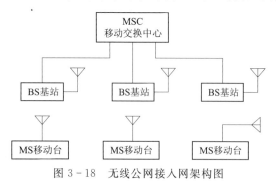

图 3-18　无线公网接入网架构图

无线公网模块可以设计成通用内置模块，方便安装和更换。无线公网为租用网络，不存在建设与运维成本，且无线公网在基站覆盖范围内可以实现全覆盖，若不考虑其他因素，无线公网可以满足各类配电终端的接入。

2. 性能指标

无线公网的带宽是多用户共享，单用户的通信速率会受到系统容量限制，用户越多，速率越低，实时性越难以保障。2G系统平均速率约为10～90kbit/s；3G系统平均速率约为80～700kbit/s；4G峰值下行速率100Mbit/s、上行速率50Mbit/s，平均速率可达5～10Mbit/s。对比无线公网各种不同制式的通信技术可知，2G带宽最小，为10kbit/s。据第四类业务带宽特征可知，传输带宽要求大于10.2kbit/s，故2G、3G网络可满足业务带宽要求，4G网络尚存在带宽资源浪费。

无线公网的传输延时约为600ms～2s。据配电自动化业务实时性特征可知，对于遥控业务，系统平均时延要求小于1.5s，因而无线公网难以满足业务实时性要求。而遥测业务时延要求为30s，遥信业务时延要求为60s，无线公网可满足业务实时性要求。目前二遥业务推荐优先选用无线公网。

无线公网的可靠性可以从线路、设备和网络三个方面进行分析。对于线路可靠性而言，无线信号以电波形式进行传输，易受电磁、天气等环境影响，自然条件恶劣的地区信号衰减比较严重，性能受网络负荷影响，速率波动较大。在设备可靠性方面，无线公网设备众多，运营商及其他通信单位制定了一系列规范标准以确保无线通信网络设备的可靠性，对于网络可靠性而言，移动网络科学合理地规划建设与优化运维是保障网络可靠性的重要手段，通信行业制定了相关标准以指导网络的建设运维工作。

3. 信息安全

无线通信本身固有的开放性使得它更容易受到监听、滥用等安全威胁，随着无线通信技术体制的演进升级，采用了用户鉴权、加密等逐步增强的安全措施。GPRS安全主要包括核心网对用户的单向鉴权、空中接口加密和对用户身份信息的保护三部分；TD-SCDMA/CDMA系统相比GPRS增加了双向认证、数据完整性保护等方面的安全性；LTE采用了接入层和非接入层两层安全机制，采用更为复杂的密钥体系保护信令和数据的机密性和完整性，安全性进一步增强。

无线公网承载计量自动化、配电自动化、分布式电源、电动汽车充电站（桩）等无线接入业务。终端采用专用SIM卡、安全TF卡/安全加密芯片，2G、3G、4G空中接口分别采用基于挑战应答机制的三元组、五元组、四元组对用户鉴权，加密算法分别采用A3和A8算法、F8和F9算法、EEA0/128-EEA1/128-EEA2/128-EEA3算法，运营商内部通过接入点名称（Access Point Name，APN）、VPN/VPDN技术实现业务横向逻辑隔离，运营商核心网至国家电网采用有线专线接入。在业务主站部署防火墙、安全接入平台。

无线公网接入方式无法满足物理隔离要求，只能通过APN＋VPN等技术实现逻辑隔离不能承载第一类控制业务、第二类控制业务，做好安全防护措施的情况下，可以承载第三类。

3.2.2.2 5G通信技术

1. 5G技术架构

3GPP（R15）对5G技术架构进行了定义，明确了核心技术和总体架构，其技术架构包括场景与需求、网络架构、无线接入、承载网、核心网及网络安全 6 大部分。

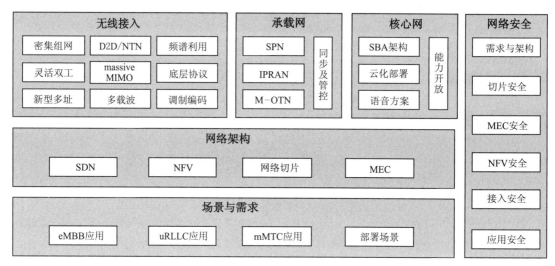

图 3-19　5G 技术架构

相较于 4G，5G 引入软件定义网络（SDN）、网络功能虚拟化（NFV）等技术，5G 的网络形态从 4G 的专用硬件演变为通用服务器＋软件部署的方式，相关的网络功能可以通过统一能力开放平台对外开放各种能力，如网络切片定制设计、规划部署、运营监控能力、用户终端的各类数据，实现行业对自身通信业务的连接管理、设备管理、业务管理、专用网络切片管理、认证和授权管理等。从而更好支撑行业对通信服务的可管可控。同时利用 5G 切片技术可以为每个行业虚拟出一个无线专网，进行更高强度的安全隔离，定制化分配资源，更好地满足行业用户的安全性、可靠性和灵活性需求。

相对 4G，5G 以一种全新的网络架构，提供峰值 1Gbps 以上的带宽、毫秒级时延，及超高密度连接，实现网络性能新的跃升。ITU 定义了 5G 三大场景，分别是增强移动带宽（enhanced Mobile Broadband，eMBB）、低时延高可靠通信（ultra - Reliable Low - Latency Communications，uRLLC）、海量机器类通信（massive Machine Type of Communication，mMTC）。相对应 ITU 的三大场景，我国 IMT2020 提出了连续广域覆盖、热点高容量、低时延高可靠、低功耗大连接等四大场景。

1. 5G 实现"万物互联"以满足更多垂直行业需求

相比于 4G 以人为中心的移动宽带网络，5G 网络将实现真正的"万物互联"，并缔造出规模空前的新兴产业，为移动通信带来无限生机。物联网扩展了移动通信的服务范围，从人与人通信延伸到物与物、人与物智能互联，使移动通信技术渗透到更加广阔的行业和领域。垂直行业是 5G 时代重要的业务场景，从传统以人为中心的服务拓展至以物为中心的服务。能源、车联网、工业控制等物联网行业的业务特征和对网络的需求差异巨大，传统网络一种架构满足所有场景的设计模式难以满足 5G 时代新业务、新能力的要求。

2. 5G 提供定制化的端到端网络切片服务

5G 提供定制化的端到端网络切片服务以更好满足"行业专网"的需求。网络切片四大特征包括定制性、隔离/专用性、按需连接服务以及统一平台。

（1）定制性。定制性包括网络能力可定制、网络性能可定制、接入方式可定制、服务范围/部署策略可定制，有助于行业分步骤、按需、快速地开通新业务所需要的网络新特性。

（2）隔离/专用性。隔离/专用性即为不同的切片提供服务于特定的应用场景的差异化资源使用策略、数据访问安全、高可用性等保障，使得不同切片之间相互隔离、互不影响。

（3）按需连接服务。按需连接服务即为垂直行业提供按需采购、稳定可靠的连接服务。

（4）统一平台。5G 引入了软件定义网络（Software Defined Network，SDN）和网络功能虚拟化（Network Functions Virtualization，NFV），实现软件与硬件的解耦，网络功能以虚拟网元的形式部署在统一基础设施上，以提升切片的管理效率，提供更为高效的行业服务。

3. 5G 网络切片的普遍应用

5G 网络切片的普遍应用还面临期望匹配、标准完善、模式细化等挑战。

（1）期望匹配。业界对 5G 网络切片的期望很高，但是目前网络切片能提供的功能还比较有限，还需要时间来进一步演进和提升。

（2）标准完善。切片的自动编排非常重要，但是第三代合作伙伴项目（the 3rd Generation Partnership Project，3GPP）对于切片的编排流程和接口没有详细定义，导致目前跨厂商、跨领域的端到端切片自动化编排还有较大难度。与此同时，切片 SLA（服务级别协议）的定义以及 SLA 和网络能力的映射还需要完善，3GPP 后续的标准将持续对网络切片的相关功能进行完善。

（3）模式细化。网络切片可以通过 QoS 调度、资源预留、载波隔离等方式来提供不同类型的 SLA 保障，但是各种保障机制的应用场景还没有标准化、模板化，ToB 和 ToC 如何协同也还有待探索。目前市场上虽有一些试点，但具体到如何标准化运营、如何计费商业模式细节都还在探索当中。

4. 5G 网络切片的关键技术

5G 网络切片整体包括接入/传输/核心网域切片使能技术、网络切片标识及接入技术、网络切片端到端管理技术、网络切片端到端 SLA 保障技术 4 项关键技术，网络切片端到端总体架构如图 3-20 所示。其中，接入/传输/核心网域切片使能技术作为基础支撑技术，实现接入、传输、核心网的网络切片实例；网络切片标识及接入技术实现网络切片实例与终端业务类型的映射，并将终端注册至正确的网络切片实例；网络切片端到端管理技术实现端到端网络切片的编排与管理；网络切片端到端 SLA 保障技术可以对各项网络性能指标进行采集分析和准实时处理，保证系统的性能满足用户的 SLA 需求。

（1）关键技术 1：接入/传输/核心网域切片使能技术。3GPP 标准定义了切片总体架构，其满足资源保障、安全性、可靠性、可用性等多方面的隔离诉求。具体到各技术域，可以支持多种不同的资源隔离与共享方式，以适配不同等级的性能、功能以及隔离诉求。

核心网。核心网是基于虚拟化部署，核心网功能设计及架构是基于服务化架构，因而相比于无线接入网和承载传输网来说，核心网可更加灵活地支持网络功能定制化、切片隔离、基于切片的资源分配。核心网管理可以对终端可接入的切片标识进行分配与更新，完

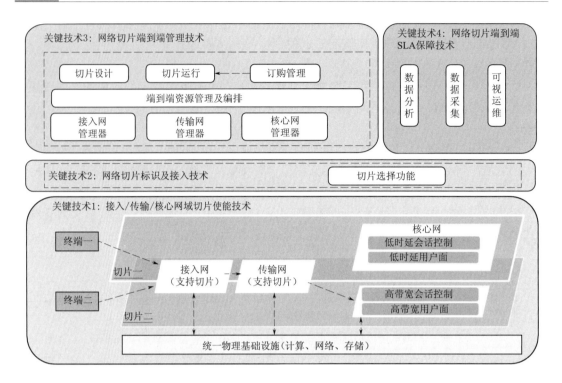

图 3-20 网络切片端到端总体架构图

成切片接入流程与安全校验的主要功能。

接入网。接入网自身技术特征所产生的关联需求决定了其对网络切片的支持方式，比如接入网使用到关键的稀缺资源（空口频谱资源），因而在网络切片技术中要考虑其资源使用效率需求。接入网侧主要是支持对切片的感知、基于切片的路由、资源隔离，并支持基于切片的灵活资源调度。

传输网。传输网对于网络切片的支持立足于解决各种垂直行业的 QoS 差异、隔离性，以及灵活性需求。对于承载传输，天生就是基于网络资源层面切片实现的。比如：针对切片网络的时延和抖动要求有一定弹性，不是严格的要求如 10ms 以内，则可以考虑使用 VLAN 及 QoS 的调度软隔离方式来支持；针对有时延和可靠性要求的网络切片，可采用硬隔离的承载传输技术，如基于 FlexE 交叉或是 OTN 等。

（2）关键技术 2：网络切片标识及接入技术。网络切片标识由以下两部分组成：①切片类型，即 3GPP 中定义的 Slice type（ST），用于描述切片的主要特征与网络表现；②切片差异化标识符（Slice Differentiator，SD），用于进一步细化差异。切片标识是标识行业客户对切片需求的重要标识。

执行网络切片选择时，终端支持在无线资源控制（Radio Resource Control，RRC）和网络附属存储（Network Attached Storage，NAS）携带网络切片标识的能力。基站支持基于网络切片标识选择核心网网络功能的能力。核心网中引入新的网络切片选择功能（Network Slice Selection Function，NSSF）并支持接入移动管理功能（Access and Mobility Management Function，AMF）重定向及选择其他网络功能（业务管理功能，Service

Management Function，SMF）等能力，当执行完网络切片选择时，核心网随之更新终端的网络切片标识。

（3）关键技术 3：网络切片端到端管理技术。网络切片端到端管理技术可以采集网络切片各技术域的通信状态信息与过程信息，从而对网络切片的功能与资源进行按需调配，使得整个网络的运行更加高效，并对 SLA 进行端到端的管理。具体功能包括：①负责端到端网络切片实例的生命周期管理，切片实例可以区分地域来管理，根据行业的不同需求，每个切片标识可以对应多个实例；②负责切片的端到端跨域资源调配；③负责切片的整体策略配置。

（4）关键技术 4：网络切片端到端 SLA 保障技术。SLA 的保障在通信网络里一直是非常挑战的问题，在 5G 网络切片基础上，区别于过去的电信网络，移动运营商通过网络资源的 SLA 保证、SLA 的监控及可视化、端到端 SLA 的闭环相互协作实现 SLA 保障。

1）网络资源的 SLA 保证。在网络切片的创建过程中，通过各域的质量保证技术协同，实现网络资源合理分配，基于一定概率提供承诺的 SLA 保证。

2）SLA 的监控及可视化。在网络切片的运行过程中，管理方面提供基于租户粒度的 SLA 监控、统计、上报等特性，支持 SLA 可视化管理。

3）端到端 SLA 的闭环。在现有网络运维基础上引入闭环业务保障机制，网络基于可预测的 QoS 及实时上报的性能指标，与应用层配合，及时根据当前业务性能指标对于网络进行调整。

5．5G 对智能电网的价值

聚焦到智能电网领域，尤其在智能配用电环节，5G 技术为配电通信网"最后一公里"无线接入通信覆盖提供了一种更优的解决方案。智能分布式配电自动化、低压集抄、分布式能源接入等业务，未来可借力 5G 取得更大技术突破。5G 网络可发挥其超高带宽、超低时延、超大规模连接的优势，承载垂直行业更多样化的业务需求，尤其是其网络切片、能力开放两大创新功能的应用，将改变传统业务运营方式和作业模式，为电力行业打造定制化的"行业专网"服务，相比于以往的移动通信技术，可以更好地满足电网业务的安全性、可靠性和灵活性需求，实现差异化服务保障，进一步提升了电网企业对自身业务的自主可控能力。

（1）各垂直行业充分参与 5G 标准制定，使 5G 更好地服务垂直领域。3GPP 在 5G 的标准制定中，广泛征求各垂直行业应用场景及需求，除运营商、传统通信设备厂商以外，各垂直行业代表（如德国大众、西门子、博世、阿里巴巴、南方电网等）纷纷加入 3GPP 标准组织，充分发表对各自领域的标准要求。南方电网首次参与了 3GPP 5G 电力需求标准制定，主导提出了十余项电力标准提案，其中 7 项已被成功采纳，包括"基于 5G 公网授时技术的广域电流差动保护在智能配电网中的应用""智能配电网环境下的网络能力开放""网络切片管理信息开放接口""网络切片管理能力授权""网络切片及其子网管理服务需求""电力终端二次认证机制"等，且后续将继续围绕终端定位、终端故障排查和测试、蜂窝网络传输等新需求，以及细化已采纳需求提案的技术实现方案等方面提出相关标准提案。这也意味着南方电网公司将更深度参与到 5G 电力需求及技术实现方案的标准制定中，助力 5G 基础设施更广泛地服务于电力行业用户。

（2）5G 网络切片技术，可为智能电网不同业务提供差异化的网络服务能力。智能电网业务需求广泛，同时包含了 eMBB（如巡检机器人、无人机巡检、应急通信等智能电网大视频应用）、uRLLC（智能分布式配电自动化）、mMTC（低压集抄、分布式能源等）三大场景。不同网络的切片服务可更有针对性地解决智能电网的通信传输需求。

（3）5G 网络切片技术，可为电网不同分区业务提供高可靠安全隔离。在不同生产、管理大区的电力业务有不同的安全隔离要求。5G 网络切片技术可为电网不同分区业务提供物理资源、虚拟逻辑资源等不同层次的安全隔离能力，为智能电网的业务承载提供更好的安全保障。

（4）5G 网络具备能力开放，实现电力终端通信的可管可控。电力企业可利用公网运营商提供的各种能力开放（包括：网络切片定制设计、规划部署、运行监控能力；公网运营商开放给用户的各类数据；通信终端或模组采集的各类数据），实现电力通信终端的连接管理、设备管理、业务管理、专用网络切片管理、认证和授权管理等创新业务，更好地支撑智能电网运维管理。

3.2.3 无线专网通信技术

远程通信中的无线专网通信技术一般都具有网络定制化覆盖、安全性高、接入灵活等特点，可采用频分时分、空分等技术提供不同业务之间的近似物理隔离能力，可以同时承载第三类控制业务和第四类业务。

3.2.3.1 230MHz 频段数传电台通信技术

230MHz 频段数传电台是数字式无线数据传输电台的简称。无线数传电台是采用数字信号处理、数字调制解调、具有前向纠错、均衡软判决等功能的无线数据传输电台。区别于模拟调频电台加 MODEM 的模拟式数传电台，数字电台提供透明 RS－232 接口，传输速率 19.2kB/s，收发转换时间小于 10ms，具有场强、温度、电压等指示，误码统计、状态告警、网络管理等功能。

无线数传电台概念在我国的形成，是在改革开放后的 20 世纪 80 年代初期，无线数传电台也只是在水利、电力、自来水等极少数的几个领域进行一些应用。根据国家无线电管理委员会频率规划，将 223～235MHz 作为遥测、遥控、数据传输等业务使用的频段，其中 229～235MHz 频段在北京地区用于射电天文业务，其他业务不得对其产生有害干扰。用于近距离操作时发射功率不大于 0.5W，设置在城区、近郊区时发射功率不大于 5W，设置在远郊区、野外时发射功率不大于 25W。

天线数传电台受发射功率限制，传输距离最大只有数十公里。超长距离的发送需要大功率发射，需要提供大功率电源，这一特性决定了无线数传电台的应用只能限定在一定的区域范围内。

无线数传电台组成的数据传输网络独占一个频率资源，在同一频点上同时只能有一个设备发送数据。一般采用中心对远端多点的通信分配方式，采用轮询方式查询数据，轮询周期与电台数量有密切关系。假设访问一个站点需要 0.5s，轮询等待超时时间设定为 3s，系统有 100 个终端，那么在所有终端工作正常情况下轮询周期是 50s（0.5s×100 个），如果有一台终端由于设备故障、频率干扰等原因导致传输失败，系统在此终端将等待 3s，轮询的最长周期可能是 300s（3s×100 个）。

无线数传电台的轮询模式以及覆盖，决定了网络的容量有一定限度。

1. 组网模式

（1）点对点组网模式。点对点组网模式是一种最基本的通信形式，如图 3-21 所示。从主动与被动的角度看基本有两种形式，一是两点对等，二是一点为主动另一点为被动。这时点对点的形式是点对多点的一个特例。

图 3-21　点对点组网模式

（2）点对多点组网模式。点对多点组网模式是一种最常用的通信形式，如图 3-22 所示。若是数据采集系统工作的方式；多用轮循的方式；若是报警系统工作的方式，可用轮循方式也可用有警时主动上报的方式。使用轮循方式时，若需要轮循的分台太多会造成轮循周期太长，在时间上不能满足系统需求。使用有警时主动上报的方式时，可能会遇到两个报警同时上报发生发射冲突的情况，需要无线数传电台邀请功能在发射发生冲突时解决冲突，使报警系统更可靠。

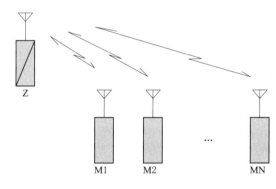

图 3-22　点对多点组网模式

（3）需要差转的组网模式。当少部分分台在主台的通信范围以外时，解决问题的途径有两个，一是直接增加主台的通信范围；二是采用差转的组网模式。采用直接增加主台的通信范围有时不可行的原因有以下几点：一是不经济，为了极少部分的通信增加主台的天线高度及主台的功率会使系统成本有很大增加；二是不可能，有时无线电阴影在山脚下，靠增加主台的天线高度及主台的功率已无济于事；三是不允许，根据当地的无线电管理条例不允许增加主台的功率。采用直接增加主台的通信范围不可行时就要采用差转的组网模式，如图 3-23 所示，山峰右边的分台 RM 在总台 ZZ 的范围以外，需要差转台 R 差转。

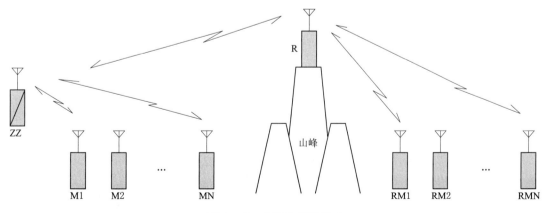

图 3-23　差转的组网模式

（4）小区的组网模式。在北京、上海、广州等较大的城市中由于城市面积大、高大的建筑多，只靠一个主站组成的点对多点的网络往往不能有效地覆盖整个服务区域。这时应将整个服务区域划分为若干个小型区域。在小区内由数传模块组成点对多点的网络，小区与小区间再通过无线或其他方式进行连接。小区的组网模式如图 3-24 所示。

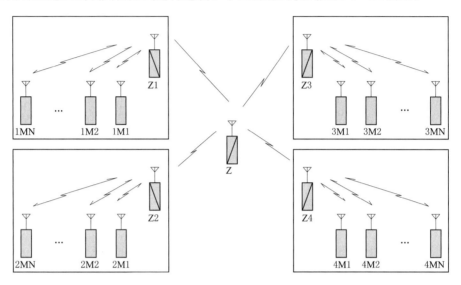

图 3-24　小区的组网模式

（5）线形的组网模式。在实际应用中有很多的通信地域非常狭长，而中心控制室又在狭长地形的端点，如河流水文情况的检测、铁路沿线信号采集、电力输送线路的报警、石油管线流量的控制等。这种应用必须用线形的组网模式，如图 3-25 所示，在线形的网络中每一个分站的数据均需要上一级分站进行差转。如分站 M3 的数据要到达总站 Z 需要经过 M3 发送至 M2、M2 发送至 M1、M1 发送至总站 Z。线形的组网协议需要解决以下三个问题：一是总站怎样轮循每一个分站，使轮循周期最短；二是某一个分站发现通信故障后怎样确保通信链的完整性及报告故障的位置；三是故障分站修复后如何自动进入通信链。

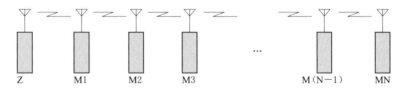

图 3-25　线形的组网模式

2. 电力应用

进入 20 世纪 90 年代初期，随着改革开放的深入，以电力、水利、自来水、石油、环保、热网等为代表的国民经济的重要行业发展迅速，对自动化程度的要求也日益提高。我国的遥控遥测系统（简称"三遥"系统或 SCADA 系统）市场，由实验阶段逐渐进入到高速发展阶段，从民用到军用，应用领域越来越广泛，需求量也越来越大。数传电台进入到一个蓬勃发展期，最常见、典型的遥控遥测系统是电力负荷监控系统。

230MHz 频段数传电台目前有两种频率使用方式，即双工频率，收发采用不同频率需相差 7MHz。宏基站至终端的下行频率为高频率，如 231.025MHz；终端至宏基站的上行频率为低频率，如 224.025MHz 和单工频率（收发采用相同频率）。由于电力终端分布特点，一般利用 230MHz 频段数传电台技术，组建宏基站至用户终端的无线接入网，如图 3-26所示。

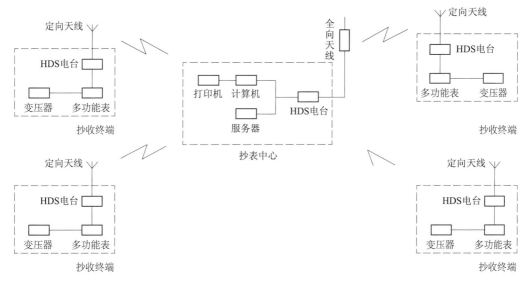

图 3-26 宏基站至用户终端的无线接入网

用电负荷管理系统的工作方式称为"绝对主从模式"，即只有宏基站才能主动下发命令报文，终端根据接收到宏基站下发的报文后，执行相应的任务，而终端不能主动向宏基站发送数据报文。系统向终端下发的命令分为广播命令和召测命令，采用广播命令实现用户终端控制功能，采用召测命令实现用户终端数据采集功能。

（1）广播命令。宏基站向其所有服务的终端发送命令，终端执行相应任务，禁止终端回码。和广播命令相关的是组地址码，组地址码反映的是某终端归属于哪个组别，一个终端可以拥有多个组地址码。当处于监听状态中的终端收到来自宏基站的广播命令时，将命令中的组地址码与设置在终端存储器中的所有组地址码进行比较，如果发现有完全匹配的组地址码，则执行相应任务；反之，则忽略该命令。广播命令流程如图 3-27 所示。

（2）召测命令。宏基站向终端发送命令，终端将相应的数据返回给宏基站，一般需要终端回码。与召测命令相关的是终端地址码，终端地址码是全系统唯一的，在终端安装时设置于终端内的存储器里，是终端的身份标识。所有终端在宏基站未发送下行信号的时候，均处于监听状态。当终端收到宏基站发送的包含终端地址码信息召测命令后，将命令中包含的终端地址码与本终端存储器中的终端地址码进行比较，若相同，则按命令返回相应的数据给宏基站，完成一次召测命令；反之，终端仍旧处于监听状态，禁止回码给宏基站。由于 230MHz 频段数传电台的技术限制，难以采用时分的方法实现真正意义上的双工通信，即无论使用双工频率还是单工频率，都无法实现下行报文和上行报文的同时传

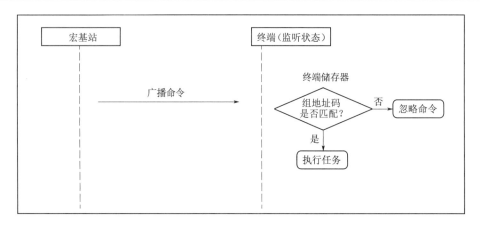

图 3-27 广播命令流程图

送,属于半双工网络。因此,宏基站发出召测命令后,必须等待终端回码后才能对下一终端发出召测命令,如果在设定时延内没有回码,则系统自动判定为通信失败。召测命令流程如图 3-28 所示。

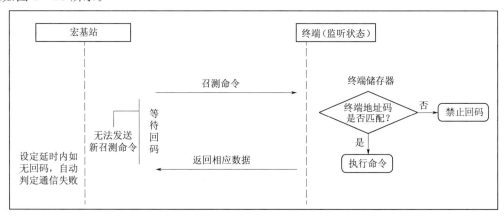

图 3-28 召测命令流程图

由于 230MHz 频段数传电台技术体制比较古老,通信速率最高只有 19.2kbit/s,且需要轮询传输,难以适应国家电网逐渐增加的对数据采集规模化实时性的要求;另外,数传电台安全机制简单,难以满足电力控制类业务的安全防护要求,虽然近些年出现数传电台＋无线公网双通道模式来适应实时性和安全性的要求,但使用数量逐步萎缩,被其他技术所替代趋势明显。

3.2.3.2 LTE 230MHz 无线通信技术

电力 LTE 230MHz 无线通信系统采用电力专用的 230MHz 频段频谱,利用 TD-LTE 无线通信技术进行帧结构重新设计开发,针对该频段内离散的 25kHz 信道进行聚合应用和频谱感知,此技术大幅提高电力已有无线频率资源使用效能,可实现数据、语音、视频的双向传输,满足智能电网配用电业务的通信需求。

1. 系统架构

LTE 230MHz 系统采用标准的 LTE 扁平化网络架构,可以降低组网成本,减少系统时延，增加组网灵活性。主要网元包括演进分组核心网（Evolved Packet Core，EPC）设备、增强网管（enhanced Operation and Maintenance Center，eOMC）设备、基站设备（eNodeB）和用户终端（User Equipment，UE）。LTE 扁平化网络架构如图 3 - 29 所示。

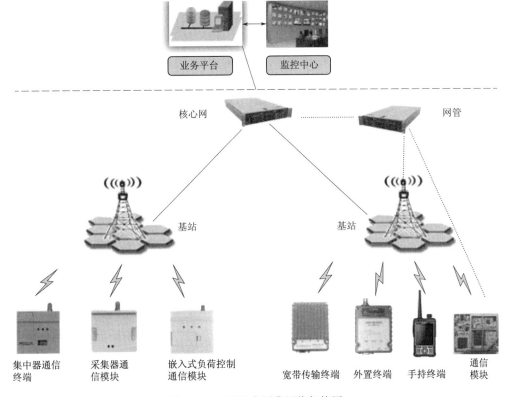

业务平台　　监控中心

核心网　　　　　　　　　　　　　　　　网管

基站　　　　　　　　　　基站

集中器通信　采集器通　嵌入式负荷控制　　宽带传输终端　外置终端　手持终端　通信
终端　　　　信模块　　通信模块　　　　　　　　　　　　　　　　　　　　　模块

图 3 - 29　LTE 扁平化网络架构图

（1）演进分组核心网设备。演进分组核心网设备负责终端认证、终端 IP 地址管理、移动性管理等，提供接口直接连接电力业务主站。

（2）增强网管设备。增强网管设备负责核心网、基站、无线终端的远程配置管理和状态监测。

（3）基站设备。基站设备负责通过空间接口与无线终端通信，实现资源调度、无线资源管理、无线接入控制、移动性管理等功能。

（4）用户终端。用户终端提供无线数据的采集与传输，可直接嵌入式安装于电力用采集中器、负荷控制等电力终端中。

2. 技术特点

（1）载波聚合技术。电力系统中所使用的 230MHz 频段最初国家规划主要用于模拟数传电台，其信道带宽较窄，且相邻信道之间存在间隔。LTE 230MHz 无线通信系统中用于电力系统的总带宽为 8.5MHz，分为三簇，每簇之间保持一定的频率间隔。其中：第一簇和第三簇频率的频带宽度分别为 3.5MHz，用于自组织网络组网和回传；第二簇 A 频率的频带宽度为 1.5MHz 用于为各种网络终端接入提供覆盖。

（2）频谱感知技术。在电网的 40 个频点可能存在传统的 230 数传电台，该电台与现有的 LTE 230MHz 无线通信系统可能存在相互干扰的问题。针对上述问题，LTE 230MHz 无线通信系统专门增加了频谱感知技术，以解决与传统电台和谐共处以及更好频谱效率的问题，保证全网系统的效率最高。

（3）帧结构设计。230MHz 无线通信系统针对电力业务需求深度定制，优化通信协议，降低传输时延，提升常驻网络的终端数量，设计符合电力规约的通信模块，并对业内主流电力终端做适配性设计，降低网络部署的难度和成本。

（4）低成本广覆盖。230MHz 频段为低频段，先天具有绕射能力强，传输距离远特性，伴随先进的编码解调技术实现低成本广覆盖的优势。相对其他频段的无线系统，单基站可以覆盖更大的面积，即利用较少的基站设备可以覆盖更多区域，达到降本增效的目的。

（5）频率谱密度优势。LTE 230 无线通信系统的最小资源粒度占用带宽为 25kHz，相比其他 LTE 系统的最小调度单元占用带宽 200kHz，在发射同样功率时，功率谱密度增加了 $10\lg(200/25)$ 约 9dB，因此发射效率提高了 9dB。

3. 技术指标

技术指标见表 3 - 5。

表 3 - 5   技 术 指 标 表

项　　目	指　　标
工作频段	223.025～235.000MHz
多址方式	OFDM 多址方式
双工方式	TDD 双工方式
调制方式	QPSK、16QAM 和 64QAM
基站系统射频信道带宽	离散 8.5MHz
单小区吞吐量	峰值速率 14.96Mbit/s
单小区支持在线用户数	2000
终端峰值速率	峰值速率 1.76Mbit/s
覆盖半径	密集城区 3km，郊区 10km，农村 30km
接收灵敏度	−120dBm

3.2.3.3　IoT - G230 无线通信技术

物联网（通信技术）（Internet of Things - Grid，IoT - G）230 无线通信技术是基于窄带物联网（Narrow Band Internet of Things，NB - IoT）技术基础上，采用 230MHz 无线频率进行技术演进，实现了载波聚合能力，可提供数据、语音通信能力的无线通信系统。

1. 系统架构

系统架构如图 3 - 30 所示。

（1）核心网。eCore9300 核心网采用虚拟化平台，支持系列化硬件形态，同时集成了包括 MME/S - GW/PGW/HSS 等多个核心网网元，根据应用场景和业务需求，组合形式

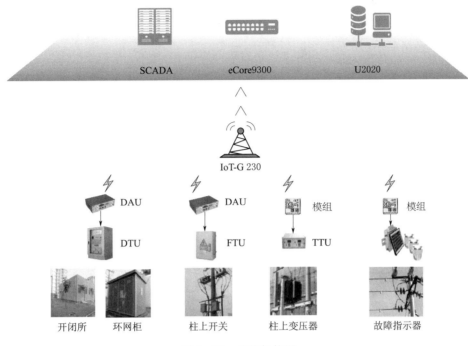

图 3-30　系统架构图

灵活多样，配合 DBS3900 DSA 基站，能够支持丰富的行业应用与业务接入。

（2）基站。DBS3900 DSA 基站，基于华为成熟先进的 DBS3900 硬件平台开发，采用分布式架构，包括基带处理单元（Building Base band Unit，BBU）3910 和射频模块增强射频拉远单元（enhanced Remote Radio Unit，eRRU）5201 两种功能模块，便于根据站点环境进行灵活安装，实现快速部署，还可通过灵活配置满足不同的组网需求。eRRU5201 体积小，重量轻，可支持挂墙、抱杆等多种安装方式，靠近天线安装可大幅减少馈线损耗。

2. 技术特点

（1）载波聚合。IoT-G230 的载波聚合技术实现与 LTE-G230 原理相同，已经量产的终端支持最多 16 个频点的载波聚合（LTE-G230 终端支持最多 40 个频点）。

（2）帧结构设计。IoT-G 继承 3GPP 物联技术，窄带载波可提供更小的资源分配粒度，支持海量连接；大量载波聚合后又可提供宽带接入能力。单小区支持 4000 个电力终端，实现宽窄融合。

采用 10ms 超短帧设计，引入 5G Grant free 免调度算法，在窄带离散频谱上实现 20ms 超短时延，能够在各种复杂无线环境下满足精准负控业务的需求。频段与载波间隔应满足以下要求：①工作频段为 223～235MHz；②载波间隔为 25kHz；③载波包含 6 个子载波，子载波间隔为 3.75kHz。

帧结构应符合如下规定：

1）IoT-G230 中，除非特别说明，各种字段的时域大小均为时间单位 $T_s=1/60000s$ 的倍数。IoT-G230 仅支持 TDD 帧结构，帧结构如图 3-31 所示。其中，下行和上行传

输在持续时间为 $T_f = 600T_s = 10ms$ 的帧内。一个帧包括 5 个长度为 $120T_s$ 的时隙，编号从 0 到 4。时隙 2 是特殊时隙，由下行导频时隙（Downlink Pilot Time Slot，DwPTS）、保护周期（Guard Period，GP）和上行链路导频时隙（Uplink Pilot Time Slot，UpPTS）组成。DwPTS、GP 和 UpPTS 的长度分别为 $20T_s$，$40T_s$ 和 $60T_s$。

2）子载波间隔 Δf 为 3.75kHz，时隙 0 和 1 以及 DwPTS 总是用于下行链路传输。UpPTS 和紧随特殊时隙后的 2 个时隙总是用于上行链路传输。

3）超帧结构如图 3-32 所示，超帧长度为 10240ms（$614400T_s$），由 1024 个帧组成。超帧从 0 到 1023 循环编号。

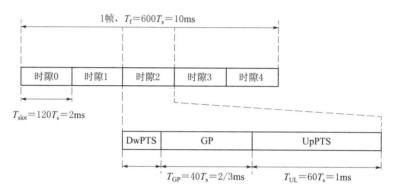

注：IoT-G 230 后续可扩展支持采用其他上下行配比的帧结构。

图 3-31 帧结构图

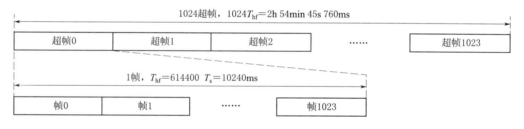

图 3-32 超帧结构

3.2.3.4 LTE1.8GHz 无线通信技术

LTE1.8GHz 无线通信系统是采用 1800MHz（1785～1805MHz）工作频段，基于 LTE 标准，面向行业用户的无线专网通信系统。LTE1.8GHz 无线专网系统凭借成熟的 LTE 标准和丰富的无线公网产业链，在行业应用中得到快速发展。

1. 系统架构

LTE 1.8GHz 由核心网、无线网、回传网等组成，用于承载电网终端网络各类业务，核心网与业务主站之间通过安全网关隔离，系统架构如图 3-33 所示。

核心网包含归属用户服务器（Home Subscriber Server，HSS）、MME、服务网关（Serving GateWay，S-GW）、PDN 网关（PDN GateWay，P-GW）、策略与计费规则功能单元（Policy and Charging Rules Function，PCRF）逻辑实体，其中 PCRF 可选，各逻辑实体相互独立，可按需组成实际网元。

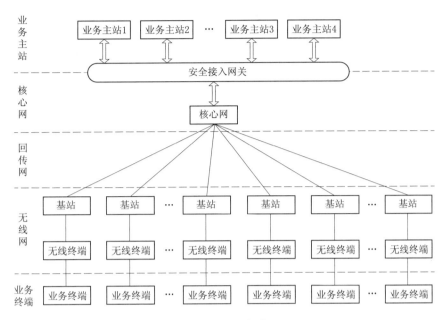

图 3-33　系统架构图

基站包含 BBU、射频拉远单元（Remote Radio Unit，RRU）逻辑实体，通过空中接口与通信终端设备通信，通过 S1 接口与核心网通信，具备无线信号的发送、接收和无线资源管理功能。可支持通过直放站或塔顶放大器等辅助中继方式实现基站延伸覆盖。基站设备分为宏覆盖基站、中等覆盖基站和本地覆盖基站，其中宏覆盖基站端口发射功率不大于 33dBm/MHz，天线单端口最大发射功率为 43dBm，建议天线双端口最大发射功率为 46dBm，天线四端口最大发射功率为 49dBm。

无线终端包含能进行无线信号收发、基带处理和高层应用运行的功能模块，通过全球用户识别卡（Universal Subscriber Identity Module，USIM）或 eSIM 卡或机卡合一的方式保存数据、程序并进行安全身份识别。

2. 技术特点

（1）覆盖增强技术包括：

1）RRU 上塔或楼顶安装：上下行提升 3dB。

2）21dBi 高增益天线：上下行提升 3dB。

3）4T4R 分集接收：上行提升 3dB。

4）算法增强技术：包括高阶 MIMO、传输时间间隔绑定（transmission time interval Bundling，TTI Bundling）上行链路增强、Comp 抗干扰算法、EasyBeam 智能天线算法、公共系统参数信道（Common System Parameter Channel，CSPC）下行链路增强 Power Boosting 功率增强。

（2）帧结构设计。通信终端支持下行正交频分多址接入（Orthogonal Frequency Division Multiple Access，OFDMA）和上行单载波频分多址（Single-carrier Frequency-Division Multiple Access，SC-FDMA）传输，子载波间隔支持 15kHz，可选支持 7.5kHz。通信终端支持常规无线通信设备中的中央处理器（Central Processor，CP）（Normal CP，

4.687μs），可选支持扩展 CP（Extended CP，16.67μs）。

帧结构要求如下：

1）帧结构如图 3-34 所示。时长 10ms，由 2 个长度为 5ms 的半帧组成，每个半帧包含 8 个长度为 0.5ms 的时隙和 3 个特殊区域（DwPTS，GP 和 UpPTS），这 3 个特殊区域总时长为 1ms，其各自时长可配置。子帧 1 和子帧 6 为特殊子帧，包含 DwPTS、GP 和 UpPTS，其余子帧包含 2 个相邻的 0.5ms 时隙。在一个帧结构包含的 10 个子帧中，"D"表示专用于下行传输的子帧，"U"表示专用于上行传输的子帧，"S"表示特殊子帧。

2）帧结构上下行切换点配置，应支持配置 0 及配置 1，可支持配置 2。

3）特殊子帧配置符合《TD-LTE 数字蜂窝移动通信网基站设备技术要求（第一阶段）》（YD/T 2571—2015）标准的要求。

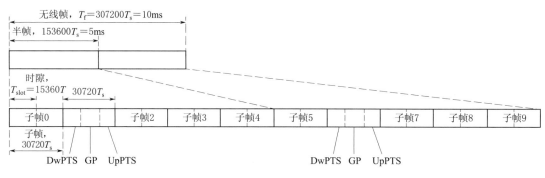

图 3-34　帧结构图

3.2.4　北斗短报文通信技术

卫星通信技术的建设投资小、周期短、通信容量大、信号覆盖范围大，不受地理环境的限制，不易受自然灾害影响，并能提供多类综合业务的传输服务，为边远地区电力数据传输提供可能，因此卫星通信技术在电力应用领域成为必然趋势。

卫星通信技术主要为电网提供电力调度控制业务和电力应急通信业务，其中在电力应急通信的应用技术成熟度已经很高，进入到实用化阶段。在电力应急通信场景中，通过卫星通信网络为电力应急指挥中心提供数据、语音和视频等多种服务，实现了受灾区域与电力应急指挥中心间信息的实时准确传递。

北斗短报文通信是一种典型的卫星通信技术模式，指北斗地面终端和北斗卫星、北斗地面监控总站之间直接通过卫星信号，以短报文（类似手机短信）为传输基本单位，进行的双向信息传递。北斗三号短报文通信在北斗二号的基础上进行了升级换代，提高了系统服务容量，具有用户机与用户机、用户机与地面控制中心之间双向数字报文通信功能。北斗系统现在轨运行服务卫星共 45 颗，包括 15 颗北斗二号卫星和 30 颗北斗三号卫星，联合为用户提供 7 种服务。具体包括：面向全球，提供定位导航授时、全球短报文通信和国际搜救 3 种服务；面向亚太地区，提供星基增强、地基增强、精密单点定位和区域短报文通信 4 种服务。从通信速率上，北斗二代短报文通信一般的用户机一次可传输 36 个汉字（76 个字节），申请核准的可以达到传送 120 个汉字；北斗三代短报文通信最大单次报文长度约 1000 个汉字。从传输时延方面，由于采用短报文交互形式，北斗二代短报文通信时延由系统设置的短报文发送时间间隔决定，主要包括 1min、5min、10min 三种发送间隔模式；北斗三代短报文通信目前尚无明确发送时间间隔配置模式。对于单一终端，目前可通过多卡轮用的方式间接降低短报文发送间隔。在通道可靠性方面，北斗三号短报文可提供全天候不间断服务，但卫星信号易受环境遮挡，在室内、森林等区域通信服务质量将受到影响甚至无法通信。此外，在物理层，卫星信号传播过程中可能会受到电磁干扰；在网络层，信道多用户共享可能造成服务排队。

北斗短报文不需要组网运行，因此只要接入分开，是可以分别承载第三类控制业务和第四类业务的。

3.2.5　中压电力线载波通信技术

中压电力线载波通信是以中压（10kV）配电网电力线为传输介质的通信方式，由主载波机、从载波机、耦合器及电力线通道组成。主载波机和从载波机之间采用问答方式进行数据传输，从载波机之间不进行数据传输。载波机通过耦合器将载波信号耦合到中压配电线路上实现数据传输，包括用于架空线路的电容耦合和用于电力线缆线路的电感耦合两种方式。

中压电力线载波通信技术与配电网线路高度吻合。网络拓扑为一主多从方式，主载波机一般安装在变电站或开关站，从载波机一般安装于配电站或配电设施附近。典型电力线载波网络拓扑如图 3-35 所示。

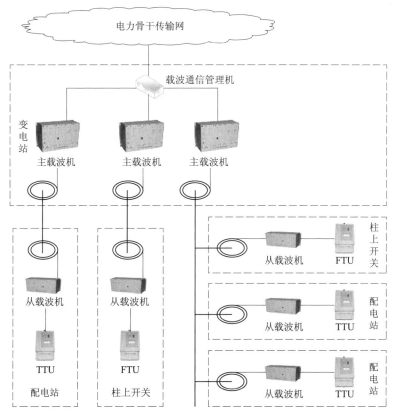

图 3-35　典型电力线载波网络拓扑图

中压 PLC 为电力特有通信技术，利用配电线路传输数据，载波设备外置，施工难度小。

中压电力线载波技术不需要组网运行，因此只要接入分开，是可以分别承载第一类控制业务和第三类控制业务的。

3.3 通信接入网本地通信技术

本地通信网络是用于边缘物联代理、业务终端以及采集控制终端等本地智能设备间信息交换的通信网络，本地通信网络处于用户现场，主要包括以太网、RS-485、电力线载波等有线通信方式，以及微功率无线、WLAN、蓝牙等无线通信方式。

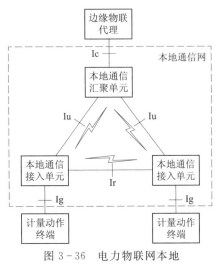

图 3-36 电力物联网本地
通信网络总体架构图

以常规负荷（用电信息采集）场景本地通信为例，电力物联网本地通信网络总体架构如图 3-36 所示，本地通信网络包括本地通信接入单元和本地通信汇聚单元，其中计量动作终端为面向采集对象的数据采集装置，负责各种状态量、电气量和环境量的数据采集，本地通信接入单元为部署在用户计量动作终端一侧，实现终端接入的通信单元，计量动作终端与本地通信接入单元之间接口为 Ig 接口。本地通信汇聚单元为部署在边缘物联代理一侧，实现对本地通信接入单元数据进行集中信息上传和控制下发的通信单元，本地通信汇聚单元与边缘物联代理之间的接口为 Ic 接口。本地通信接入单元与本地通信汇聚单元之间的接口为

Iu 接口。本地通信接入单元之间的接口为 Ir 接口，其中用户计量动作终端包括应用在电力现场的传感器终端。

Ic 接口为本地通信汇聚单元独立装置上联边缘物联代理的接口，Ig 接口为本地通信接入单元独立装置下联计量动作终端的接口，Iu 为本地通信汇聚单元与本地通信接入单元之间的通信接口，Ir 为本地通信接入单元之间的通信接口。在实际应用中，Ic 和 Ig 接口应支持多种有线通信方式，如通用异步收发器（Universal Asynchronous Receiver/Transmitter，UART）、高速串行计算机扩展总线标准（peripheral component interconnect express，PCIE）、RS-485、RS-232 等接口协议。Iu 和 Ir 接口应支持有线和无线通信方式，有线通信包括电力线载波通信、无源光网络通信、以太网通信和串行总线接入等；无线通信包括输变电设备物联网微功率无线通信、输变电设备物联网节点设备无线组网通信技术、用电信息采集微功率无线通信技术、蓝牙通信技术、ZigBee 通信技术、WLAN 通信技术、LoRa 通信技术、免申请频段的 LTE 通信技术（LTE-Unlicensed，LTE-U）和设备对设备通信技术（Device—to—Device Communication，D2D）等。

本地通信技术一般都具有短距离、低成本、部署灵活等特点，不具备不同业务之间的物理隔离能力，因此不具备多业务同时承载的能力。

3.3.1 本地无线通信技术简介

3.3.1.1 微功率无线通信技术

微功率无线通信技术是工作于计量频段 470~510MHz、发射功率不超过 50mW 的一种无线通信方式，符合《微功率（短距离）无线电设备的技术要求》（信部无〔2005〕423号）的规定。国内微功率无线通信标准借鉴 IEEE 802.15.4g 物理层参数和 MAC 层通信协议，增加网络层和应用层协议，可实现微功率无线通信模块之间的互联互通。微功率无线通信网络采用频率复用及跳频技术，具有较好的频率利用率、网络扩展性和通信可靠性；技术、产品成熟，产业链相对完整，但主要使用国外通信厂商芯片，仍需推动产业完善及规模化应用，降低未来技术封锁等风险。

目前微功率无线通信技术主要用于电表无线直采和输变电小数据量状态监测业务中。微功率无线组网应用示意如图 3-37 所示。

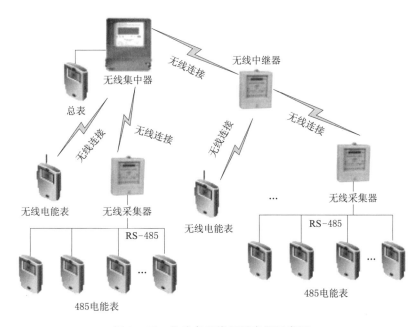

图 3-37 微功率无线组网应用示意图

微功率无线通信技术采用多跳中继自组织网络构架，符合《电能信息采集与管理系统第 4-4 部分：通信协议——微功率无线通信协议》（DL/T 698.44—2016）的规定。微功率无线通信技术工作于计量频段 470~510MHz，发射功率不大于 50mW；在 200kHz 带宽内，传输速率为 10/100kbps 自适应（GFSK 调制）或 250kbps（4GMSK 调制）；接收机的解码灵敏度为 -117dBm@10kbps；在额定发射功率的情况下，开阔场地点对点通信距离可达 500m；在实际的居民用电环境中，通过多级中继路由，有效通信覆盖半径达到 300~2000m。

微功率无线通信技术被广泛应用于用电信息采集系统中电表数据的汇聚。微功率无线通信技术不需要单独布线，使用方便，可在电力线路复杂或线路老化严重、供电线路故障的场合，发挥优势。但无线通信易受物理环境影响，需注意避免无线信号屏蔽严重的场景。微功率无线通信技术适合应用于低压配电设备密集部署、室外空旷场景，如农村、郊区等，以及室内、柜内等短距离区域，而在遮挡严重的区域，如地下室与地面之间，则不适合采用微功率无线通信技术。

1. 自组网架构

微功率无线（RF）的 Mesh 技术根据实现的协议层，分为链路层 Mesh（L2 Mesh）和网络层 Mesh（L3 Mesh）。L2 Mesh 技术业界有很多，一般都和具体的链路层技术耦合在一起，并无通用的组网技术；L3 Mesh 一般基于 IPv6，与具体链路层耦合很少，优选作为微功率无线的 Mesh 方案。

L3 Mesh 网络中的设备分为两个角色，一是中央协调器（Central Coordinator，CCO），二是发放-触发平均方法（Spike-triggered average，STA）即普通节点。STA 在 Mesh 网络中也做中继，类似于 HPLC 中的代理协调器（Proxy Coordinator，PCO）。L3 Mesh 协议可以为协调器和节点建立上行和下行路由，并选择最优路径转发数据报文。

RF Mesh 网络中的每个节点（根节点除外）都会选择一个父节点作为上行默认路由，逐级形成树形网络，RF Mesh 组网拓扑如图 3-38 所示。选择算法可以根据不同目标优化，例如可以选择使节点自身到协调器的端到端路径代价最低的父节点为默认父节点。

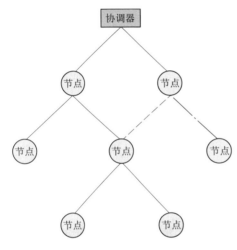

图 3-38　RF Mesh 组网拓扑图

2. 协议架构

针对低压配电应用场景，RF Mesh 通信协议栈架构见表 3-6，链路层采用微功率专用媒质接入控制技术，支持载波多重访问/冲突避免（Carrier Sense Multiple Access / Collision Avoid，CSMA/CA），支持链路层加密。网络层采用 IPv6，基于 L3 Mesh 技术组网，并通过 6LoWPAN 实现 IPv6 报文压缩和分片。传输层采用用户数据报协议（User Datagram Protocol，UDP），接入认证则由数字证书和数据包传输层安全性协议（Datagram Transport Layer Security，DTLS）保障。

表 3-6　　　　　　　　　　RF Mesh 通信协议栈架构

应用层	应用（数据、管理、安全认证等）	应用层	应用（数据、管理、安全认证等）
	CoAP		CoAP
传输层	UDP	链路层	6LoWPAN
网络层	L3 Mesh		RF MAC
	IPv6	物理层	FSK/OFDM SubG

微功率无线通信系统用于电表采集的体系结构如图 3-39 所示。根据国家电网"一户一表"原则，作为系统信息采集的用户电表搭载一个子节点模块，子节点和用户电表通过

标准接口完成数据交互。子节点和子节点
之间，以及子节点和中心节点之间通过微
功率无线通信协议进行无线通信。集中器
同时安装中心节点模块和 GPRS 等无线公
网模块，分别作为区域信息的采集和入网
传输。

随着配电智能台区的规模化应用，
HPLC＋高速无线通信（High‐speed
Radio Frequency，HRF）成为连接台区
融合终端与下连设备的主要通信方式。双
模通信网络一般会形成以 CCO 为中心、
以 PCO（单相表双模通信单元、三相表双
模通信单元、Ⅰ型采集器双模通信单元、
Ⅱ型采集器双模通信单元为中继代理，连
接所有 STA（单相表双模通信单元、三相
表双模通信单元、Ⅰ型采集器双模通信单
元、Ⅱ型采集器双模通信单元）多级关联
的树形网络，为典型的双模通信网络的拓
扑，如图 3‐40 所示，图中实线为高速载
波路径，虚线为高速无线通信路径。

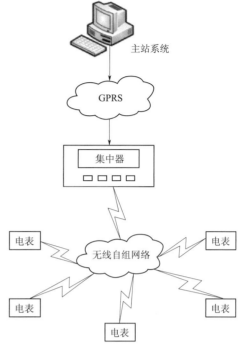

图 3‐39　微功率无线通信系统
用于电表采集的体系结构

双模协议栈也基于 IPv6 网络架构，见表3‐7，总体上保持一致，仅在 HPLC 和 HRF
两种链路层之上增加一层链路抽象层。

链路抽象层承担不同链路的链路代价评估，为网络层提供统一的链路代价，供 L3

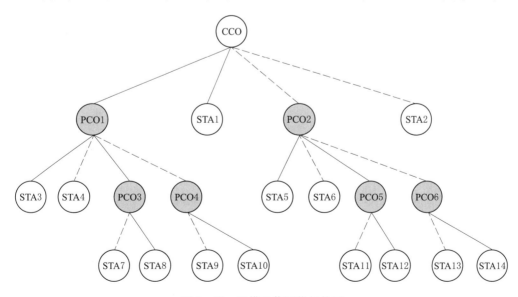

图 3‐40　双模通信网络拓扑图

Mesh 路由协议计算和优选路径，同时在数据转发上承担多种类型报文汇聚、分发和加/解密功能。

表 3-7　　　　　　　　　　　　　双模协议栈架构

应用层	应用（数据、管理、安全认证等）	
	CoAP	
传输层	UDP	
网络层	L3 Mesh	
	IPv6	
适配层	6LoWPAN	
链路层	链路抽象层	
	微功率无线 MAC	HPLC/IEEE 1901.1
物理层	FSK/OFDM SubG	HPLC/IEEE 1901.1

3. 微功率无线通信技术特点

（1）工作频段免申请。微功率无线通信技术工作于 470～510MHz，属于微功率免申请计量频段，无需额外授权费用或网络第三方支持。其微蜂窝网络结构，提高了频率利用效率和网络扩展性，支持多网同时正常工作。

（2）通信效果好。微功率无线通信技术采用了宽带技术，因此具有较高的数传灵敏度。宽带微功率数传采用标准的二次变频技术和标准的 FSK 调制解调方式，具有抗干扰能力强、传输距离远的特征，可应用于工业环境场合；无线载波自由切换，解决了无线孤岛和载波孤岛的问题，使通信无死角。

（3）网络传输可靠性高。微功率无线通信技术通过采用可靠的 mesh 网状拓扑结构、慢跳频、多跳传输、实时路由更新等技术手段，使得网络覆盖范围更大，鲁棒性更强。

（4）维护方便。微功率无线通信技术支持手持设备的移动接入，使系统的维护方便、简捷。载波采用 FSK 扩频调制，支持 100bit/s、400bit/s、800bit/s、1600bit/s、3200bit/s 五种速率自适应。

（5）抄表速率自适应。微功率无线通信技术支持自动匹配电表通信速率，无需人为设置。

（6）扩展功能。微功率无线通信技术支持相位识别、台区识别等功能。

3.3.1.2　WLAN 通信技术

WLAN 指应用无线通信技术将网络设备互联起来，构成可以互相通信和实现资源共享的网络体系。WLAN 本质的特点是不再使用通信线缆将终端与网络连接起来，而是通过无线的方式连接，从而使网络的构建和终端的移动更加灵活。

WLAN 是相当便利的数据传输系统，利用射频的技术，取代传统的双绞线所构成的局域网络，达到无线接入的效果。

WiFi 和 WAPI 是 WLAN 的两种不同的网络标准。WiFi 涵盖了通信和安全两个方面，能够提供全栈式局域网通信解决方案；WAPI 是由我国提出，并具有独立知识产权的针对 WLAN 安全方面的技术标准。

在安全方面 WiFi 与 WAPI 存在明显差异，WiFi 采用二元安全架构，接入点（AP）没有独立身份，采用美国密码算法高级加密标准（Advanced Encryption Standard，AES），虽然在 2018 年 1 月发布了新的 WPA3 增强机制，但仍与 WPA2 安全架构相同，存在密钥重新安装攻击（Key Reinstallation Attack，KRACK）、Dragonblood 等漏洞，不符合新型电力系统建设高安全性的要求。

WAPI 是无线局域网鉴别与保密基础结构的简称，也称为可信 WLAN，是我国提出的以 IEEE 802.11 无线协议为基础的无线安全标准，具备双向身份鉴别、数字证书身份认证、完善的鉴别协议等技术特点。

WAPI 采用三元安全架构，三个物理实体都有独立身份，真正实现了移动终端和无线接入点的直接双向鉴别，有效保证空口安全，从安全机制上防止了假冒 AP 和钓鱼 AP。WAPI 采用基于数字证书的身份鉴别机制，身份无法伪造，用户不需要录入账号密码，解决了密码泄露带来的安全风险，方便进行集中安全管理，当系统成员（无线接入点或移动终端）退出系统或有新的成员加入系统，只需吊销其证书或颁发新的证书即可，易于扩充，可实现用户异地漫游接入。

WAPI 网络采用证书认证＋国密 SM4 算法，可有效破解非法终端接入 WAPI 网络、钓鱼 AP、假冒 AP、业务数据被窃取/破坏/篡改等网络安全问题。

WLAN 特点包括以下几点：

（1）2.4GHz 是最常用的 WLAN 频段，包括 IEEE 802.11b/g/n 四个子集；5GHz 是双频 WLAN 的另一个频段，有 IEEE 802.11n/ac（5G n 在 2013 年之前很常见，之后较少见）；60GHz 是下一代 WLAN 标准演进的频段，是 802.11 ad。

（2）基于 2.4GHz 的 WLAN 在 IEEE 802.11n 协议下最高速率为 400Mbit/s，在 40MHz 带宽下和 4 根天线配合下可达 600Mbit/s；5GHz 第一频带最高速率为 867Mbit/s，5GHz 第二频带最高速率为 1733Mbit/s。60GHz 最高速率为 6Gbit/s，60GHz 目前还没有商用的终端和 AP。2.4GHz 频段的信道少、信号多，还处于公用频段，因此干扰特别严重。在办公楼或园区等高密度场所，信号拥塞会降低传输速率，而 5GHz 频段会降低拥塞的可能性，使用 MIMO 技术还可以让速率再翻倍。

（3）2.4GHz 频段单 AP 最大覆盖范围室内为 70m，室外为 250m；5GHz 频段单 AP 最大覆盖范围室内为 35m；60GHz 频段单 AP 最大室内覆盖范围为 15m。通过定向天线技术，可使室外单 AP 最大定向覆盖范围达 4km，且单 AP 覆盖范围不足时可使用 Mesh 组网方式扩大覆盖范围。

目前，可信 WLAN 技术已在输变配电领域开始应用。在输电领域，通过可信 WLAN 已实现输电线路可视化信号的无线传输；在变电领域，已通过可信 WLAN 实现了变电站智能巡检机器人、手持移动终端、IP 话机等业务接入，为智能机器人巡检、现场作业管控、内部语音通话等应用场景提供了支撑；在配电与分布式光伏领域，通过 5G＋可信 WLAN 技术实现分布式光伏"可观、可测、可调、可控"。可信 WLAN 实现了国内首个整县屋顶分布式光伏分钟级"柔性可调"，并成功部署"可信 WLAN"本地通信网络，通过与 5G、通信光缆、中压载波等不同通信技术的组合，打造了通信末端传输网示范区。

WLAN 的概念，依据《电工术语 计算机网络技术》（GB/T 2900.96—2015）中的定义是数据传送不使用导线的局域网（LAN），即通过无线介质进行数据传输的局域网。WLAN 本身应属于无线接入网络（AN）的范畴。

（1）WLAN 与 LAN。WLAN 是 LAN 的一种组网形态。依据 GB/T 2900.96—2015 标准对于 LAN 的定义是：位于用户处所有限地理区域内的计算机网络。为此，LAN 的构建，初始组网形态是利用有线介质的组网方式，即在局域范围内（相对于个域、城域、广域而言）多台计算机终端或数据终端各自通过线缆（如同轴电缆、数据电缆（或称对绞对称电缆）和光纤等）介质连接到一个数据集线器（Hub）或一个数据交换机（Switch）上，形成一个 LAN。在该 LAN 内，各计算机终端可以共享本 LAN 内的资源，同时通过 Hub/Switch 可接入所属的城域/广域网络或 Internet，但 LAN 只能实现相对固定或有限移动性的数据终端的接入。随着数据终端形式的发展演进（如笔记本电脑、智能手机、PDA 等），可移动的数据终端接入网络势必要破除线缆的束缚，因此 WLAN 应运而生。

（2）WLAN 与 IEEE 802.11。WLAN 实现了可移动数据终端到 LAN 的接入，此时的接入，数据通过空中接口进行传送，为了使数据在空中的有效传送，必须要对空中接口进行规范。因此，由美国标准组织电气与电子工程师协会（IEEE）研究制定了编号为 IEEE 802.11 的系列标准，规定了 WLAN 的空中接口的媒体访问控制（MAC）和物理层（PHY）的规范。由此 IEEE 802.11 也成了 WLAN 的空中接口规范的代名词。

由于 IEEE 在制定 IEEE 802.11 系列标准过程中在不断地演进，后续的标准与先期的标准具有相关性，即后续发布的标准是对先期标准的扩展或增强，但先期标准仍然有效，并非被后续标准所代替。鉴于标准的相关性，WLAN 的空中接口的标准都以 IEEE 802.11 为根编号，后续发布的标准在根编号 IEEE 802.11 后边顺序用小写英文字母来标识，即 IEEE 802.11、IEEE 802.11a、IEEE 802.11b、IEEE 802.11g 等。

（3）WLAN 与 WiFi。在现实中，一提到 WLAN，经常会出现"WiFi"的术语，甚至把两者等同起来，然而两者的概念大不相同。WiFi 是指 WiFi 联盟组织（WiFi Alliance）推动的一项 WiFi 技术，WiFi 技术的核心是基于 IEEE 802.11 标准的对相关 WLAN 产品的认证，称之为"WiFi 认证（WiFi CERTIFIED）"。该协会致力于 WLAN 产业的发展，以推动符合 IEEE 802.11 标准的无线局域网技术在全球的发展。通过 WFA 的 WiFi 认证的 WLAN 产品符合相应统一标准的互操作性、安全性和可靠性要求，用户在选用认证产品时可放心使用，保证有良好的体验。

（4）WLAN 的安全机制。WLAN 技术一经推出，给人们的工作和生活带来极大的改变，然而，众所周知，WLAN 的安全问题，长期以来一直困扰着其技术的普及应用。

为了解决 WLAN 的安全问题，多年来一直在不断努力寻求获得更加安全的机制，虽开发了不少的方法，但这些方法难尽人意。从已经过时的基于 SSID 的接入控制和基于 MAC 过滤的接入控制，到 IEEE 802.11 使用的基于 OSA 认证和基于共享密匙认证，再到后来 IEEE 802.11i 使用的基于 RADIUS 的认证，直到 2003 年我国的技术人员研究开发出 WAPI 技术后，使 WLAN 获得了极大的突破，让其安全机制得到了空前的提高。下面对 WLAN 的安全机制的各种技术简单介绍。

（5）WAPI 与 IEEE 802.11 的区别。WAPI 与 IEEE 802.11 对比见表 3-8。

表 3-8　　　　　　　　　　　　　　WAPI 与 IEEE 802.11 对比

项　目		WAPI	IEEE 802.11（WiFi 标准）
鉴别	鉴别机制	双向鉴别〔AP 和 MT 通过鉴权服务器（Authentication Server，AS）实现相互的身份鉴别〕	单向和双向鉴别（MT 和 Radius 服务器之间），MT 不能鉴别 AP 的合法性
	鉴别方法	鉴别过程简单易行；身份凭证为公钥数字证书；无线用户与无线接入点地位对等，不仅实现无线接入点的接入控制，而且保证无线用户接入的安全性；客户端支持多证书，方便用户多处使用，充分保证其漫游功能	鉴别过程较为复杂；用户身份通常为用户名和口令；AP 后端的 Radius 服务器对用户进行认证
	鉴别对象	用户	用户
	密钥管理	全集中（局域网内统一由 AS 管理）	AP 和 Radius 服务器之间需手工设置共享密钥；AP 和 MT 之间只定义了认证体系结构，不同厂商的具体设计可能不兼容；实现兼容性的成本较高
	安全漏洞	未查明	用户身份凭证简单，易被盗取，且被盗取后可任意使用；共享密钥管理存在安全隐患
加密	密钥	动态（基于用户、基于鉴别、通信过程中动态更新）	动态
	算法	国密办批准的分组加密算法（SMS4）	128 bit AES 和 128 bit RC4

3.3.1.3　蓝牙通信技术

蓝牙通信技术是世界著名的 5 家大公司（爱立信、诺基亚、东芝、国际商用机器公司和英特尔）于 1985 年 5 月联合宣布的一种无线通信新技术。蓝牙通信技术的本质是一种短距离无线通信技术，开发该技术的目标是：替代短距离的有线通信电缆，提供一个全世界通行的无线传输环境，通过无线电波来实现所有移动设备之间的信息传输服务，这些移动设备包括手机、笔记本电脑、数码相机、打印机等。现阶段，蓝牙通信技术已经发展得比较成熟和完善，许多网络通信设备都能够提供统一的蓝牙通信接口。通过蓝牙通信技术组建的短距离无线通信网已经不仅仅局限于消费电子领域，而是开始在包括电力企业网在内的许多工业和办公领域都取得了广泛的应用。蓝牙技术联盟于 2016 年 12 月发布了蓝牙 5.0，重点提升了蓝牙低功耗技术性能；于 2020 年发布了蓝牙 5.2，主要的特性是增强版 ATT 协议、LE 功耗控制和信号同步，其连接更快、更稳定，抗干扰性更好。

蓝牙系统一般由天线单元、链路控制（固件）单元、链路管理（软件）单元和蓝牙软件（协议栈）单元四个功能单元组成，具备射频特性。同时蓝牙通信技术采用了 TDMA 结构与网络多层次结构，在技术上应用了跳频技术、无线技术等，具有传输效率高、安全性高等优势。

蓝牙通信技术的工作频段、传输带宽、传输时延、覆盖能力、网络容量、通信可靠性、安全性、标准化及知识产权、产业化和未来发展趋势等方面的特点如下：

（1）工作频段。蓝牙载频选用在全球通用的 2.4GHz ISM（即工业、科学、医学）频段。蓝牙技术的工作频段全球通用，适用于全球范围内用户无界限的使用，解决了蜂窝式移动电话的国界障碍。

（2）传输带宽。蓝牙技术的传输带宽较窄，约为 1Mbit/s，这是因为蓝牙技术主打的是低功耗和小型化，编码不能太复杂，复杂的编码会使射频收发机复杂度增高，带来功耗和成本的提升。

（3）传输时延。现阶段，蓝牙设备的传输时延仍旧相对较高。以蓝牙耳机为例，蓝牙耳机比有线耳机具有更高的延迟，一个普通的蓝牙耳机，传输时延约为 150ms。由于原始数据无法通过无线方式传输，音频数据被转换成兼容蓝牙传输的格式，其通常是压缩的，因此数据传输花费的时间更少；数据被传输到蓝牙耳机，必须先将其转换成模拟音频信号，最后才能播放。这些额外的步骤也会延迟整个过程，从而增加蓝牙耳机使用时的传输延迟。

影响蓝牙传输时延的主要因素有编解码器、干扰、原设备与蓝牙接收器之间的距离以及蓝牙版本。降低蓝牙传输时延的方法，主要有接收方保持在蓝牙设备的范围内、使用匹配源设备和蓝牙设备的编解码器、尝试使用蓝牙 5.0 或以上设备等。

（4）覆盖能力。目前民用版本的蓝牙距离为 8～30m，此为理想的状态，由于在现实中还会有很多无线信号的干扰以及墙体等阻挡，因此距离一般为 10m 左右，而另一种适用于商业和工业当中的蓝牙传输距离为 80～100m，不过发射和接收的天线体积和功率较大，而且还有较高的制造成本以及耗电量，一般不适用个人通信产品，更多用于商业特殊用途。蓝牙设备连接必须在一定范围内进行配对，配对搜索被称为短程临时网络模式，也称为微微，可以容纳设备最多不超过 8 台。

（5）网络容量。目前蓝牙的最新版本是蓝牙 5.2，相比于蓝牙 4.X，针对低功耗设备在覆盖范围和速度上都有相应提升和优化。在推出了蓝牙 5.0 规范后不久，蓝牙技术联盟又推出了蓝牙 Mesh 网络规范。蓝牙 5.0 的优化和 Mesh 网络规范，都极大增强了蓝牙无线网络的可应用性。蓝牙 Mesh 网络的特点，及专门为传感器信息或设备 ID 等小数据包方面所做的优化，使得网络最大容量超过 32000 个节点，宽度高达 126 跳，从而可以全网传输信息。

（6）通信可靠性。由于蓝牙通信技术具有跳频的功能，有效避免了 ISM 频带遇到干扰源问题，因此蓝牙通信技术的抗干扰能力强。同时，蓝牙通信技术的兼容性较好，已经能够发展成为独立于操作系统的一项技术，实现了各种操作系统中良好的兼容性能。在蓝牙通信技术连接过程中还可以有效地降低该技术与其他电子产品之间的干扰，从而保证蓝牙通信技术可以正常运行。

（7）安全性。蓝牙的首次配对需要用户通过 PIN 码，PIN 码一般仅由数字构成，且位数很少，一般为 4～6 位。PIN 码在生成之后，设备会自动使用蓝牙自带的 E2 或者 E3 加密算法来对 PIN 码进行加密，然后传输进行身份认证。在这个过程中，黑客很有可能通过拦截数据包，伪装成目标蓝牙设备进行连接，或者采用暴力攻击的方式来破解 PIN 码，因此蓝牙连接存在一定的安全隐患。为了保证私密性和安全性，蓝牙协议要求每次连接前必须进行身份认证。

在蓝牙通用访问应用规范（GAP）中，定义了无保护安全模式、应用层安全加强模式和链路层安全加强模式。当没有重要的通信信息时可以使用无保护安全模式；链路层安全加强模式是一种强制执行的公共安全措施；应用层安全加强模式允许在不同协议上增强安全性。

蓝牙通信系统在链路层采用 EO 流加密算法。对每一分组的有效载荷的加密是单独进行的，它发生在循环冗余校验之后，前向纠错编码之前，主要原理是利用线性反馈移位寄存器产生伪随机序列，从而形成可用于加密的密钥流，然后将密钥流与要加密的数据流进行异或实现加密。解密时把密文与同样的密钥流再异或一次就可得到明文。

为保障通信的安全性，蓝牙产品在上市或者出口到其他国家时，必须遵循所进入市场地区的认证标准，对产品进行认证测试，产品只有达到认证标准，才能在该地市场进行自由贸易。其中，中国、欧洲、美国分别采用了 SRRC 认证、CE 认证、FCC 认证。蓝牙产品只有经过严格的产品认证，才能保证适应不同的国家，不会被其他产品影响，也不会影响其他产品的正常使用。

蓝牙认证（Bluetooth Qualification Body，BQB）又称为蓝牙资格认证专家（Bluetooth Qualification Expert，BQE），是蓝牙技术联盟（Bluetooth Special Interest Group，Bluetooth SIG）推出的关于蓝牙技术性能的认证项目。产品通过蓝牙认证，表示产品蓝牙性能可靠，传输速率稳定，与其他蓝牙产品匹配顺畅。申请蓝牙认证的品牌商，需要先成为蓝牙技术联盟的会员，会员有两个级别，即应用会员/普通会员（Adopter Member）和准会员/联盟会员/高级会员（Associate Member）。目前蓝牙技术联盟只接受公司申请会员资格，不对个人开放。

（8）标准化及知识产权。蓝牙技术联盟于 1997 年 7 月 26 日推出了蓝牙技术规范 1.0 版本。蓝牙 1.0 虽然定义了具体的功能，但缺乏严格的实施准则。蓝牙 2.0 提高了数据传输速率并降低了功耗，大大改善蓝牙用户使用多个蓝牙设备协同工作以及传输大型数据文件时的体验，同时还延长了移动设备的电池使用时间。2009 年 4 月 21 日，蓝牙技术联盟通过了蓝牙 3.0 协议规范。蓝牙 3.0 主要新功能是通用交替射频技术（Generic Alternate MAC/PHY，AMP）（备用的 MAC/PHY）的，将 IEEE 802.11 作为高速通信的增补。蓝牙 4.0 规范于 2010 年 7 月 7 日正式发布，新版本的最大意义在于降低功耗，同时加强不同原始设备制造商（Original Equipment Manufacturer，OEM）厂商之间的设备兼容性，并且降低了延迟，有效覆盖范围扩大到 100m。2016 年 6 月 16 日，蓝牙技术联盟在华盛顿正式发布了蓝牙 5.0，不仅速度较蓝牙 4.0 提升 2 倍、距离远 4 倍，还优化了物联网底层功能。同时蓝牙 5.0 还针对物联网进行底层优化，更快更省电，力求以更低的功耗和更高的性能为智能家居服务。

蓝牙是强制性认证商标，若需合法使用蓝牙商标，必须先完成蓝牙技术联盟制定的 BQB 认证流程。如果不清楚如何正确使用蓝牙商标，在出口或本地销售产品时衍生许多误植蓝牙徽标的知识产权上的问题，严重甚至可能引发刑事诉讼及后续罚款问题处理。

（9）产业化。如今，蓝牙是用于设备之间传输音频流、传输数据或广播信息的首要低功耗无线连接技术。通过引入 Mesh 网络功能，蓝牙 Mesh 网络将进一步促进机器人、工业自动化、能源管理、智慧城市、智能家居的应用，以及其他工业物联网和先进制造解决方案的发展。例如：①在汽车领域，蓝牙通信技术可用于免提通信、车载蓝牙娱乐系统、蓝牙车辆远程状况诊断、汽车蓝牙防盗技术等；②在工业生产中，蓝牙通信技术可用于技术人员对数控机床的无线监控、零部件磨损程度的检测、功率输出标准化、利用蓝牙监控系统对数控系统运行状态的实时和完整地记录等；③在医疗领域，蓝牙通信技术可用于诊断结果输送、病房监护等。

（10）未来发展趋势。蓝牙通信技术的应用领域会向广度发展。蓝牙通信技术的第一阶段是支持手机、PAD 和笔记本电脑，接下来的发展方向要向着各行各业扩展，包括汽车、信息家电、航空、消费类电子、军用等。蓝牙系统将与更多的操作系统兼容，在预见性的规划安排中，提高蓝牙通信技术的应用能力。蓝牙通信技术应用的芯片的成本较低，并且在向着单芯片的方向发展，已经开发出了嵌入电池中的单芯片，蓝牙芯片将越来越小巧，价格越来越低。

3.3.1.4　ZigBee 通信技术

ZigBee 是一种应用于短距离和低速率的无线通信技术，ZigBee 过去又称为 "HomeRF Lite" 和 "FireFly" 技术。主要用于距离短、功耗低且传输速率不高的各种终端设备之间进行数据传输，还可用于典型的有周期性数据、间歇性数据和低反应时间数据传输要求的应用。

ZigBee 这个名字的灵感来源于蜂群的交流方式：蜜蜂通过 "Z" 字形飞行来通知发现的食物的位置、距离和方向等信息，ZigBee 联盟便以此作为新一代无线通信技术的名称。简单地说，ZigBee 是一种高可靠的无线数传网络，类似于 CDMA 和 GSM 网络，是由几个到最多 65535 个无线数传模块组成的一个无线数传网络平台，在整个网络范围内，每一个 ZigBee 网络数传模块之间可以相互通信，每个网络节点间的距离也可以从标准的 75m 无限扩展。

与移动通信的 CDMA 网络或 GSM 网络不同的是，ZigBee 网络主要是为工业现场自动化控制数据传输而建立，因而，它具有低功耗、低成本、较短时延、网络容量大、可靠性、安全性等特点。

（1）低功耗。由于 ZigBee 的传输速率低，发射功率仅为 1mW，而且采用了休眠模式，功耗低，因此 ZigBee 设备非常省电。据估算 ZigBee 设备仅靠 2 节 5 号电池就可以维持长达 6 个月到 2 年左右的使用时间，这是其他无线设备望尘莫及的。

（2）低成本。ZigBee 模块的初始成本在 6 美元左右，并且 ZigBee 协议是免专利费的。

（3）较短时延。ZigBee 通信时延和从休眠状态激活的时延都非常短，典型的搜索设备时延为 30ms，休眠激活的时延为 15ms，活动设备信道接入的时延为 15ms。

（4）网络容量大。一个星形结构的 ZigBee 网络最多可以容纳 254 个从设备和 1 个主设备，一个区域内可以同时存在最多 100 个 ZigBee 网络，而且网络组成灵活。

（5）可靠性。ZigBee 采取了碰撞避免策略，同时为需要固定带宽的通信业务预留了专用时隙，避开了发送数据的竞争和冲突。MAC 层采用了完全确认的数据传输模式，每个发送的数据包都必须等待接收方的确认信息。如果传输过程中出现问题可以进行重发。

（6）安全性。ZigBee 提供了基于循环冗余校验（CRC）的数据包完整性检查功能，支持鉴权和认证，采用了 AES-128 的加密算法，各个应用可以灵活确定其安全属性。

目前，在新型电力系统中，部分用电信息采集等数据采集类本地通信业务已采用 Zig-Bee 方式进行数据传输，但因 ZigBee 通信技术在带宽上存在瓶颈，衍射和穿透能力也较弱，无法满足数据采集类业务长期发展和复杂电力环境业务保障的需要，因而在电力系统中未被广泛使用。

3.3.1.5 LoRa 通信技术

LoRa 是由 Semtech 公司提供的超长距离、低功耗的物联网解决方案。Semtech 公司和多家业界领先的企业，如思科（Cisco）、国际商业机器公司（International Business Machines Corporation，IBM）及 Microchip 发起建立了 LoRa 联盟，致力于推广其联盟标准 LoRa 广域网（LoRa Wide Area Network，LoRaWAN）技术，以满足各种需要广域覆盖和低功耗的 M2M 设备应用要求。LoRaWAN 目前已有成员 150 多家，我国也有数家公司参与其中。LoRaWAN 在欧洲多个国家进行了商业部署，在我国也开始有了应用。

LoRa 采用线性扩频调制技术，高达 157dB 的链路预算使其通信距离可达 15km 以上（与环境有关），空旷地方甚至更远。相比其他广域低功耗物联网技术（如 Sigfox），LoRa 终端节点在相同的发射功率下可与网关或集中器通信更长距离。LoRa 采用自适应数据速率策略，最大网络优化每一个终端节点的通信数据速率、输出功率、带宽、扩频因子等，使其接收电流低达 10mA，休眠电流小于 200nA，低功耗从而使电池寿命有效延长。LoRa 网络工作在非授权的频段，前期的基础建设和运营成本很低，终端模块成本约为 5 美元。

LoRaWAN 是 LoRa 联盟针对 LoRa 终端低功耗和网络设备兼容性定义的标准化规范，主要包含网络的通讯协议和系统架构，LoRa 网络架构和协议栈示意如图 3-41 所示。

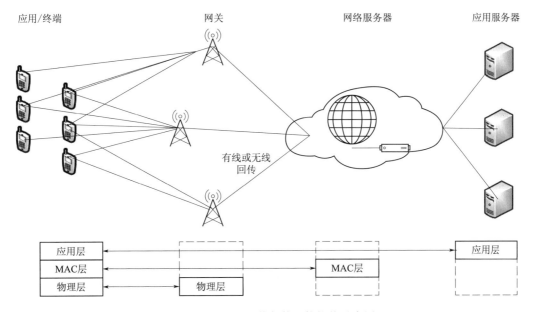

图 3-41　LoRa 网络架构和协议栈示意图

LoRa 网络架构由终端节点（内置 LoRa 模块）、网关（或集中器）、网络服务器和应用服务器四部分组成，工作频段为：工作在 ISM 频段，支持 433/470/490 等 Sub-GHz

频段，通信频宽为几百 kHz。LoRa 通信技术的关键通信指标介绍如下：

（1）带宽。峰值速率为 37.5kbit/s，体验速率为 10kbit/s。

（2）时延。终端到网关时延小于 300ms，端到端时延为秒级。

（3）覆盖能力。空旷条件下传输距离可达 10km 以上。

（4）连接数及并发用户数。单网关连接数及并发用户数约 10000 个。

（5）可靠性。LoRa 采用跳频扩频的调制技术，跳频扩频的调制技术极大地提高了信息的抗干扰性能。

（6）安全性。安全性高，传输数据可进行多层加密保证数据的安全可靠。

（7）标准化方面。物理层技术掌握在美国 Semtech 手中，不对外开放，未形成统一标准。

（8）产业化方面。产业链还在成熟中，技术分支较多，各技术分支和厂家间设备无法互联互通。一个 LoRaWAN 模组的市场价格范围应该是在 50 元左右。不同厂家由于其采购和加工制造成本不同，LoRa 模组的成本也各不相同。LoRa 网关价格从 3000 元到 2 万元不等。

（9）未来发展趋势。LoRa 通信技术具有低功耗、远距离、多节点、低成本的特点。阿里和腾讯两大互联网巨头将 LoRa 作为其物联网布局的重要入口，铁塔、联通以及广电等群体也开始针对 LoRa 产业进行布局，发展势头良好。但同时由于 LoRa 物理层技术掌握在美国 Semtech 手中，存在技术自主性问题，因此在国内使用前景有较大争议。

（10）应用规模及场景。LoRa 通信技术特点是低功耗、远距离、多节点、低成本。在电力系统中多用于小数据量采集业务，如：①配电站房综合监控 SF_6、温湿度、电力接头温度等十余类传感器的本地接入，利用 LoRa 通信技术接入终端数量约 5 万个；②变电站设备在线监测本地接入变电油中溶解气体、避雷器绝缘在线监测、超高频地理信息系统（Geographic Information System，GIS）局放监测、红外测温等 15 类在线监测装置，接入终端近 1 万多个；③输电线路在线监测、电缆隧道环境监测本地接入杆塔位移加速度、微气象、绝缘子泄漏电流、电缆接头温度、水位、温湿度等二十余类传感器 3 万余个；④综合能源服务本地接入水、电、气、热等各类传感器约 0.5 万余个。

3.3.2 本地无线通信技术比对分析

3.3.2.1 技术性能比较

传输速率方面，WLAN 可提供 10Mbit/s 以上体验速率，相比其他通信技术具有明显优势；蓝牙通信技术可提供约 1.4Mbit/s 体验速率；LoRa、ZigBee、微功率无线可提供 10～300kbit/s 体验速率。体验速率由大到小依次为 WLAN、蓝牙、ZigBee/微功率无线、LoRa。

网络时延方面，WLAN 和蓝牙能够提供小于 100ms 时延，时延较小；ZigBee 时延在百毫秒级；LoRa 和微功率无线时延为秒级。时延由大到小依次为 WLAN、蓝牙、ZigBee、LoRa/微功率无线。

传输距离方面，LoRa 传输距离较远（城区为 3～5km/郊区为 10～15km）；微功率无线传输距离为 300～500m；WLAN、ZigBee、蓝牙传输距离几十米至几百米。传输距离由远及近依次为 LoRa、微功率无线、WLAN、ZigBee、蓝牙。

连接数量方面，LoRa 可支持 1 万/接入点的连接数；WLAN 提供数十至数百连接数；蓝牙最大连接数 8 个；微功率无线、ZigBee 属于自组织网络，理论上网络可包含无限多个终端。连接数量由多到少依次为 LoRa、ZigBee、微功率无线、WLAN、蓝牙。

3.3.2.2 安全可靠性比较

安全可靠性方面，LoRa、WLAN、蓝牙、ZigBee、微功率无线等本地无线通信技术普遍工作在免授权频段，且受制于设备复杂度，无法运行较为复杂的加密及认证算法，其可靠性需要结合技术本身提出量身定做的安全机制，如针对 WLAN 安全问题的 WAPI 安全协议。

自主可控方面，微功率无线通信技术为我国自主研发，自主可控性较高；WLAN、ZigBee 协议开放，具备一定可控性；LoRa、蓝牙通信技术不开源，自主可控性较差。

3.3.2.3 经济性比较

成本方面，本地无线通信网络设备及运行成本普遍较低，LoRa 和 WLAN 独立组网，LoRa 基站和工业级 WLAN 设备在 1 万元左右；蓝牙、微功率无线、ZigBee 等终端模组成本较低，普遍小于 100 元。成本由高到低依次为 LoRa/微功率无线/ZigBee/蓝牙、WLAN。

产业链方面，蓝牙、WLAN 标准成熟，产业链完善；LoRa 标准和产业链较完善，存在设备兼容问题；微功率无线通信技术分支较多，目前多应用在电力领域，产业链待完善。产业链完善度由高到低依次为蓝牙/WLAN、LoRa、微功率无线。

3.3.2.4 综合比较

本地无线通信技术综合比较见有 3-9。

表 3-9   本地无线通信技术综合比较

	对比指标 技术名称	LoRa	WLAN	微功率无线	蓝牙	ZigBee
技术 性能 指标	速率	10kbit/s	数百 Mbit/s	10kbit/s	1.4Mbit/s	100kbit/s
	时延	<300ms	10~50ms	秒级	10~50ms	百毫秒级
	距离	城区 3~5km/郊区 10~15km	50~200m	300m	50m	100m
	连接数	约 1 万	最大 256	—	最多 8 个	—
	综合 评价	技术及应用成熟	国际标准，技术成熟	尚不成熟	技术成熟	国际标准， 技术成熟
安全 可靠性 指标	安全性	☆☆	☆☆	☆☆	☆☆	☆☆
	可靠性	☆☆	☆☆☆	☆☆	☆☆	☆☆
	自主 可控性	☆☆	☆☆☆	☆☆☆☆	☆☆	☆☆
	综合 评价	非自主研发，频段开放， 易被干扰	具备一定可控性，频段 开放，易被干扰	频段开放， 易被干扰	频段开放， 易被干扰	频段开放， 易被干扰
经济性 指标	成本	独立组网，基站成本 0.3 万~ 2 万元，模组成本 35~70 元	接入点（Access Point， AP）1 万元/台、 AC 20 万元/台	终端 30~ 40 元	模组成本 35 元左右	单个模块成本 低于 100 元
	产业链	☆☆☆☆☆	☆☆☆☆☆	☆☆☆	☆☆☆☆☆	☆☆☆☆☆
	综合 评价	产业链成熟，成本低	产业链成熟， 成本偏高	产业链欠成熟， 成本低	产业链成熟， 成本低	产业链成熟， 成本低

3.3.3 本地有线通信技术简介

3.3.3.1 以太网通信技术

以太网是一种计算机局域网技术。IEEE 组织的 IEEE 802.3 标准制定了以太网的技术标准，规定了包括物理层的连线、电子信号和介质访问层协议的内容。以太网是应用最普遍的局域网技术，取代了其他局域网技术，如令牌环、光纤分布式数据接口（Fiber Distributed Data Interface，FDDI）和典型的令牌总线网络（ARCNET network，ARCNET）。本书中的以太网是指以双绞线、光纤方式传送数据的有线通信传输技术。

以太网分为两类，一类是经典以太网，另一类是交换式以太网。交换式以太网使用了交换机连接不同的计算机。经典以太网是以太网的原始形式，运行速度为 3～10Mbit/s；而交换式以太网正是广泛应用的以太网。经过长期的发展，以太网已成为应用最为广泛的局域网，包括标准以太网（10 Mbit/s）、快速以太网（100 Mbit/s）、千兆以太网（1000 Mbit/s）和万兆以太网（10 Gbit/s）等。

在网络结构上，以太网的标准拓扑结构为总线型拓扑，但快速以太网（100BASE-T、1000BASE-T）为了减少冲突，将能提高的网络速度和使用效率最大化，使用交换机来进行网络连接和组织。如此一来，以太网的拓扑结构就成了星型；但在逻辑上，以太网仍然使用总线型拓扑和载波多重访问/碰撞侦测（Carrier Sense Multiple Access/Collision Detection，CSMA/CD）的总线技术。

以太网采用无源的传播介质，按广播方式传播信息。它规定了物理层和数据链路层协议，规定了物理层和数据链路层的接口以及数据链路层与更高层的接口。

物理层规定了以太网的基本物理属性，如数据编码、时标、电频等。物理层位于 OSI 参考模型的最底层，它直接面向实际承担数据传输的物理媒体（即通信通道），物理层的传输单位为比特（bit），即一个二进制位（"0" 或 "1"）。实际的比特传输必须依赖于传输设备和物理媒体，但是，物理层不是指具体的物理设备，也不是指信号传输的物理媒体，而是指在物理媒体之上为上一层（数据链路层）提供一个传输原始比特流的物理连接。

数据链路层是 OSI 参考模型中的第二层，介于物理层和网络层之间。数据链路层在物理层提供的服务的基础上向网络层提供服务，其最基本的服务是将源设备网络层转发过来的数据可靠地传输到相邻节点的目的设备网络层。

由于以太网的物理层和数据链路层是相关的，针对物理层的不同工作模式，需要提供特定的数据链路层来访问，这给设计和应用带来了一些不便。为此，一些组织和厂家提出把数据链路层再进行分层，分为媒体接入控制（MAC）子层和逻辑链路控制（Logical Link Control，LLC）子层。这样不同的物理层对应不同的 MAC 子层，LLC 子层则可以完全独立。

以太网发展到今天，产生了很多的以太网线缆标准。如 10Base-T、10Base-F、100Base-T4、100Base-TX、100Base-FX、1000Base-TX、10GBase-T 等，在这些标准中，前面的 10、100、1000、10G 分别代表运行速率，中间的 Base 指传输的信号是基带方式。

10M 以太网线缆标准在 IEEE 802.3 中定义，见表 3-10。

表 3 - 10   10M 以太网线缆标准

名　称	电　缆	最长传输距离/m
10Base - 5	粗同轴	500
10Base - 2	细同轴	200
10Base - T	双绞线	100
10Base - F	光纤	2000

由于电缆上的设备是串联的，单点故障就能导致整个网络崩溃。10Base - 2、10Base - 5 等同轴电缆物理标准现在已经基本被淘汰。

高速以太网线缆标准见表 3 - 11。

表 3 - 11   高速以太网线缆标准

名　称	线　缆	最长传输距离/m
100Base - T4	四对三类双绞线	100
100Base - TX	两对五类双绞线	100
100Base - FX	单模光纤或多模光纤	2000

10Base - T 和 100Base - TX 都是运行在五类双绞线上的以太网标准，所不同的是线路上信号的传输速率不同，10Base - T 只能以 10M 的速度工作，而 100Base - TX 则以 100M 的速度工作。

千兆以太网线缆标准见表 3 - 12。

表 3 - 12   千兆以太网线缆标准

名　称	线　缆	最长传输距离/m
100Base - LX	多模光纤和单模光纤	300
100Base - SX	多模光纤	300
100Base - TX	超五类双绞线或六类双绞线	100

千兆以太网是对 IEEE 802.3 以太网标准的扩展。在基于以太网协议的基础之上，将快速以太网的传输速率从 100Mbit/s 提高了 10 倍，达到了 1Gbit/s。

万兆以太网线缆标准见表 3 - 13。

表 3 - 13   万兆以太网线缆标准

名　称	线　缆	最长传输距离/m
10GBase - T	CAT-6A 或 CAT-7	100
10GBase - LR	单模光纤	10000
10GBAse - SR	多模光纤	500

万兆以太网当前使用附加标准 IEEE 802.3ae 用以说明，将来会合并进 IEEE 802.3 标准。

目前新型电力系统中所使用的以太网技术类似工业以太网。工业以太网技术源自于以太网技术，但是其本身和普通的以太网技术又存在着差异和区别。工业对以太网技术本身进行了适应性方面的调整，同时结合电力生产安全性和稳定性方面的需求，增加了相应的控制应用功能，提出了符合电力系统应用场所需求的相应的解决方案。工业以太网技术在实际应用中，能够满足工业生产高效性、稳定性、实时性、经济性、智能性、扩展性等多方面的需求，可以真正延伸到实际企业生产过程中现场设备的控制层面，并结合其技术应用的特点，给予实际企业生产过程的全方位控制和管理，是一种非常重要的技术手段。新型电力系统中，以太网技术在变电站控层网络、调度数据网络、信息管理网络方面被广泛使用。

在变电站控层网络和调度数据网络方面，新型电力系统使用以太网技术将变电站内各种控制设备互联起来，支撑断路器数据采集，保护装置信号上传，同时为安防、消防、照明、电源、环境等监控业务提供互联和上联网络。

在信息管理网络方面，通过以太网技术构建网络承载办公、营销、运检、OA、行政电话等业务。

3.3.3.2 RS‐485

RS‐485又名TIA‐485‐A、ANSI/TIA/EIA‐485或TIA/EIA‐485，是由电信行业协会和电子工业联盟定义的串行通信标准。该标准定义平衡数字多点系统中的驱动器和接收器的电气特性，使用该标准的数字通信网络能在远距离条件下以及电子噪声大的环境下有效传输信号。RS‐485常用在工业、自动化、汽车和建筑物管理等领域，在变电站本地通信和用电信息采集中都有应用。

RS‐485总线弥补了RS‐232通信距离短、速率低的缺点，RS‐485的速率可高达10Mbit/s，理论通信距离可达1200m。

RS‐485的电气特性如下：

（1）RS‐485采用差分传输，抗噪声干扰性好，逻辑"1"以两线间的电压差为＋（2～6）V表示；逻辑"0"以两线间的电压差为－（2～6）V表示。接口信号电平比RS‐232‐C降低了，就不易损坏接口电路的芯片，RS‐485设备与双绞线配合使用，可以降低高速长距离网络的两个主要电磁干扰故障，即辐射电磁干扰（Electromagnetic Interference，EMI）和接收EMI。

（2）RS‐485的数据最高传输速率为10Mbps。

（3）RS‐485传输距离远。RS‐485接口的最大传输距离标准值为4000英尺，实际上可达3000m（理论上的数据，在实际操作中，极限距离仅达1200m左右）。

（4）RS‐485接口强。RS 232‐C接口在总线上只允许连接1个收发器，即单站能力，而RS‐485接线方式为总线型拓扑结构，在同一总线上最多可以挂接32个节点，加上中继器允许连接多达128个收发器，即具有多站能力，这样用户可以利用单一的RS‐485接口方便地建立起设备网络。

RS‐485接口具有良好的抗噪声干扰性，长距离传输和多站能力等优点使其成为首选的串行接口。因为RS‐485接口组成的半双工网络一般只需2根连线，所以RS‐485接口均采用屏蔽双绞线传输。RS‐485接口连接器采用DB‐9的9芯插头座，即与智能终端RS‐485接口采用DB‐9（孔），与键盘连接的接口采用DB‐9（针）。

RS‐485的特点使得RS‐485多应用于变电站本地通信和用电信息采集的本地通信。在变电站本地的信息采集中，RS‐485使用的线缆为双绞线，产品成熟，敷设方便，性价比高。在变电站范围内，RS-485 的传输距离都能满足要求，而且可以组网，接入多个监测数据。RS-485 的转接方便，RS-485 转网口、转 CAN 口、转 USB 口、转光口的产品都很成熟。RS-485 的芯片市场化高，编程简单，便于结合应用进行开发，通信数据安全可靠，可用于设备的通信和工业控制。变电站内的设备在线监测、安防告警，环境动力等都大量采用 RS-485 进行传输。在用电信息采集中，本地信息的采集一般采用电力线载波的方式，如果敷设双绞线方便，采用 RS-485 比采用电力线载波的信号更稳定，传输的数据带宽更大，性价比高，所以在用电侧，如果距离适当，有相应走线通道，敷设双绞线更方便。在本地如一个房间和一个小区范围内，用电信息采集、环境动力监测、新能源的接入、充电桩的监控都可以结合现场实际采用 RS-485 方式。

3.3.3.3 电力线载波

用于本地交互的电力线载波通信（PLC）是指利用 0.4kV 低压电力线路作为传输通道的通信技术，其原理是在电力线上加载经过调制的高频载波信号完成信息传输。目前，低压 PLC 主要用于公司用电信息采集系统本地通信，根据使用频率范围和带宽的不同，又可以分为窄带 PLC 和宽带 PLC（HPLC）。

1. 窄带 PLC

窄带 PLC 包含主节点、服务节点、中继三种通信节点。主节点负责管理和控制网络，如网络的建立和维护、节点调度及资源分配等，通常作为集中器的本地通信单元；服务节点通常作为智能电表的通信单元，负责收集智能电表的数据，并上传至主节点；中继通常也作为智能电表的通信单元，可以转发来自/去往其下属节点的相关数据。窄带 PLC 典型组网应用架构示意如图 3-42 所示。

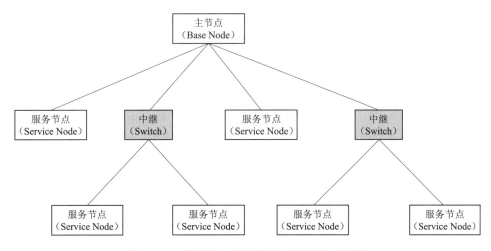

图 3-42　窄带 PLC 典型组网应用架构示意图

窄带 PLC 的关键通信指标如下：

（1）工作频段。窄带 PLC 一般工作在 9~500kHz，采用单频点或多载波调制方式。

（2）带宽。不同窄带 PLC 的性能相差较大，但最大物理层通信速率通常小于 100kbps。

（3）时延。窄带 PLC 采用竞争信道接入方式，通信时延和信道状况、网络节点个数、业务数据量密切相关，通常约为秒级至分钟级。

（4）传输距离。单跳传输距离小于 500m。

（5）连接数。窄带 PLC 通过中继多跳的方式来提高网络覆盖与连接。以欧洲 PRIME 联盟推出的窄带 PLC 为例，单个通信子网理论上可接入 1024 个通信节点。实际应用中，窄带 PLC 支持通信节点个数约为 300 个。

（6）可靠性。受低压线路信道噪声、干扰、衰减、负荷变化等因素影响，窄带 PLC 的可靠性相对较弱。

（7）安全性。PLC 是通过电力线物理线路传输信号，存在被监听的风险，实施监听的技术难度较低，目前尚缺乏系统的安全技术措施，安全性有待加强。

（8）标准化方面。窄带 PLC 在国际上的标准化相对成熟，欧洲普遍采用 PRIME 联盟推出的 PRIME 技术，美国普遍采用 G3 - PLC 联盟推出的 G3 - PLC 技术。我国窄带 PLC 技术通常为各厂家的私有技术，由于历史原因，未能形成统一的技术标准，相关技术产品不能互联互通。

（9）产业化方面。窄带 PLC 发展时间较长，在国内外均应用广泛，技术成熟，产品成熟，产业链成熟完整。窄带 PLC 主要用于用电信息采集本地通信，目前业务存量较大，公司现有用电信息采集智能电表约 4.5 亿只，其中约 70% 以上采用了窄带 PLC。在通信设备及材料费用方面，集中器与智能电表窄带 PLC 通信模块约为 20 元，采集器窄带 PLC 通信模块约为 100 元。

（10）未来发展趋势。从应用需求上看，随着电网的智能化发展，用电信息采集 2.0、智能台区、智慧能源等应用场景对通信支撑的要求不断提高，充分利用电网中现有的基础网络作为架构，提供足够的带宽、速率，并整合覆盖配用电网节点和设备，已成为必然的发展趋势。从技术发展上看，窄带 PLC 也将向宽带、高速、自组网等方向发展，以进一步提高通信带宽、速率，更好满足智能化业务的实时性、可靠性要求。

2. 宽带 PLC（HPLC）

HPLC 网络拓扑结构为树形，包括中央协调器（CCO）、代理协调器（PCO）、站点（STA）三种通信节点。CCO 是集中器或智能配变终端的本地通信单元，负责完成组网、网络管理等功能；STA 是智能电表或感知终端的通信单元，负责收集智能电表或感知终端的数据，并上传至 CCO；PCO 具备 STA 的功能，且作为中继转发其他 STA 的数据。HPLC 典型组网应用架构示意如图 3 - 43 所示。

宽带高速电力线载波（High - speed Power Line Carrier，HPLC）的关键通信指标如下：

（1）工作频段。采用正交频分复用（OFDM）技术，通过不同子载波屏蔽方案，可以配置不同的工作频段，HPLC 典型的工作频段为 2～12MHz、2.4～5.6MHz、1.7～3MHz、0.7～3MHz 等。

（2）带宽。HPLC 物理层通信速率可达兆比特级，当工作在 0.7～3MHz 频段时，最大物理层通信速率约为 1Mbit/s，应用层通信速率约为 100kbit/s。

（3）时延。HPLC 采用竞争信道接入方式，通信时延和信道状况、网络节点个数、业务数据量密切相关，正常情况下约为秒级，在网络轻载时可达毫秒级，实时性较窄带

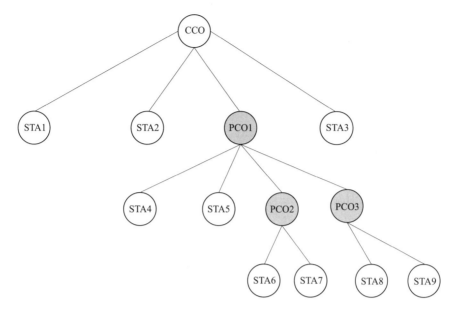

图 3-43　HPLC 典型组网应用架构示意图

PLC 有较大提升。

（4）传输距离。单跳传输距离小于 300m。

（5）连接数。HPLC 网络支持 8 级及以上中继，通过多跳方式实现台区全覆盖，可接入终端个数不少于 300 个。

（6）可靠性。HPLC 的可靠性同样受低压线路信道噪声、干扰、衰减、负荷变化等因素影响。由于在物理层采用了多次拷贝重传机制，在媒体接入控制层采用了自适应组网技术，HPLC 传输可靠性较窄带 PLC 有较大的提升。此外，HPLC 设备采用了标准工业化设计，可满足高温、高湿度、野外等相对恶劣的工作环境，系统可靠性也有提高。

（7）安全性。PLC 是通过电力线物理线路传输信号，存在被监听的风险，实施监听的技术难度较低，目前尚缺乏系统的安全技术措施，安全性有待加强。

（8）标准化方面。HPLC 在国际上的标准化相对成熟，代表性的如 HomePlug、HD-PLC、ITU G. hn、IEEE 1901 等。国内方面，国家能源局于 2010 年发布了电力行业标准《低压电力线通信宽带接入系统技术要求》（DL/T 395—2010），规范了低压 HPLC 接入技术的工作频段、功率谱密度、电气接口等。2017 年 6 月，国家电网发布了企业标准《低压电力线宽带载波通信互联互通技术规范》（Q/GDW 11612—2016），定义了从物理层、数据链路层到应用层的整体架构和协议框架。2018 年 11 月对该标准进行修订，并根据国家无线电监测中心关于 HPLC 的调研反馈意见，于 2019 年 10 月发布《低压电力线高速载波通信互联互通技术规范》（Q/GDW 11612—2018），新增加了 1.7～3MHz、0.7～3MHz 两个工作频段。

（9）产业化方面。HPLC 发展时间较长，在国际上已经有成熟的应用，我国也已达到了千万级规模的应用，相关芯片已实现国产化，技术和产业链较为完整，产品造价相对较低。在通信设备及材料费用方面，集中器与智能电表 HPLC 通信模块约为 40～80 元，采集器通信模块约为 160 元。未来随着 HPLC 的规模化推广应用，通信模块价格可以降至与窄带 PLC 相当水平。

（10）未来发展趋势。现有 HPLC 为营销业务量身定制，未来智能台区应用更加关注实时的业务处理、监控以及实时分析（分钟级）、用户互动快速响应（秒级），对于通信的实时性和可靠性提出了更高的要求。HPLC 与高速微功率无线（HRF）双模融合，可以改善 HPLC 的通信质量，同时加强总部对 PLC 技术网络层和物理层规范，允许各专业针对应用层进行定制，提高 PLCC 的应用范围，增强 HPLC 对多业务的支撑能力，是 HPLC 甚至 PLCC 未来的发展方向。

3.3.4　本地有线通信技术比对分析

3.3.4.1　技术性能比较

传输速率方面，窄带 PLC 提供 100kbps 共享带宽；HPLC 能够提供 1Mbps 共享带宽；以太网能够提供最高 10Gbps 速率；RS-485 最高可提供 10Mbit/s 速率。传输速率由大到小依次为以太网、RS-485、HPLC、窄带 PLC。

网络上时延方面，以太网能够提供几毫秒级时延，RS-485 能够提供最低几十毫秒级时延；PLCC 技术因为复用电力线，受电力线负荷影响较大，时延一般在百毫秒到秒级。时延由大到小依次为以太网、RS-485、PLCC。

传输距离方面，以光纤技术为代表的以太网技术传输距离可达 5km，最远传输距离可达 150～200km，并可通过中继方式进行扩大；RS-485 通信技术受铜缆介质衰落影响，最大传输距离可达 1200m，PLCC 一般通过中继实现接力传输，单跳通信距离一般在 500m 左右。传输距离由远及近依次为以太网、RS-485、PLCC。

3.3.4.2　安全可靠性比较

安全可靠性方面，以太网和 RS-485 都属于有线通信方式，信号窃取只能通过外破方式，难度较大，安全性较高。PLC 技术外破难度更大，安全性最高。但是 PLC 技术会受到负荷信号的影响，传输可靠性较差。安全可靠性由高到低依次为 PLC、以太网/RS-485。

自主可控方面，以太网、RS-485 和 PLCC 技术都已实现国产化，具有较强的自主可控能力。

3.3.4.3　经济性比较

成本方面，窄带 PLC 及 HPLC 等终端模组成本较低，普遍小于 100 元，RS-485 成本一般在几十元，以太网成本较高，成本一般在几百（铜缆）到数万元（光纤）不等。成本由高到低依次为 RS-485、PLCC、以太网。

产业链方面，以太网、RS-485 和 PLCC 技术标准成熟，产业链完善，几种技术国内外都有较多厂家有能力生产相关产品。

3.3.4.4　综合比较

本地有线通信技术综合比较见表 3-14。

表 3-14 本地有线通信技术综合比较

对比指标	技术名称	以太网	RS-485	PLCC
技术性能指标	速率	10Gbit/s	10Mbit/s	1Mbit/s
	时延	<10ms	<100ms	秒级
	距离	100~2000m	1200m	300m
	连接数	6~8个	最大128	300个
	综合评价	技术及应用成熟	国际标准，技术成熟	技术成熟
安全可靠性指标	安全性	☆☆☆☆	☆☆☆☆	☆☆☆☆☆
	可靠性	☆☆☆☆☆	☆☆☆☆	☆☆
	自主可控性	☆☆☆☆	☆☆☆☆	☆☆☆☆
	综合评价	自主研发，可靠性较高	自主研发，可靠性较高	外破难度大，易被干扰
经济性指标	成本	成本在2000元/km，服务器成本在数千元	几十元	终端在100元以下
	产业链	☆☆☆☆☆	☆☆☆☆☆	☆☆☆
	综合评价	产业链成熟，成本较高	产业链成熟，成本低	产业链成熟，成本较低

终端通信技术比较见表 3-15。

表 3-15 终端通信技术比较（供参考）

技术参数	工业以太网	光纤通信		中压电力线载波	无线网		RS485总线
		SDH	EPON		无线专网	无线公网	
传输距离	40km	<80km	<20km	2~20km	1~10km	运营商覆盖区域	<1.5km
带宽	100Gbit/s	155Mbit/s~10Gbit/s	1.25Gbit/s	10~100kbit/s	10kbit/s~20Mbit/s	—	—
可靠性	高	高	高	中	低	低	低
实时性	高	高	高	中	中	低	低
安全性	高	高	高	中	中	低	低
经济性	低	低	低	较高	低	高	低

第 4 章

通信技术适配定性分析
与定量评价方法

对于新型电力系统单一类型业务而言，要找到一种适配的通信技术并不难，但对存在多种业务类型的同一应用场景，要找到一种同时满足各类型业务需求的通信技术相对困难，若这种技术还要安全可靠、价廉物美，则更加困难，成为世界性难题。因此，在进行电力通信技术适配性分析时，重点应根据该通信技术的多业务承载能力，在不能兼顾安全可靠和价廉物美两项核心指标时，综合平衡新型电力系统业务应用场景的核心诉求，有倾向性地选择安全可靠指标优先或价廉物美指标优先，后续将在此基础上提出相应的通信技术适配新型电力系统业务应用场景的组网架构或方案，以期给广大读者带来新的启迪。

4.1 骨干通信网通信技术适配定性分析

随着新型电力系统的发展，骨干通信网的承载能力亟须升级。在主网侧，交直流混联大电网仍是能源优化配置的主导力量，大范围、远距离的通信支撑保障尤为关键，实时生产控制业务"零中断""通道 $N-2$"是刚性要求。同时，新能源出力预测、源网荷储精准管控、电力系统在线分析、电网故障高效处置、现货市场有序运转，都需要"数字化透明电网"作支撑，骨干通信网络带宽必须提升。

4.1.1 骨干通信网业务性能要求

电力通信网中承载的电力业务是电力系统网络安全、可靠、稳定运行的重要保障，与公网有很大差异。按照国家电网公司《电力系统安全防护管理体系》中规定，依据业务所属电网运行及公司经营范畴不同以及作用方式差异，电力通信网承载的业务主要可以分为生产控制类业务和管理信息类业务两大类。其中，生产控制类业务又可具体划分为控制区业务和非控制区业务。

典型的生产控制类业务包括交直流线路保护业务、安全稳定控制业务、调度自动化远动业务、调度数据网业务、调度电话业务等。此类业务主要由调度员和运行维护人员使用，采用专用通道进行数据通信传输，数据传输实时性要求达到毫秒级或秒级。典型的管理信息业务包括电力企业管理信息化业务、视频会议业务、行政电话业务、企业 ERP 业务、容灾数据业务等。表 4－1 为电力骨干通信网典型业务及通信需求。可见，各类业务对骨干网系统的带宽、时延、误码率、安全性等具有差异化性能需求。如生产控制类业务一般对通信可靠性、时延的要求极高；生产信息类业务包括电力信息监测等，对实时性、可靠性需求，相对生产控制类业务更低。

表 4-1 骨干通信网典型业务及通信需求

序号	业 务 名 称	通 信 需 求			
		带宽	时延	误码率	安全性
1	交、直流线路保护业务	64kbit/s～2Mbit/s	≤10ms	≤10^{-6}	高
2	安全稳定控制业务	2Mbit/s	≤30ms	≤10^{-7}	高
3	调度自动化远动业务	2Mbit/s	≤100ms	≤10^{-6}	高
4	调度自动化主站互连业务	2Mbit/s	≤100ms	≤10^{-6}	高
5	调度数据网	2Mbit/s、155Mbit/s	≤100ms	≤10^{-6}	高
6	调度电话业务	2Mbit/s	≤150ms	≤10^{-6}	高
7	电能计量遥测业务	64kbit/s	≤1min	≤10^{-6}	较高
8	广域向量测量监测业务	2Mbit/s	≤30ms	≤10^{-9}	较高
9	广域向量测量控制业务	64kbit/s	≤100ms	≤10^{-6}	较高
10	电力企业管理信息化业务	100Mbit/s	秒级	≤10^{-3}	较高
11	视频会议业务	2Mbit/s	≤150ms	≤10^{-3}	较高
12	行政电话业务	8Mbit/s	≤100ms	≤10^{-6}	一般
13	企业 ERP 业务	10000Mbit/s	秒级	≤10^{-3}	一般
14	容灾数据业务	150Mbit/s	秒级	≤10^{-3}	一般
15	其他类型业务	50Mbit/s	秒级	≤10^{-3}	一般

4.1.2 骨干通信网各类技术特性及适配性分析

骨干通信网广泛应用的主流技术体制包括 SDH、OTN、PTN 技术，根据第 3 章电力通信技术分析，对现有各类通信技术特性进行小结。传输技术对比见表 4-2。

表 4-2 传 输 技 术 对 比

项目	SDH	OTN	PTN
承载业务	TDM 小带宽业务为主	主要承载各类光纤波分大颗粒业务	适合 IP 数据传输，支持 TDM 业务
同步方式	频率同步	异步方式	异步方式
带宽	2～10000Mbit/s	1～100GE	1～100GE
安全隔离度	时隙隔离，安全性高	波长隔离，安全性高	分组交换，逻辑隔离，安全性一般
保护倒换功能	好	较好	较好
技术升级趋势	暂无升级	M-OTN	SPN

电力通信网络承载的业务具有不同的属性和特点，不同的业务需求决定了不同的业务承载方式及技术体制。其中，生产控制类业务是所有业务中的重中之重，是电力生产业务中的 I 区业务，它可以直接实时监控电力的一次系统，该种类型业务主要承载在专用通道或电力调度数据网上，可以保证电力系统的安全稳定生产运行，因此，对实时性、安全性、可靠性要求很高，普遍具有实时性高、可靠性高、流量大等特点。因为电网生产控制类业务要求承载在高可靠性、高实时性的通信网络上，安稳业务及线路保护一般采用 SDH 技术的光传输网专线主备通道，采用点对点通信方式。调度自动化等业务一般承载

在专线或调度数据网上，当采用调度数据网组网时，为保障业务的需求应要求严格控制跳数。

除了 SDH 技术外，基于电网生产控制类业务的特性，极简通信技术应运而生，极简通信技术专用于承载电网生产控制类业务是除 SDH 技术外第二种可供选择的技术，虽然这种技术时延更低、安全可靠性更高，但该技术暂时还处于小规模试点应用阶段。

管理信息类业务是指生产控制类业务以外的电力企业管理类业务系统的集合，是电力信息化管理的重要手段，是电力生产业务的辅助方式，一般具有流量大等特点。电力企业可以在不影响生产控制类业务安全的前提下，根据具体情况划分安全区。大部分管理信息类业务属于企业的敏感信息，虽然这些数据在传输时延上没有过高的要求，但是对承载业务网络的安全性、可靠性要求较高，要求承载网络具备可靠的路径和冗余带宽，一般通过综合数据网来进行数据通信。由于综合数据网业务带宽较生产控制类业务带宽较大，且与生产控制类业务不属于同一安全生产分区，因此承载管理信息类的综合数据网的底层传送网络通常采用 OTN 或 PTN 技术，并在近年来开展了基于 SPN 或 M－OTN 技术的承载综合数据业务甚至生产控制类业务，目前正在进行与继电保护等装置的对接及性能承载测试工作中，上述技术暂处于小规模试点应用阶段。

4.2 通信接入网通信技术适配定性分析

早在我国电信事业蓬勃发展初期，就明确提出"通信具有全程全网、联合作业的特点，要求实行技术、业务标准的高度统一"。通信接入网的技术选型，也要遵循继承发展的原则，不断地与业务需求迭代匹配，持续提升"架构合理、安全可靠、成本适中、统一运行"的通信接入网技术经济水平，支撑新型电力系统构建。

4.2.1 通信接入网业务性能要求

新型电力系统中，通信接入网的业务众多、场景多样、点多面广，通信接入网的技术也是百花齐放，要求通信具备覆盖广和接入灵活的能力，单个业务节点可靠性要求有高有低，各不相同，部分应用场景需支持移动作业，并要求在满足技术性、安全性需求的基础上节省造价。通信接入网典型业务分类及通信需求见表 4－3。

表 4－3　　　　　通信接入网典型业务分类及通信需求

序号	业务名称	通信需求					业务所属类别
		带宽	时延	可靠性	安全隔离	连接数	
1	集中式新能源、集中式储能（站内汇集）	≤2Mbit/s	秒级	≥99.9	生产控制区（Ⅰ区）、生产非控制区（Ⅱ区）、管理信息大区（Ⅲ区）	几个	第三类控制业务
2	中压分布式电源、分布式储能（调度监控业务/并网点远程控制业务）	≥64kbit/s	≤1s	≥99	生产控制区（Ⅰ区）、生产非控制区（Ⅱ区）、管理信息大区（Ⅲ区）	十几个	第三类控制业务

序号	业务名称	通信需求					业务所属类别
		带宽	时延	可靠性	安全隔离	连接数	
3	中压分布式电源（电能计量业务）	≥64kbit/s	秒级	≥99	管理信息大区（Ⅲ区）	十几个	第四类业务
4	低压分布式电源（接受电网调度管理）	≥64kbit/s	≤3s	≥95	生产控制区（Ⅰ区）、生产非控制区（Ⅱ区）、管理信息大区（Ⅲ区）	几十个	第三类控制业务
5	配电自动化	≥19.2kbit/s	≤2s	≥99.9	生产控制区（Ⅰ区）、生产非控制区（Ⅱ区）、管理信息大区（Ⅲ区）	几十个	第三类控制业务
6	新型配网保护	≥5Mbit/s	≤30ms	≥99.99	生产控制区（Ⅰ区）	几十个	第一类控制业务
7	智能巡检业务（远程操作类）	≥64kbit/s	<100ms	≥99.9	生产控制区（Ⅰ区）、生产非控制区（Ⅱ区）	十几个	第三类控制业务
8	智能巡检业务（非远程操作类）、智能配电房业务	>2~4Mbit/s	秒级	≥95	管理信息大区（Ⅲ区）	十几个	第四类业务
9	可中断负荷（调度直控型：精准控制负荷业务）	64kbit/s~2Mbit/s	≤50ms	≥99.999	生产控制区（Ⅰ区）	几十个	第一类控制业务
10	可中断负荷（非调度直控型负荷：营销负荷控制业务/充电桩业务）	≥128kbit/s	<1s	≥95	生产控制区（Ⅰ区）、生产非控制区（Ⅱ区）、管理信息大区（Ⅲ区）	几十个	第三类控制业务
11	常规负荷（电能计量/用电信息采集业务）	≥64kbit/s	≤3s	≥95	管理信息大区（Ⅲ区）	几十个	第四类业务

4.2.2 通信接入网各类技术特性及适配性分析

通信接入网技术包括远程通信技术和本地通信技术，其中本地通信技术发展较为完善，本章主要聚焦远程通信技术。对现有各类通信技术特性进行小结，新型电力系统对通信接入网的业务需求，见表4-4。

表4-4　　　　　新型电力系统对通信接入网的业务需求

序号	技术名称	技术性能需求				安全隔离需求
		带宽	时延	可靠性	覆盖接入能力	
1	光纤通信	上下行对称100Mbit/s~10Gbit/s	5μs/km，一般小于10ms	光纤不受电磁干扰和雷电影响，易受线路迁改影响	点对点接入	物理隔离
2	4G无线公网	峰值10~100Mbit/s	传输约为100ms~1s（无安全装置）	易受人为、自然界的电磁频率干扰；信道共享，易出现流量拥塞	基站覆盖半径约为1km，平均连接能力为10万终端km²	4G VPN可实现业务优先级服务

序号	技术名称		技 术 性 能 需 求				安全隔离需求
			带宽	时延	可靠性	覆盖接入能力	
2	5G 无线公网	软切片	上行 150～300Mbit/s，下行 1～2.5Gbit/s	传输时延小于 50ms	与 4G 无线公网类似	单基站覆盖半径为 300～800m，理论连接能力为 100 万终端/km²	实现业务优先级服务
		硬切片	每 1%RB 资源预留上行 1～2Mbit/s，下行 5～20Mbit/s	传输时延小于 50ms	近似专网专用，能够保障切片内业务不受其他业务影响		类物理隔离
3	无线专网		峰值为 2～20Mbit/s	通道时延小于 100ms	易受人为、自然界的电磁频率干扰	基站覆盖半径为 1～5km，平均连接能力为 10 万终端/km²	物理隔离
4	北斗短报文		单次不大于 16kbit/s	一般为 1～2s	易受环境遮挡，在室内等区域通信服务质量将受到影响，甚至无法通信	能够实现全域覆盖	类物理隔离
5	中压载波		平均 100～500kbit/s	≥10ms	易受线路噪声衰减干扰	点对点接入	物理隔离

从业务需求和通信技术特性分析总结可以看出，各类业务需求适配的通信技术可以有多种，并且各类技术及性能演进相对骨干通信网要更快。如何在定性分析选择的基础上，根据通信接入网使用管理部门的关注重点，因地制宜、稳妥有序地选择技术适用、安全适配、经济高效的通信技术，需要一个科学、客观、定量的评价体系和适配分析过程。

4.3　通信技术匹配定量评价体系概述

4.3.1　评价体系与方法选取

对于通信接入网业务需求和技术特性的适配性分析，可以采用技术经济分析方法实现。

技术经济学作为一门应用经济学分支，研究对象、内涵边界等一直在相应地调整和拓展，学科方法体系也不断发展和完善。21 世纪以来我国从国际创新体系与创新激励政策、绿色创新与循环经济、国际技术转移与扩散、工程项目生态环境及社会评价等四个方向拓展了技术经济研究范围，形成了一套更为完善的研究方法体系，包括梳理模型类、运维规划类、概率统计类、均衡模拟类、成本收益类、制度分析类、演化博弈类等 7 类 28 种方法。技术经济评价体系的核心内容包括评价指标、权重系数和评分方法。

通信接入网评价体系的构建应遵循系统性、科学性和实用性的原则。系统性原则是指指标体系能够全面包含评估对象在多种角度、多种层面的影响因素；科学性原则是指所选指标应具备与评估对象之间的相关性，并能客观体现要素的本质特征；实用性原则是指评分方法应具备可操作性，要求的基础数据也应易于获取。

通过分析通信接入网业务通信需求和通信技术特性，提取其中的共同特性，结合技术经济分析方法体系，采用层次分析法（Analytic Hierarchy Process，AHP）＋低阶熵权法（Low-order Entropy Weight Method，L-EWM），简称 AHP＋L-EWM，对通信接入网开展规划建设技术经济分析。

4.3.2 评价指标设计

影响通信接入网规划建设的主要因素可归纳为技术、安全、经济三个方面。其中，技术性因素主要包括带宽、时延、接入能力、覆盖能力和可靠性；安全性因素主要包括防护体系和防护措施；经济性因素主要包括建设经济性和运维经济性。

综合考虑上述三个方面影响因素，采用 AHP 层次分析法设置 3 个一级指标作为准则层，分别是技术性指标、安全性指标和经济性指标。同时，进一步细化分解为 9 个二级指标作为指标层，从细化的不同方面反映第一层目标层——技术经济性评价的直接效果和间接效果。技术经济分析指标体系如图 4-1 所示。

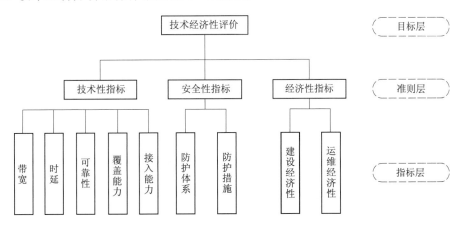

图 4-1 技术经济分析指标体系

二级指标的具体含义如下：

（1）带宽。通过带宽指标，反映某种通信方式带宽传输能力，与新型电力系统各类业务的通信带宽需求的匹配程度。带宽指标一般通过波特率比较判断。

（2）时延。通过时延指标，反映某种通信方式的最大时延或时延范围，与新型电力系统各类业务的通信时延需求的匹配程度。时延指标一般通过比较时延范围判断。

（3）可靠性。通过可靠性指标，反映某种通信方式不会因为误码率或误比特率等原因造成通信中断的稳定通信能力。可靠性指标通常可以用百分比表示。

（4）覆盖能力。通过覆盖能力指标，反映某种通信方式的覆盖区域大小、深度覆盖水平，通常分为区域覆盖和线性覆盖。区域覆盖主要衡量覆盖区域大小、深度覆盖水平；线性覆盖主要衡量覆盖距离。

（5）接入能力。通过接入能力指标，反映某种通信方式的灵活接入能力。对无线网络，主要与调度算法、可接入站点密度、频段带宽直接相关；对有线网络，主要与可接入终端的数量、便捷性有关，例如中压 PLC 相比无线网络接入不灵活，相比光纤网络可接入终端数量小，但中压 PLC 借助电力线，无线需另外布防光纤，故其便捷性比光纤强。

（6）防护体系与防护措施。安全性指标通过防护体系和防护措施两个部分综合衡量某种通信方式的安全性。从技术上，通过防护体系和防护措施衡量；从业务需求上看，通过业务的安全等级要求和所处的安全分区来判别。

防护体系大多数由该通信方式的技术特性决定；防护措施可以通过对该通信方式特有的防护体系进行外部加固措施实现。

（7）建设经济性与运维经济性。经济性指标通过建设经济性和运维经济性两部分综合衡量通信方式的经济性。建设经济性主要是采用某种通信方式建设所需软硬件的造价；运维经济性主要是指运维某种通信方式网络所需的运维费用。

4.3.3　评价过程简介

4.3.3.1　评价步骤

步骤 1：从业务通信需求分析，归纳并提出业务各类一级、二级指标属性要求；同时，初步设定一级指标的标度（权重），确定每类通信指标的评价权重比例，并根据设定结果计算归一化一级指标标度（权重）。

步骤 2：从接入网通信技术分析，归纳并提出各类一级、二级指标的满足情况。

步骤 3：首先根据业务通信指标的具体满足情况，分析并初步设定二级指标的标度（权重）；之后对每个一级指标下的二级指标进行归一化计算，得出归一化二级指标标度（权重）。

步骤 4：对每种业务的单个二级指标属性进行归一化处理，得出最终二级指标权重。

步骤 5：针对每类通信方式，通过分析业务需求的相对匹配情况，对 1～7 二级指标取 1～9 的标度值；对于 8～9 二级指标，计算各类通信方式投资的比例，并根据比例采用 AHP 层次分析法中的计算标度值（权重）1～9，分别和最终二级指标权重分别进行乘积求和，确定每类通信技术的技术经济性匹配分析结果。

步骤 6：根据技术经济的综合匹配值排序，结合业务分布特点等实际情况，得出每种业务类型的技术选择序列。

4.3.3.2　主要评价步骤解析

对步骤 3 和步骤 4 详细过程分析如下：

在步骤 3 中，一级、二级指标之间，无法通过统一的定量分析方法取得标度（权重）；在对每种业务的单个二级指标属性进行技术匹配打分时，对带宽、时延、接入能力、覆盖能力、可靠性、防护体系和防护措施等 1～7 二级指标中，也存在无法通过统一的定量分析方法取得标度（权重）的情况，因此标度（权重）的选取可采用 AHP 层次分析法通过调研、专家评价等方法，分析得出 1～9 的标度值。可先设定每个二级指标的标度（权重）；然后，对每个一级指标下的二级指标进行归一化计算得到归一化二级指标标度（权重），确保在已经确定的一级指标下的每个二级指标之间的评价平衡性，从而保证对各个二级指标评价的平衡性。针对建设经济性和运维经济性等 8～9 二级指标，可以通过可研估算计算投资金额的问题，可采用低价熵权法（L-EWM），先评估各类通信方式投资金额的标准化数据得出各类通信方式投资的比例，根据此比例取得 1～9 的标度值概数 i，再通过计算 10-i 取得该通信方式在 AHP 层次分析法中的标度值（权重），这样可以有效地将造价分析具体数值和评价标度值结合在一起，更加体现指标权重的科学性。

在步骤 4 中，根据步骤 1 和步骤 3 结果，将归一化最终一级指标和归一化二级指标权重进行加权，得到反映指标真实评价效果的最终二级指标权重。

4.3.3.3　一级、二级指标权重设定

根据步骤 1 和步骤 3，需要初步设定一级、二级指标权重，对于通信接入网的指标权重设置，可以通过调研、专家评价等方法设定。新型电力系统通信接入网初步设定的指标权重见表 4-5。

表 4-5　　　　　　　新型电力系统通信接入网初步设定的指标权重

准则层	一级指标标度（权重）	指标层	二级指标标度（权重）
技术性指标	3	带宽	8
		时延	8
		可靠性	9
		覆盖能力	6
		接入能力	5
安全性指标	9	防护体系	8
		防护措施	6
经济性指标	2	建设经济性	4
		运维经济性	6

4.4　通信技术适配定量评价方法详述

4.4.1　技术适配性分析及评价

根据新型电力系统通信需求及通信接入网技术分析结果，按照技术经济评价体系及方法，在技术适配性方面分析过程如下：

（1）分析各类通信方式的技术性能匹配情况，以配电自动化业务需求为例，各类通信方式对配电自动化业务需求匹配情况见表 4-6。

表 4-6　　　　　　各类通信方式对配电自动化业务需求匹配情况

业务名称	通 信 方 式		技术性能指标体系匹配情况				
			带宽	时延	可靠性	覆盖能力	接入能力
配电自动化	光纤通信		√	√	√	√	√
	4G 无线公网		√	√	√	√	√
	5G 无线公网	软切片	√	√	√	√	√
		硬切片	√	√	√	√	√
	无线专网		√	√	√	√	√
	北斗短报文		×	√	√	√	√
	中压载波		√	√	√	√	√

同理，对于其他类型业务需求开展通信技术匹配性分析，得出匹配分析表格。

（2）通过调研、专家评价等方法，针对匹配分析的定性结论，分析得出 1～10 的标度值，以配电自动化业务需求为例，各类通信方式对配电自动化业务需求匹配评价标度值见表 4-7。

表 4-7　　　　各类通信方式对配电自动化业务需求匹配评价标度值

业务名称	通信方式		技术性能指标体系匹配评价标度值					匹配情况		评价标度值	
			带宽	时延	可靠性	覆盖能力	接入能力	防护体系	防护措施	防护体系	防护措施
配电自动化	光纤通信		9	9	9	7	6	√	√	9	9
	4G 无线公网		9	6	5	8	8	×	√	4	5
	5G 无线公网	软切片	9	7	5	7	9	×	√	5	6
		硬切片	9	8	7	7	9	√	√	7	6
	无线专网		9	8	7	8	8	√	√	8	7
	北斗短报文		1	4	4	9	8	√	√	7	6
	中压载波		1	7	7	6	7	√	√	7	6

同理，对于其他类型业务需求开展通信技术匹配分析，得出匹配分析评价标度值。

4.4.2　安全适配性分析及评价

根据新型电力系统通信需求及通信接入网技术分析结果，按照技术经济评价体系及方法，在安全适配性方面分析过程如下：

分析各类通信方式的安全性能满足情况，再通过调研、专家评价等方法，分析得出 1～10 的标度值。以配电自动化业务需求为例，配电自动化业务需求安全性匹配与评价标度值见表 4-8。

表 4-8　　　　配电自动化业务需求安全性匹配与评价标度值

业务名称	通信方式		匹配情况		评价标度值	
			防护体系	防护措施	防护体系	防护措施
配电自动化	光纤通信		√	√	9	9
	4G 无线公网		×	√	4	5
	5G 无线公网	软切片	×	√	5	6
		硬切片	√	√	7	6
	无线专网		√	√	8	7
	北斗短报文		√	√	7	6
	中压载波		√	√	8	8

同理，对于其他类型业务需求开展通信安全性匹配分析，得出匹配情况与评价标度值。

4.4.3　经济适配性分析及评价

4.4.3.1　单价测算依据

1. 光纤通信

光纤通信的经济测算主要考虑光缆造价、EPON 或工业以太网设备造价、安全接入费用、运维费用四部分。

（1）光缆造价。10kV 配电网干线光缆拓扑与配电网一次线路拓扑耦合度较高，因此干线光缆长度依照一次线路按比例计算。按照《配电网规划设计规程》（DL/T 5542—2018）的规定中压配电网目标网架结构见表 4-9。

表 4-9　　　　　　　　　　中压配电网目标网架结构

电压等级	供电分区	网架结构		
		初期接线	过渡接线	目标接线
电缆网	A＋、A	单射式、双射式	双射式、单环式	双环式、单环式、N 供一备、花瓣式
	B	单射式、双射式	双射式、单环式	单环式、N 供一备
	C	单辐射	单环式	单环式
架空网	A＋、A、B、C	辐射式	多分段单联络	多分段单联络、多分段适度联络
	D	辐射式	辐射式	辐射式、多分段单联络
	E	辐射式	辐射式	辐射式

其中，A＋、A 类地区以双环式为主，其他供电区域以单环式、多分段单联络、辐射式的结构为主，其中双射式对应的光缆光纤长度比为 2:1，其余网架结构对应光缆光纤长度比都为 1:1。

对于 A＋、A 类地区，10kV 配电网主干线结构以双环式为主，每条主干线路的平均长度为 3km，A＋、A 类地区配电网主干光缆长度为

$$A＋、A 类地区配电网主干光缆长度 = 10kV 主干线路条数 \times \frac{3}{2} \qquad (4-1)$$

对于其他地区，10kV 配电网主干线结构以单环式、多分段单联络、辐射式为主，每条主干线路的平均长度为 7km，其他地区配电网主干光缆长度为

$$其他地区配电网主干光缆长度 = 10kV 主干线路条数 \times 7 \qquad (4-2)$$

配电网支线线路以单环式、多分段单联络、辐射式为主，光缆的长度按照与支线线路长度相等计算。

10kV 配电网使用光缆按照 24 芯 ADSS 光缆考虑，综合造价为 4.5 万/km。

（2）EPON 或工业以太网设备造价。光纤网络配套设备单价为 1 万元/台。设备台套数按照开闭所、环网柜、柱上开关等具备采集或控制功能的配电终端数量进行计算。

（3）安全接入费用。接入管理信息大区，每个地市的业务接入汇聚侧须配置物联安全接入网关、网络安全隔离装置各 1 套，费用均为 30 万元；接入生产控制大区，当以光纤网络方式接入时，每个地市的业务汇聚侧配置服务端纵密装置（4 万元/地市）。每个终端不单独考虑安全加密设备费用。

以地市为单位，光纤网络的安全接入费用为

$$安全接入费用 = （接入管理信息大区费用＋接入生产控制大区费用）= 64 万元 \qquad (4-3)$$

（4）运维费用。光纤通信每年的运维费用为光缆造价、EPON 或工业以太网设备造价、安全接入费用总和的 3%。

2. 4G 无线公网

4G 无线公网的经济测算主要考虑 4G 流量服务费及 4G 终端模块费用、安全接入费用、运维费用三部分。

（1）4G 流量服务费及 4G 终端模块费用。根据现网应用 4G 无线通信技术的地市公司租费情况，4G 通信费用包括运营商 4G 流量服务费、4G 终端模块费用。其中运营商 4G 流量服务费约为 100 元/年，4G/5G 融合终端通信单元模块为一次性投资，单价约 0.1 万元。

（2）安全接入费用。接入管理信息大区，每个地市的业务接入汇聚侧须配置物联安全接入网关、网络安全隔离装置各 1 套，费用各为 30 万元；接入生产控制大区，当以无线公网方式接入时，每个地市的业务汇聚测配置前置机 1 台（6 万元/地市）、正反向隔离装置 1 台（10 万元/地市）、网络安全监测装置 1 台（8 万元/地市），以及配电专用安全接入网关及防火墙 1 套（20 万元/地市）。每个终端不单独考虑安全加密设备费用。

以地市为单位，4G 无线公网安全接入费用为

安全接入费用＝（接入管理信息大区费用＋接入生产控制大区费用）＝104 万元

$$(4-4)$$

（3）运维费用。4G 无线公网每年的运维费用为 4G 流量服务费及 4G 终端模块费用、安全接入费用总和的 3%。

3. 中压载波

中压载波的经济测算主要考虑网管系统费用、设备造价（三层汇聚交换机、主/从载波设备）、安全接入费用和运维费用等部分。

（1）网管系统费用。网管系统一套，综合单价约为 33 万元。

（2）设备造价。三层汇聚交换机综合单价 1 万元，主载波设备每台 1.2 万元，从载波设备每台 0.8 万元。

（3）安全接入费用。接入管理信息大区，每个地市的业务接入汇聚侧须配置物联安全接入网关、网络安全隔离装置各 1 套，费用各为 30 万元；接入生产控制大区，当以中压载波方式接入时，每个地市的业务汇聚侧配置服务端纵密装置（4 万元/地市）。每个终端不单独考虑安全加密设备费用。

以地市为单位，中压载波的安全接入费用为

安全接入费用＝（接入管理信息大区费用＋接入生产控制大区费用）＝64 万元

$$(4-5)$$

（4）运维费用。中压载波每年的运维费用为网管系统费用、设备造价、安全接入成本总和的 3%。

4. 无线专网

无线专网的经济测算主要考虑基站建设成本、设备造价、安全接入费用和运维费用四个部分。

（1）基站建设成本为

基站建设成本＝终端数量×（单基站综合造价/基站覆盖面积/业务密度） (4-6)

单基站综合造价（含土建、塔桅、承载网、核心网等）为 115 万元，覆盖半径约为 2km，覆盖面积约为 7.8km^2 单业务点平均投资为 0.78 万元。

（2）设备造价。接入模块单价取 0.2 万元/台。

（3）安全接入费用。安全接入费用测算依据与 4G 无线公网接入方式相同。

（4）运维费用。无线专网每年的运维费用为基站建设成本、设备造价、安全接入费用总和的 3%。

5. 5G 无线公网

5G 无线公网主要有软切片和硬切片两种方式。5G 无线公网软切片的经济测算与 4G 无线公网大致相同，可借鉴 4G 无线公网的经济测算结果。5G 无线公网硬切片的租用费用主要由 UPF 租费、RB 资源预留租费、5G 终端通信单元模块费用、安全接入费用、运维费用五部分组成，其中安全接入费用测算依据与 4G 无线公网接入方式相同。

（1）UPF 租费。核心网建设模式通过向运营商租用专用 UPF 设备构建，UPF 下沉至地市每个公司，其中承载 FlexE 费用、5G 开卡费用较低，已折合进 UPF 设备租赁费中，不再单独计列。1 套 UPF 设备租赁费用约为 21.6 万元/年。

（2）RB 资源预留租费。硬切片按单个基站 1%RB 通道预留考虑，经运营商询价，单个基站 1% RB 通道的租赁费约为 0.6 万元/年。根据运营商提供的单个 5G 基站在各类供区 5G 基站有效覆盖面积及终端部署密度测算，A 类以上地区单个基站平均承载业务终端数量为 4.6 个，B 类地区单个基站平均承载业务终端数量为 3.7 个。折合 A 类以上供区单业务终端投资 0.56 万元/年，B 类及其他供区单业务终端投资 0.7 万元/年。

（3）5G 终端通信单元模块费用。根据调研，单个终端加装 5G 通信单元模块费用约为 0.1 万元。

（4）安全接入费用。安全接入费用测算依据与 4G 无线公网接入方式相同。

（5）运维费用。5G 无线专网每年的运维成本取 UPF 租费、RB 资源预留租费、5G 终端通信单元模块费用、安全接入费用总和的 3%。

4.4.3.2 典型城市及造价估算

按照 10kV 配网全覆盖对各类通信接入模式下的远程通信建设成本进行经济测算（无线租用费用、光缆运维费用均以 8 年周期计算）。其中，由于电源侧的通信接入费用由接入方自行承担，可根据需要计算其成本。

典型城市终端数量见表 4-10。

表 4-10   典 型 城 市 终 端 数 量

名　称		单　位	数　量
电源侧	10kV 分布式电源	个	24
	0.4kV 分布式电源	个	1585
电网侧	A+、A 类地区 10kV 主干线路	条	1500
	其他地区 10kV 主干线路	条	700
	10kV 配网线路总长度	km	14667
	开闭所	个	113
	环网柜	个	740
	柱上开关	个	3445
负荷侧	公变台区数	个	18691
	专变台区数	个	18591

1．光纤专网

由于光纤专网单业务节点建设成本高，仅考虑中压配电网使用光纤专网覆盖，即光纤延伸至 10kV 台区、沿线各类配电站（所）以及接入 10kV 配电网的电源点、负荷点。

干线光缆长度＝A 类地区配电网主干线路光缆长度＋其他地区配电网主干线路光缆长度＝3×A 类地区配电网主干线路数量/2＋7×其他地区配电网主干线路数量＝3×1500/2＋7×700＝7150（km）

10kV 配电网支线光缆长度＝10kV 配电网支线线路长度

＝10kV 线路总长度－10kV 配电网主干线路长度＝14667－（3×1500＋7×700）＝5267（km）

光缆投资＝4.5×（主干线路光缆长度＋支线光缆长度）＝4.5×（7150＋5267）＝55877（万元）

设备投资＝1×终端总数＝113＋740＋3445＋18691＋18591＝41580（万元）

安全接入费用＝64 万元

运维费用（8 年）＝（55876.5＋41580＋64）×0.03×8＝23405（万元）

典型城市光纤专网全覆盖投资＝12.09 亿元

2．4G 无线公网

业务终端配置运营商通信卡，使用运营商提供的 4G 无线通信网络，按照"统一规划、分类接入、边界防护、服务分离、特征监控"的原则，采用专用 APN 通道实现各类业务的隔离与独立。

流量费＋终端费用＝0.18×（环网柜＋开闭所＋柱上开关＋公变数量＋专变数量）＝0.18×41580＝7484（万元）

安全接入费用＝104（万元）

运维费用＝（终端费用＋安全接入费用）×0.03×8＝1023（万元）

典型城市 4G 无线公网全覆盖投资＝0.86（亿元）

3．中压载波

网管系统＝33 万元

设备费用＝三层汇聚交换机＋主载波设备＋从载波设备＝（113＋740＋3445＋18691＋18591）×（0.2×1.2＋0.8×0.8＋0.2×0.1×1）＝37422（万元）

安全接入费用＝64 万元

运维费用（8 年）＝（33＋37422＋64）×0.03×8＝9005（万元）

典型城市中压载波全覆盖投资＝4.65 亿元

4．无线专网

基站费用＝0.78×（环网柜＋开闭所＋柱上开关＋公变数量＋专变数量）＝32432（万元）

终端费用＝0.1×（环网柜数量＋开闭所数量＋柱上开关数量＋专变台区数＋公变台区数）＝4158（万元）

安全接入费用＝104 万元

运维费用＝（基站费用＋终端费用＋安全接入费用）×0.03×8＝8807（万元）

典型城市无线专网全覆盖投资＝4.55亿元

5. 5G无线公网

5G无线公网软切片全覆盖投资：借鉴4G无线公网，因此典型城市5G无线公网软切片全覆盖投资约为0.86亿元。

5G无线公网硬切片全覆盖投资：

UPF设备费用（8年）＝21.6×8＝172.8（万元）

RB通道租金费用＝1.16×（环网柜数量＋开闭所数量＋柱上开关数量＋专变台区数＋公变台区数）＝1.16×41580＝48233（万元）

接入终端费用＝0.1×（环网柜数量＋开闭所数量＋柱上开关数量＋专变台区数＋公变台区数）＝4158（万元）

5G安全接入费用＝104万元

运维费用＝（终端费用＋安全接入费用）×0.03×8＝1023（万元）

典型城市5G无线公网硬切片全覆盖投资＝5.37亿元

4.4.3.3 经济适配性分析

通过造价估算，可初步估算出各类通信技术建网造价比例。其中，卫星通信因现阶段整体造价较高，建设费用按照最高标度值取数；运维费用参照无线公网取标度值。对照评估体系与方法中评价过程，得出各类通信方式的标度值（权重），见表4-11。

表4-11　　　　　　　　　各类通信方式的标度值（权重）

通信方式		建设费用测算/亿元	建设费用比例对应标度概数	运维费用测算/亿元	运维费用比例对应标度概数	建设费用标度值	运维费用标度值
光纤通信		9.7495	9	2.3405	9	1	1
无线专网		3.6693	5	0.8807	7	5	3
中压载波		3.7495	5	0.9005	8	5	2
4G无线公网		0.7577	1	0.1023	1	9	9
5G无线公网	软切片	0.7577	1	0.1023	1	9	9
	硬切片	5.2497	7	0.1203	1	3	8
卫星通信	低轨宽带卫星	—	9	—	1	1	9
	北斗短报文	—	8	—	1	2	9

4.4.4 整体分析及评价结论

根据技术适配性、安全适配性和经济适配性的分析与评价，得出各类通信方式的评价标度（权重）后，根据按照步骤1和步骤3得出的归一化一级和二级指标标度（权重），以及按照步骤4得出最终二级指标权重计算结果。各类通信方式最终二级指标权重见表4-12。

表4-12　　　　　　　　各类通信方式最终二级指标权重

序　号	指标层	最终二级指标权重	序　号	指标层	最终二级指标权重
1	带宽	0.048	3	接入能力	0.030
2	时延	0.048	4	覆盖能力	0.036

序 号	指标层	最终二级指标权重	序 号	指标层	最终二级指标权重
5	可靠性	0.054	8	建设经济性	0.057
6	防护体系	0.367	9	运维经济性	0.086
7	防护措施	0.276			

按照评价过程的步骤 5，将技术、安全和经济适配性分析与评价标度值，分别和最终二级指标权重分别进行乘积求和，确定每类通信技术的技术经济性匹配分析结果。各类通信方式技术的综合匹配值见表 4-13。

表 4-13　　　　　　　　各类通信方式技术的综合匹配值

序号	业 务 名 称	综 合 匹 配 值						
		光纤通信	4G 无线公网	5G 无线公网		无线专网	北斗短报文	中压载波
				软切片	硬切片			
1	集中式新能源、集中式储能（站内汇集）	7.70	5.64	6.32	6.87	7.03	6.11	6.86
2	中压分布式电源、分布式储能（调度监控业务/并网点远程控制业务）	7.70	5.69	6.38	6.87	7.03	5.97	7.15
3	中压分布式电源（电能计量业务）	7.70	7.99	8.03	7.79	7.31	7.03	7.15
4	低压分布式电源（接受电网调度管理）	7.70	5.69	6.38	6.87	7.03	6.11	7.15
5	配电自动化	7.70	5.64	6.32	6.87	7.03	6.06	6.86
6	新型配网保护	7.70	5.35	6.09	6.58	6.56	5.92	6.82
7	智能巡检业务、智能配电房业务	7.70	7.99	8.03	7.79	7.31	6.98	6.91
8	可中断负荷（调度直控型：精准控制负荷业务）	7.70	5.29	6.08	6.67	6.69	5.81	6.91

根据每类通信技术的技术经济性匹配分析结果的数值，按照由大到小排序，即得出新型电力系统每类业务的通信接入网技术方式选择顺序。

各单位可以结合业务分布特点、现有通信网络、队伍建设及运维经验等实际情况，根据通信接入网使用管理部门的关注重点，个性化设置评价标度（权重），并在综合评价结果排序相近的几种通信方式中，优先选择合适的通信方式。

第 5 章

新型电力系统下通信组网方案

新型电力系统下通信组网方案的研究，可以涵盖以下三方面内容：一是电力骨干通信网络架构及技术路线演进方面的研究，目标是在实现电力业务分区分域承载的基础上，满足各类业务数据流量的爆发式增长和业务数据跨区跨域安全交互的需求；二是现有电力通信专网对新型电力系统新业务接入能力增强方面的研究，目标是在建设坚强电力骨干通信网的基础上，强化骨干通信网直接承载本地通信业务的能力，或补强完善通信接入网远程通信能力，同时提升本地通信接入能力，从而大幅提升新型电力系统下通信新业务的接入能力；三是多元主体内部通信网络建设方面的研究，目标是建成相对独立的多元主体内部通信网络（可利用运营商网络组建虚拟专网），实现多元主体内部一个个实体或虚拟单元的通信接入工作，多元主体内部通信网络仅通过主站与电力骨干通信网进行数据交互，大幅简化该多元主体内部通信网络与电力骨干通信网之间的数据交互内容和网络安全防护要求，从而降低新型电力系统下多元主体内部通信网络的接入成本和建设周期。

通过深入分析电力通信网体系架构的基本特征与变化趋势，并从以上三方面内容入手，紧紧围绕新型电力系统实际应用场景，分别提出新型电力系统下通信组网思路和典型组网方案，期望能形成"可复制、可推广"的组网模式，从而推动灵活通信网的构建，全面支撑新型电力系统建设与发展。同时对于推荐的通信组网方案，补充说明与现有电力通信网的主要差异，并提出向目标网架演进的技术发展路线和工程实施路线建议，以供相关单位决策参考。

未来，新型电力系统业务仍将快速发展，通信技术的进步也不会停止，我们需要在时空不断变化演进中，找到当前时间节点，结合当地特色的资源和禀赋，选择当前最适合的通信技术，建设最优灵活通信网，支撑新型电力系统建设与发展。

5.1 新型电力系统下通信网体系架构变化与特征

新型电力系统背景下，电网形态由单向逐级输电为主的传统电网，向包括交直流混联大电网、微电网、局部直流电网和可调节负荷的能源互联网转变。相应的，电力通信网形态也向着骨干通信网、通信接入网、微网通信网、虚拟运营商通信网等多元异构网络形态演进。在新型电力系统中，特高压是最重要的资源配置平台，同样在电力通信网中，骨干通信网是上述多元异构网络的主干网络，通信接入网、微网通信网、虚拟运营商通信网等异构网络，采用不同形式与主干网络互联互通，并作为电力通信网中一张张功能各异的分支网络，支撑新型电力系统"源网荷储"友好互动，最终组成一张枝繁叶茂的电力通信网体系架构。

5.1.1　通信网架建设与发展的基本要求

（1）需求导向、继承发展。密切关注新型电力系统需求变化，充分继承电力通信网长期以来的建设成果，挖掘现有资源潜力，合理谋划通信网建设，推进各级电网通信资源与虚拟运营商通信网的共享互济与互联互通，积极开展通信技术创新，稳步推进网络平滑升级演进。

（2）安全可靠、经济高效。保障电网安全生产始终是电力通信网建设的核心任务，在全面支撑电网数字化、智能化各类业务发展的同时，进一步提升通信网架安全、可靠，同时也应考虑经济性、合理性，实现可靠性与经济性的协调。

（3）标准开放、扩展灵活。电力通信网建设应遵循标准开放、运行可靠、配置简便、扩展灵活的原则，选用符合国际、国家标准的主流产品和技术，扎实推进通信新技术的研究、试点、推广，始终保持主要技术原则一致、技术架构统一。

（4）差异化原则。针对不同建设主体，电力通信网建设不同资源禀赋等特定场景，在保证电力系统的基本安全需求下可以有不同方案。

5.1.2　未来骨干通信网基本特征

支撑新型电力系统建设与发展的骨干通信网应具备如下基本特征：

（1）网架坚强。新型电力系统的电源空间分布更加分散、不确定性更强，电网形态更加复杂。因此骨干传输网的网架结构要更坚强，一是对于骨干通信网通信覆盖，需要具备广域分布的集中式、大型能源的可靠并网接入能力，支撑特高压电网的建设运行，实现新能源的可靠输出；二是新一代调度技术支持系统中电网生产、新能源预测、电力交易等业务，要求更高性能的承载能力；三是近年来自然灾害呈现日益频发和破坏力增强的特点，电力通信网自身结构需要更加健壮，以抵御自然灾害等不可抗力因素造成的不良影响。

（2）安全可控。以新能源为主体的新型电力系统，需要实现多元的电源、配电多主体的柔性互联互通。由于骨干通信网的并网接入点、承载业务类型剧增，其所面临的安全运行风险压力加大。控制安全风险的途径大致有三种：一是骨干通信网覆盖范围广，接入点多种多样，攻击点更多，通过新型通信技术应用和新型安全技术的应用，确保新型电力系统的通信安全；二是坚持电力骨干通信网专用，提高大容量、远距离送电、交直流混联的大电网安全运行基础；三是推进 SDH 设备国产化，试点电网生产专用通信设备，确保骨干通信网设备高度自主可控，确保芯片自主化，避免供应链风险。

（3）智能友好。随着特高压的建设以及大规模分布式新能源、储能的接入，新型电力系统向"源网荷储"协同互动的非完全实时平衡模式、大电网与微电网协同控制模式转变。为此，骨干通信网的运行交互与网络管理需要更加智能友好：一是通信网的规模和复杂性急剧上升，骨干通信网承载的新型电力系统业务更多样，组网形态更多元，业务路径更复杂，同时通信网要覆盖新型电力系统的各个场景，网络规模庞大，网络管理需要更智能、高效的管理工具和技术支撑；二是骨干通信网是新型电力系统的神经中枢，分层分域的新一代调度技术支持系统需要骨干网具备灵活互动的敏捷传输能力来支撑电网调度业务的友好互动；三是在电网数字化转型方面，综合能源服务、能源云等新业务、新业态、新模式的拓展将形成数据交互规模大、频次高、互动强的特征，骨干网需支撑分级、分区域调度生产数据中心的大规模数据交互。

（4）大容量、低时延。骨干通信网承载着调度自动化、稳定及继电保护等调度生产控制核心业务以及大容量数据通信业务，并且"双高"设备控制信号需要通信传输具备更低时延和更高可靠性。在网络容量方面：一是由于新型电力系统"全业务信息感知、全系统协同控制"等要求，随着新能源预测、电力交易、气象数据、地理数据等新业务功能运行和大规模数据的交互频次提高，未来必然会产生大量数据传输需求，三、四级通信网容量需求将大幅增长，一、二级通信网容量需要与之相匹配发展；二是电网数字化转型发展将带来信息采集、感知、处理、应用等环节数据的快速增长，以数字化手段实现经营管理全过程实时感知、可视可控、精益高效，促进发展质量、效率和效益全面提升，骨干通信网的带宽容量需求将成倍增加；三是为满足大范围的集中式新能源、清洁能源基地并网接入服务、调度控制，以及全力支撑现有清洁能源外送通道满功率运行的要求，需要提供低时延、高可靠的坚强骨干网支撑能力。为此，可以采用适用于电力调度生产业务的新型大容量光通信设备与技术，满足未来新型电力系统对通信网传输容量的需求，同时通过建设完全独立、物理隔离、双平面大容量传输网，大幅提升传输网可靠性。

建设骨干通信传输网服务电网生产控制类业务，实现双网结构，且至少一张网为骨干通信网生产专用二平面，基于高度自主可控 SDH 设备和自研的生产专用通信设备混合组网；面向电网海量数据采集、实时监控的调度数据网，支持"可观、可测、可调、可控"，需要大带宽骨干通信网来支撑。

5.1.3 未来通信接入网基本特征

支撑新型电力系统的通信接入网应具备如下基本特征：

（1）网络融合。终端通信接入网承载配网、营销等业务，传统的配网和营销通信根据各自专业需求，分别解决。新型电力系统情况下，承载配网和营销的通信网络逐步融合，融合主要体现在以下三个方面：一是对于电网业务支撑方面，基于物联网的体系架构，按照感知层、网络层和应用层形成一张通信网，支撑电网末端调度、配电、营销等各专业、各类别业务接入；二是通信方式方面，充分发挥各类通信技术的优势，针对电网末端的通信基础设施资源情况及物理环境条件，实现有线网络和无线网络技术融合；三是电力专网和公网的融合，在网络的设计和构建方面，统筹考虑业务的差异，并充分考虑通过公网接入的安全措施。

（2）广泛接入。电力终端通信接入网将实现更为广泛的终端接入。一是电网设施方面，为实现新型电力系统配网智能化、自动化，电网将部署海量配网采集终端，用于配电线路、管道、配变、台区及开关、环网柜等电网设施的运行工况的采集和控制，此外，还有大量配网监控及设备管理等大量终端的接入；二是用户及用户设施方面，新型电力系统将接入各类负荷，包括常规负荷（常规居民、工业）、可控负荷（可控居民负荷及可控工业负荷）及虚拟电厂、负荷聚合商等，同时在 35kV、10kV 及 380V/220V 线路还将接入大量的分布式电源及储能装置，通过对可控负荷的需求响应控制及虚拟电厂、负荷聚合商、分布式电源的集中调控，实现电网局域、广域电量平衡。上述终端种类形态各异，数量以亿级计，具有海量、分散的特点。

（3）互动友好。新型电力系统中高比例新能源广泛接入，接入的电源和负荷类别更多，同时由于电源和负荷特性的变化，为了实现电网电量实时平衡，需要更短周期、更为精确的电源、负荷状态感知与控制。传统电网中源随荷动，按照负荷预测的结果对电网进行调节，即可实现电网发用实时平衡；新型电力系统中，新能源的不确定性，各类负荷、分布式电源、微网、电动汽车充放电的随机性及不确定性，使得新能源电源出力和负荷预测的精确度受到很大影响，实现电网发、用实时广域平衡难度加大。传统电网对于用户负荷一侧的信息传输主要局限在静态数据用电计量及部分简单控制方面，互动能力有限。新型电力系统终端通信接入网将极大增强与电网末端用户负荷及分布式电源的互动，一是支撑实现传统计量功能向更高频度、维度的计量能力发展；二是在电价激励策略宏观调控下，终端通信接入网支撑实现用户负荷快速聚合响应能力，激励更多用户负荷参与电网需求侧响应，共同实现电网运行实时平衡；三是通过强化互动，提高对用户负荷及分布式电源的工况采集频次，实现更短周期内的精准负荷预测，以支持电网运行精准控制。

（4）安全可靠。从技术发展趋势和技术经济性方面考虑，电力终端通信接入网的构建，将是电力专网（电力有线专网、电力无线专网）和公网共同构建的通信网络体系。例如，通过 380V/220V 接入的分布式电源、大量 10kV 配网自动化终端、移动作业终端等都可能通过无线公网接入到电网生产及管理大区，专网和公网发挥各自的优势，共同支撑新型电力系统终端通信接入网建设。保障通过公网接入电网的通信接入安全尤为关键和重要。

（5）灵活稳定。新型电力系统建设对终端通信接入网提出了更高的要求。一是海量终端的接入及高频次的数据采集，使得终端感知层到应用层的汇聚带宽可达到数十 G 的流量，对终端通信接入网的承载能力要求更高；二是分布式电源在电网配网侧接入，使得传统单向的能量流动变为双向流动，大量传统单端保护被替代为双端保护，如电流差动保护，对于继电保护信号的传输时延和可靠性要求更高；三是电网末端，新型保护（区域多点保护、馈线自动化应用、配网智能化应用）对于控制信号的传输时延及可靠性等也提出了更高的要求。上述业务存在带宽需求较大、迁改频繁、安全可靠性要求高等特点，需要构建一个满足多业务承载要求的灵活确定性网络。

（6）经济高效。电网覆盖区域幅员辽阔，各地区终端通信接入网采用的技术体制及建设水平差异较大，由于所处的地理条件及基础设施建设水平不同，部分省公司已经建立了较为完善的终端通信接入网网络体系架构，各地终端通信接入网建设上需要发挥现有通信网络资源优势，在多种通信技术并存的现实情况下，经济高效融合多种技术体制构建本地和远程通信网络，支撑新型电力系统建设。

5.1.4　新型电力系统下通信组网总体工作思路

根据通信网架建设与发展的基本规律，结合未来骨干通信网和通信接入网基本特征，提出电力通信网要向"通信覆盖更广泛、传输运行更高效、运维调度更智能"的三大方向持续演进。

根据演进方向，结合新型电力系统下通信组网方案的三方面研究内容，确定各个方面的核心研究内容：一是骨干通信网优化方面，聚焦于提升业务承载能力和提高网络安全可靠性能两个维度；二是新业务接入能力提升方面，聚焦于根据应用场景的需求差异，经济、安全地构建电力通信网，从而提升新型电力系统新型业务的通信接入能力；三是多元主体内部通信网络建设方面，聚焦于灵活、高效地构建多元主体内部通信网络，提升多元主体参与新型电力系统建设与运营的积极性和主动性。

5.2 骨干通信网优化方案

骨干通信网的核心是光传输网。

国家电网、南方电网的光传输网现都是按照 A、B 两个平面进行构建的。其中，A 平面采用 SDH 技术体制，主要覆盖生产型站点（包括各级调度大楼、备调、变电站、电厂、主网集控中心或运维站等），重点满足电网生产实时控制业务的通信需求；B 平面主要采用 OTN 技术体制，主要覆盖非生产型站点（包括各单位办公大楼、通信第二汇聚点、非生产型办公场所、供电所等），重点满足企业经营管理非实时数据业务的通信需求。国家电网、南方电网的光传输网按层级可分为省际、省级和地市三个层级。

这种"三层双平面"的光传输网体系架构，能够较好地匹配电力通信网核心生产业务的可靠承载和生产组织机构的高效运转，因此在新型电力系统建设发展相当长的一段时间内，光传输网仍应保持"三层双平面"的基本体系架构不变。但随着新型电力系统新业务的迅猛发展和通信新技术的快速迭代，可以引入 SPN 等新的技术体制，优化原有 SDH、OTN 技术体制组网方案，更好地满足新型电力系统新型业务的通信接入与承载需求。

5.2.1 SDH 技术体制网架优化方案

新型电力系统建设背景下，SDH 光传输网的"三层"基本架构体系将在较长时间段内保持不变，但设备形态和承载业务会有所变化。

设备形态方面，会向小型化、全面自主可控方向演进。承载业务方面，会向承载一类控制业务的专用设备方向演进。国家电网、南方电网的部分省级公司均开始逐步建设保护专用 SDH 网络，正是这种演进方向的一个重要体现。截至 2022 年，经中国电科院认证通过的全面自主可控的 SDH 设备主要有：华为 E6616、E9624X 等系列；中兴 S385 GA 系列；烽火 780C@NP、780D@NP、780E@NP 等系统；上海贝尔 1660CSS‑16、1660CSS‑16c 等系统。

全面自主可控的 SDH 设备，与常规的 SDH 设备网络拓扑结构并没有差异，其主流 SDH 网络拓扑结构有环形网络和网状形网络。自主可控型 SDH 设备主流组网模型如图 5‑1 所示（按自上而下的顺序排序）。

自主可控型 SDH 设备容量大都为 10G 或以下，可优先采用独立组网部署在 220kV 及以上变电站，一般仅承载继电保护等 2M 控制业务，即以承载第一类控制业务、第二类控制业务为主。由此，骨干通信网 A 平面，逐步形成 2 个 SDH 传输子网：一为传统 SDH 设备子网，承载第一类控制业务、第二类控制业务和第四类业务；二为自主可控型 SDH 设备子网，主要承载第一类控制业务，兼顾第二类控制业务。骨干通信网 A 平面双子网组网模型如图 5‑2 所示。

自主可控型 SDH 设备未来可能会向两种方向演进。第一种高度集成化，演变为保护装置的一个通信单元模块，实现完全的专用化；第二种面向第一、第二类控制业务，基于 SDH 技术，增强以太业务处理能力，成为一种增强型 SDH 设备。

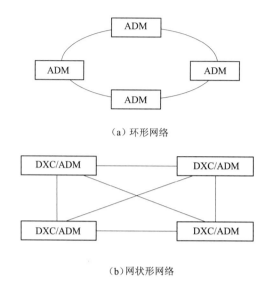

（a）环形网络

（b）网状形网络

图 5-1　自主可控型 SDH 设备主流组网模型

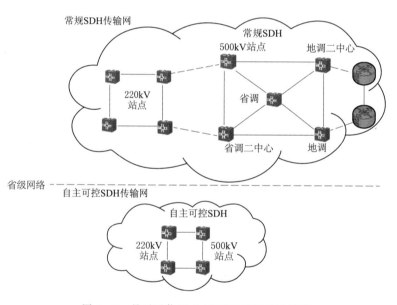

图 5-2　骨干通信网 A 平面双子网组网模型

5.2.2　OTN 技术体制网架优化方案

为满足支撑新型电力系统业务爆发性增长需求，单波 100G，甚至 200G、400G 等更大带宽是骨干通信网未来演化的一个重要方向。单纯从 OTN 组网架构来讲，单波容量增加，并不会带来组网架构的变化。

OTN 技术的另一个演进方向是进一步提升 OTN 的最小颗粒划分，即引入 OSU 容器，从而实现 2M 等小颗粒业务的独占空间承载，并对现有 OTN 网络和常规 SDH 网络带来冲击。这一演进方向，一方面有可能实现 OTN 设备直接承载第一、二类控制业务，实现对常规 SDH 设备的全面替代；另一方面也将大大拓展 OTN 设备的应用场景，使

OTN 设备网络更加庞大和复杂，网络运维难度增大，带来更多智能运维方面的需求。

　　未来，骨干通信网 A/B 两个平面的架构有可能会被打破，并形成一个大 OTN 承载新型电力系统第二类控制业务、第三类控制业务和第四类业务，同时保留自主可控型 SDH 设备子网，主要承载第一类控制业务，兼顾第二类控制业务。骨干通信网 A/B 平面 OTN 融合及保留自主可控 SDH 子网组网模型如图 5-3 所示。

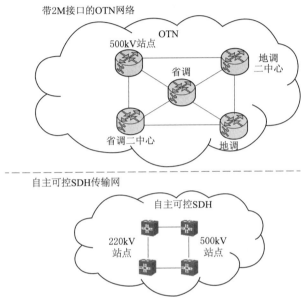

图 5-3　骨干通信网 A/B 平面 OTN 融合及保留
自主可控 SDH 子网组网模型

5.2.3　新技术体制引入方案

1. SPN 技术替代方案

　　SPN 技术具备全面替代 SDH 技术的潜力，在国家电网、南方电网进一步试点验证的基础上，可逐步推进 SPN 替代 SDH 技术的工作。这种替代工作一般是自下而上逐步推进，即：①在 110kV 及以下变电站等应用场景进行替代，技术和业务得到充分验证后，逐步向 220kV 变电站、500kV 变电站等更高电压等级变电站应用场景推进，直至全部替代完成；②采用 SPN 技术先对传输网"双平面"中的一个平面进行替代，优化各类业务承载方式，逐步由优先承载第三类控制业务、第四类业务到第一、第二类控制业务全部承载过渡。SPN 主流网络拓扑结构为环形组网（接入、汇聚、核心组环）。SPN 组网模型如图 5-4 所示。

2. 极简通信技术替代方案

　　极简通信技术具备在一定应用场景下，替代 SDH 技术的潜力，在国家电网进一步试点验证的基础上，可逐步推进在一定应用场景下替代 SDH 技术的工作。

　　（1）特高压应用场景。特高压段落一般较长，并且绝大多数为链形或 T 形组网，对自主可控要求高，十分符合极简通信技术的应用，当前已有部分特高压段落作为试点使用该技术承载生产控制类业务，如华中环网特高压、福厦特高压等。基于极简通信技术的电

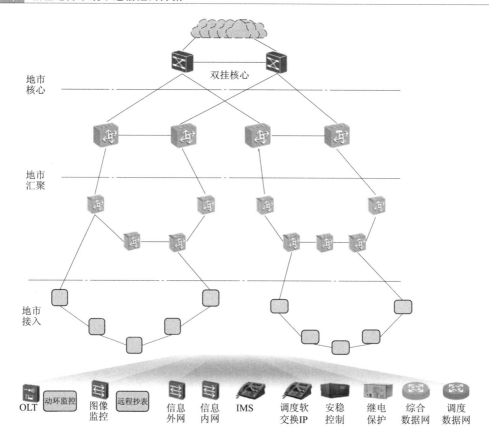

图 5-4　SPN 典型组网模型

网生产专用通信设备在特高压中应用，特高压典型应用场景如图 5-5 所示。

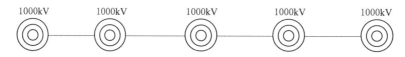

图 5-5　特高压典型应用场景

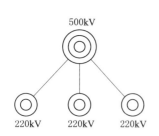

图 5-6　厂站接入场景（220kV
变电站接入 500kV 变电站）

（2）厂站接入应用场景。边缘变电站或电厂的接入一般为点到点直连方式，可采用极简通信技术接入，当前国网生产业务骨干通信网二平面中已有部分边缘站点采用该种技术方案接入，变电站接入应用场景的典型代表有 220kV 变电站接入 500kV 变电站及 110kV 变电站接入到 220kV 变电站等，通常是一个变压等级高的变电站下挂一个或多个变压等级低的变电站。厂站接入场景（220kV 变电站接入 500kV 变电站）如图 5-6 所示。

（3）220kV 变电站互联应用场景。对于独立分区的放射网、链形网、单环形网 220kV 电网网架结构，以及互联分区的链形、球拍形、哑铃形 220kV 电网网架结构，由于组网较为简单可应用极简通信技术完成互联。220kV 互联分区典型应用场景如图 5-7 所示。

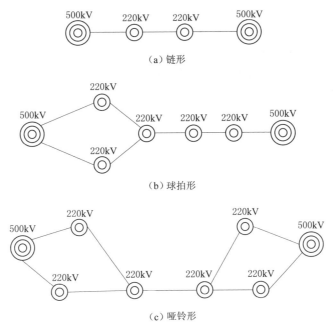

（a）链形

（b）球拍形

（c）哑铃形

图 5-7　220kV 互联分区典型应用场景

5.3　新业务接入能力提升方案

从电源侧业务需求分析看，新型电力系统背景下，传统电厂的通信需求基本没有变化，主要业务类型仍为第一类控制业务和第二类控制业务，因此在相当长一段时间内仍将维持传统电厂双套 SDH 设备接入电力骨干通信网 A 平面的组网模式。后续随着电力骨干通信网光传输技术的演进，传统电厂光传输设备选型需要随之变化，出现常规 SDH＋自主可控 SDH 设备组合、OTN-OSU＋自主可控 SDH 设备组合、SPN＋自主可控 SDH 设备组合、SPN＋极简通信设备组合等。不同设备选型组合，对电力骨干通信网的网络架构和业务承载影响不大，因此不对传统电厂组网模式进行深入分析，而是重点介绍集中式新能源和分布式新能源两种电源侧应用场景通信组网方案。

5.3.1　电源侧-集中式新能源

5.3.1.1　综述

集中式新能源通信可以分为站内通信和站外通信两大部分。其中：站外通信是指纳入电力骨干通信网范畴，主要承载电力系统继电保护等第一类控制业务和调度自动化等第二类控制业务的通信系统，在通信组网模式上，与传统电厂并没有太大区别；集中式新能源站内通信主要用于光伏板、逆变器等新能源电站内部运行控制信息，可以认为是第三类控制业务，通信技术选择可以更加灵活多变。

5.3.1.2　通信组网方案

集中式新能源电站一般占地面积都比较大，但由于区域相对集中，因此站内通信一般采用工业以太网、PON 等远程光通信技术进行组网，少量采用以太网网线、中低压电力线载波等本地有线通信技术进行组网。参考通信技术适配定量评价结论，优选评分最高的工业以太网、PON 两种站内通信方式进行组网方案介绍。

1. 工业以太网技术组网模式

集中式新能源站内通信若采用工业以太网技术组网，其基本组网结构建议为双网保护组网模式。工业以太网组网模式如图 5-8 所示。

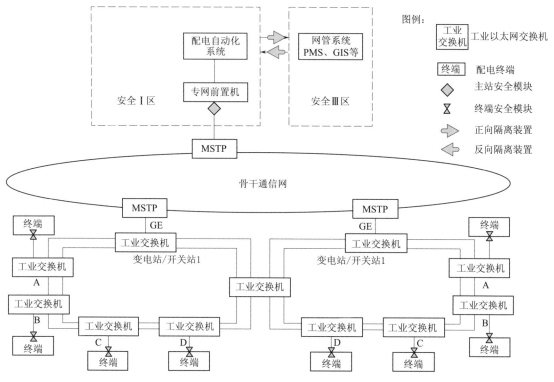

图 5-8　工业以太网组网模式

2. PON 技术组网模式

集中式新能源站内通信采用 PON 技术组网，其基本组网结构仍为树形、星形、总线形等。EPON 组网模式如图 5-9 所示。

5.3.1.3　安全防护方案

集中式新能源电站电力监控系统安全接入工作应当落实国家信息安全等级保护制度，坚持"安全分区、网络专用、横向隔离、纵向认证"的原则，保障电力监控系统的安全。

集中式新能源站外通信与站内通信之间需采用安全隔离措施。站外通信系统配置纵向加密认证等与电力调度网络互联互通，站外通信系统与站内通信系统之间配置数据隔离装置，站内通信系统内部网络安全综合防护系统，防止内部节点被入侵等网络攻击行为，并与互联网进行有效隔离。

5.3.1.4　发展展望

新型电力系统建设背景下，国家鼓励大型新能源基地全面开发建设，未来会有越来越

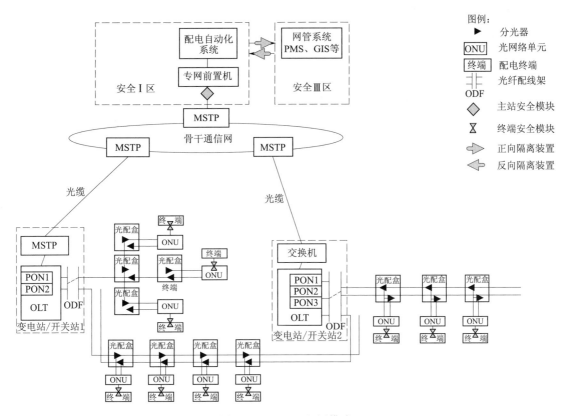

图 5-9　EPON 组网模式

多的集中式新能源接入大电网，且这些新能源基地大都在戈壁沙漠、近海远海等运行条件恶劣的环境下，因此集中式新能源站内通信建设更需提升通信光缆、通信设备本身的可靠性，避免频繁故障检修。

站外通信方面，后续需要结合区域通信网实际情况，建设安全、可靠、高效的通信系统，全面支撑和保障大型新能源的外送。

5.3.2　电源侧-分布式新能源

5.3.2.1　综述

从分布式新能源业务需求分析看，中压分布式电源以及少量电力调度二级控制的380V 低压分布式电源，具有第三类控制业务和第四类业务两种，其组网通信技术可优先选择接入网光纤通信、无线专网、5G 硬切片、5G 软切片/4G 虚拟专网等技术。大部分低压分布式新能源仅包含第四类业务，可作为一般负荷看待，相关组网方案技术在常规负荷章节进行详细介绍，本节重点介绍含有第三类控制业务的分布式新能源通信组网方案。

分布式新能源也存在本地通信需求，可采用以太网、中低压电力载波、RS-485、光纤、LoRa 等多种通信方式，将各类终端设备（采集器、智能电表、逆变器等）信息汇集至远程传输设备。本地通信技术种类较多，通信组网模式差异也很大，属于分布式电源内部网络范畴且规模较小，不予展开介绍。

5.3.2.2 通信组网方案

参考通信技术适配定量评价结论，优选评分最高的 PON、无线专网、5G 切片三种通信技术进行通信组网方案介绍。

1. PON 技术组网模式

远动装置、RTU 或边缘网关通过 PON 构建电源点至变电站通道，再通过 SDH 网络（变电站至调度主站）将分布式新能源监控数据上传到调度二级控制主站（包括群控群调主站、配电自动化主站等），并可实现控制信号的下发。PON 技术通信组网模式如图 5 - 10 所示。

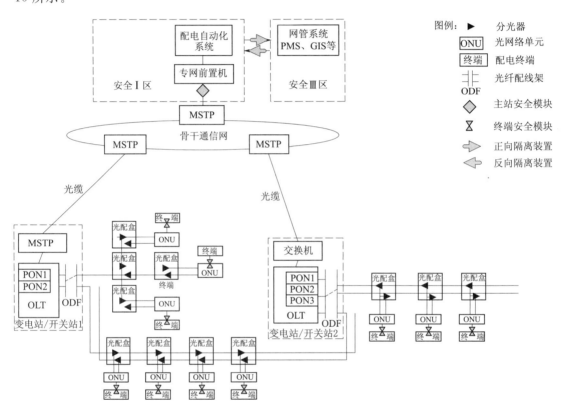

图 5 - 10　PON 技术通信组网模式

2. 无线专网组网模式

远动装置、RTU 或边缘网关通过无线专网将分布式新能源监控数据上传到调度二级控制主站（包括群控群调主站、配电自动化主站等），并可实现控制信号的下发。无线专网通信组网模式如图 5 - 11 所示。

3. 5G 切片组网模式

远动装置、RTU 或边缘网关通过 5G 切片将分布式新能源监控数据上传到调度二级控制主站（包括群控群调主站、配电自动化主站等），并可实现控制信号的下发。5G 切片通信组网模式如图 5 - 12 所示。

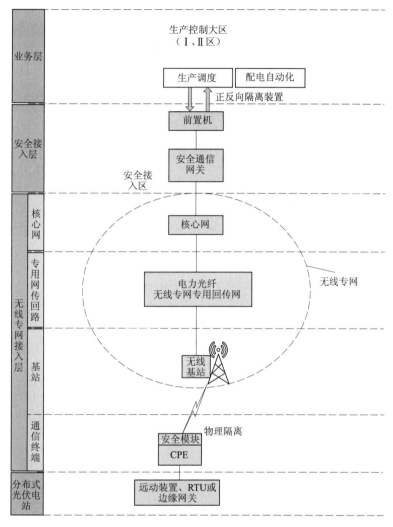

图 5-11 无线专网通信组网模式

5.3.2.3 安全防护方案

分布式新能源并网电力监控系统安全接入调度主站应当落实国家信息安全等级保护制度，坚持"安全分区、网络专用、横向隔离、纵向认证"的原则，保障电力监控系统的安全。

可以根据分布式新能源与调度端业务系统实际情况，简化安全接入区的设置，但应避免形成纵向交叉联接。分布式新能源接入其他业务系统主站时，应该按照相关业务系统主站安全防护要求进行安全防护设备部署。分布式新能源通过远程通信网接入营销主站时，应结合业务应用需求采用相应电力物联网安全接入网关、信息网络安全隔离装置实现双向认证和加密传输。

5.3.2.4 发展展望

分布式新能源具有就地利用、清洁低碳、多元互动、灵活高效等特征，未来大规模开发利用，其接近消费侧的特性使得其通信技术的选择和应用上更加灵活多样、因地制宜，

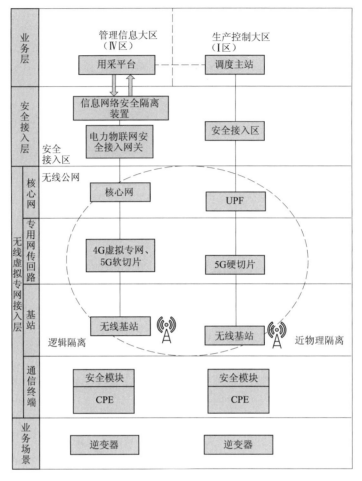

图 5 - 12　5G 切片通信组网模式

因其运营主体多元和复杂，更需要在技术性、经济性和安全性上综合考量。与此同时，各类适用的新技术发展也将带动分布式电源通信网络方案逐步趋于标准化和模型化。

　　随着分布式电源数量的持续增长，大量建设专用光纤线路的做法将不再普遍适用，通信方式逐步向利用无线通信迁移，同时当 5G、6G 网络的技术演进完善、费用下降，有可能舍弃投资较大、运维复杂的无线专网或混合组网模式，更多地采用租用公网的方式，以专享切片保证通信业务的服务质量和安全性。

5.3.3　电网侧-变电站

5.3.3.1　综述

　　从电网侧变电站业务需求分析看，新型电力系统背景下，变电站的通信需求主要来自内部生产管理自动化、智能化带来业务量增长，其业务类型基本没有变化，主要业务类型仍为第一类控制业务、第二类控制业务和第四类业务，因此在相当长的一段时间仍将维持传统变电站双套 SDH 设备接入电力骨干网 A 平面的组网模式。后续随着电力骨干通信网光传输技术的演进，变电站光传输设备选型需要随之变化。不同的设备选型组合，对电力骨干通信网的网络架构和业务承载影响不大，因此不对变电站组网模式进行深入分析，重点介绍无线传感器等新业务带来的变电站本地无线通信技术应用形成的本地通信组网方案。

5.3.3.2　通信组网方案

变电站一般都配置了接口丰富的有线通信接入设备,如 PCM 设备、数据网交换机等,但随着一次设备无线传感器的逐步普及,变电站无线通信接入能力不足的矛盾日益突出,可采用配置集成多种本地无线通信技术的无线接入网关设备。参考通信技术适配定性分析,选择评价最高的可信 WLAN、LoRa 等多种本地无线通信技术进行集成,并通过安全防护设备接入数据网,为变电站的一次、二次设备无线传感器接入提供通信服务。变电站无线通信组网模式如图 5-13 所示。

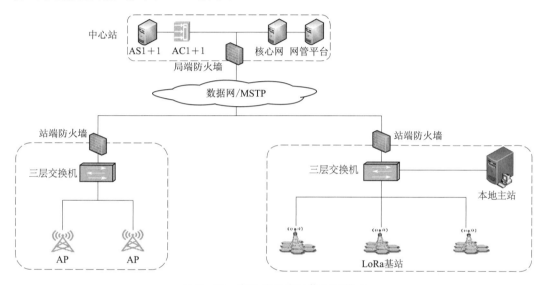

图 5-13　变电站无线通信组网模式

5.3.3.3　安全防护方案

变电站电力监控系统安全接入工作应当落实国家信息安全等级保护制度,坚持"安全分区、网络专用、横向隔离、纵向认证"的原则,保障电力监控系统的安全。

站内传感器接入站内无线基站或 AP,经过防火墙等安全设备与数据承载网相连,在中心站侧同样进行网络边界防护,防止无线传感器被入侵等网络攻击行为。

5.3.3.4　发展展望

为支撑电网企业内部生产管理的自动化、智能化升级改造,建议在各调度厂站增加一套本地通信综合接入网关设备,新变电站应在基建时同步配置,避免后续技改,无线传感采集数据和移动巡检数据均通过无线综合接入网关设备进入电网企业综合数据网。

5.3.4　电网侧-输电线路

5.3.4.1　综述

从输电线路业务需求分析来看,输电线路运行状态监测、智能巡检业务均为第四类业务,可采用无线公网承载模式组网,包括但不限于 4G 虚拟专网。但是由于输电线路可能经过环境恶劣区域或沿管道架设,公网信号无法有效覆盖,需要采用其他通信技术进行补充，实现业务承载。

输电线路业务也存在本地通信需求，可采用 LoRa、微功率无线等多种本地无线通信技术，将各类无线传感器信息汇集至远程传输设备。本地通信技术种类较多，通信组网模式差异也很大，但通常规模较小，不予展开介绍。

5.3.4.2　通信组网方案

输电线路远程通信组网模式包括公网和其他通信技术承载两种方式。公网承载方式，主要指依托运营商 4G/5G 网络等传输方式，完成集控设备至业务主站接入层的通信组网模式；其他通信技术承载方式，包括卫星、多跳组网等方式。参考通信技术适配定量评价结论，优选评分最高的 4G 虚拟专网、卫星通信、多跳无线自组网三种通信技术进行通信组网方案介绍。

1. 4G 虚拟专网组网模式

4G 虚拟专网是电网主要使用的无线公网通信技术，利用运营商无线公网网络延伸，终端侧边缘物联代理等设备通过无线公网将输电线路数据上传到输电全景监控平台等业务主站，并可实现工单、巡视作业的下发。4G 虚拟专网组网模式如图 5-14 所示。

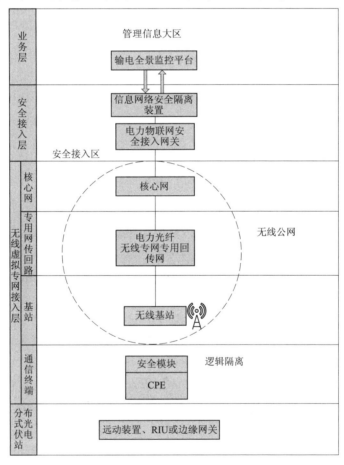

图 5-14　4G 虚拟专网组网模式

2. 卫星通信组网模式

卫星通信是无线公网无法接入下的补充手段，可选用北斗、低轨宽带通信卫星或者同步通信卫星。利用卫星通信网络延伸，终端侧边缘物联代理、视频智能分析设备等设备通过卫星网络将输电线路数据上传到输电全景监控平台等业务主站，并可实现工单、巡视作业的下发。卫星通信组网模式如图 5-15 所示。

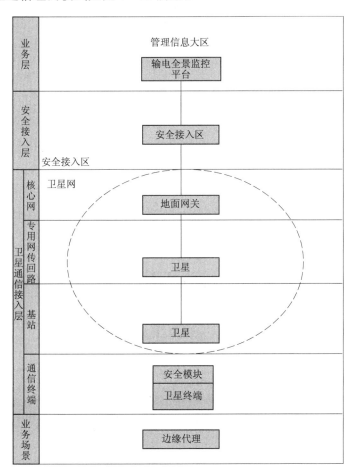

图 5-15 卫星通信组网模式

3. 多跳无线自组网组网模式

多跳无线自组网是无线公网无法接入下的另一种补充手段，可选用 LTE 自组网、P2MP 多跳数字微波等。以 LTE 自组网为例，利用 LTE 自组网网络延伸，终端侧边缘物联代理、视频智能分析设备等设备通过 LTE 自组网将输电线路数据上传到输电全景监控平台等业务主站，并可实现工单、巡视作业的下发。多跳无线自组网组网模式如图 5-16 所示。

5.3.4.3 安全防护方案

输电线路运行状态监测、智能巡检业务接入输电全景监控平台等管理信息大区业务主站，以国家电网为例，安全接入工作应当符合《国家电网有限公司关于印发智慧物联体系

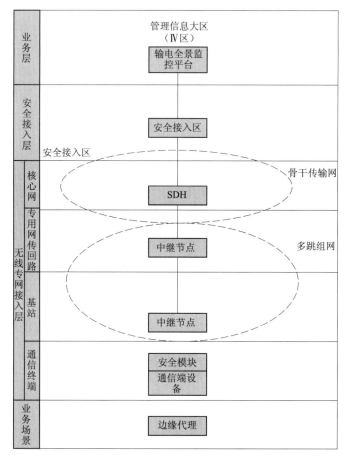

图 5 - 16　多跳无线自组网组网模式

安全防护方案的通知》的要求，边缘物联代理、物联网终端（含移动终端、机器人）等设备，在接入管理信息大区时，应结合业务应用需求采用相应电力物联网安全接入网关、信息网络安全隔离装置实现双向认证和加密传输。如无法满足以上要求的设备，应在管理信息大区外设置安全接入区，通过安全接入区实现和管理信息大区的交互。

5.3.4.4　发展展望

新型电力系统建设下，未来交流同步电网网架演进及交直流混联、大水电及大光伏的集中开发及跨区外送、输电线路中的特高压电网仍是重要的资源配置平台，其网架结构及互联关系将更加复杂，大规模、长距离能源调配成为常态。输电线路在电网的作用和其所处的特殊环境，需要坚强、灵活、多元的通信技术保障业务稳定运行，需要相关单位结合输电线路环境，综合考虑技术性、安全性和经济性选择合适的通信技术组网。与此同时，各类适用的新技术发展也将带动输电线路运行状态监测、智能巡检业务通信网络方案逐步趋于标准化和模型化。

1. 本地通信

未来输电线路物联网终端数量将大幅增长，考虑单节点物联终端汇聚接入的需要，本地通信网技术发展将向以宽窄带无线通信为主，有线通信为辅，兼具低功耗、即插即用、免运维、抗强电磁干扰、边缘认证的技术方向发展。

2. 远程通信

随着运营商 4G、5G 网络的覆盖延伸，未来架空输电线路将更多采用无线公网方式接入，无信号覆盖区域也将变成多跳主网与无线公网融合应用的方式接入，提高网络经济性。管道输电线路通信方式考虑到其环境因素和业务需求，未来将以低功率广域网技术为主进行接入。

5.3.5 电网侧-配电网

5.3.5.1 综述

从智能配电网业务需求分析看，智能配电网的通信业务需求一般包括：第一类控制业务，如新型配网保护、微电网保护等；第三类控制业务，如配网自动化三遥业务等；第四类业务，如配电自动化二遥业务、智能巡检业务等。其中，新型配网保护、微电网保护等第一类控制业务，网络安全上需要与公网物理隔离且网络性能要求较高，因此主要采用光纤专网或中压电力线载波技术进行组网。配电自动化三遥等第三类控制业务，优先选择专网通信技术，不具备接入条件的也可以采用 5G 公网硬切片方式，构建近似物理隔离的电力 5G 虚拟专网。配电自动化二遥业务、智能巡检业务等第四类业务可采用无线公网承载模式组网。

配电网通信也存在本地通信需求，可采用以太网、中低压电力载波、RS－485、LoRa、蓝牙、WLAN 等多种通信方式，将各类配电设备环境监测终端设备（传感器、视频监控等）信息汇集至远程传输设备。本地通信技术种类较多，通信组网模式差异也很大，但通常规模较小，不予展开介绍。

5.3.5.2 通信组网方案

新型配网保护、微电网保护等第一类控制业务，一般采用通信接入网光纤通信技术（如 PON 技术、工业以太网技术等）进行组网，也可采用中压电力线载波技术进行组网试点，因总体应用规模较小、典型性不强，不对其通信组网方案进行详细说明。

本节重点介绍配电自动化三遥等第三类控制业务的通信组网方案。参考通信技术适配定量评价结论，优选评分最高的 PON、工业以太网、无线专网、5G 软切片/4G 虚拟专网、5G 硬切片等五种通信技术进行通信组网方案介绍。

1. PON 技术组网模式

配电自动化、微电网控制等三遥终端通过 PON 技术构建三遥控制节点至变电站的通道，再通过 SDH 网络（变电站至调度主站）将信息上传到配电自动化主站或调度主站，可实现微电网能力管理系统、数据传输单元（Data Transfer unit，DTU）控制信号的下发。PON 技术通信组网模式如图 5－17 所示。

2. 工业以太网技术组网模式

配电自动化、微电网控制等三遥终端通过工业以太网技术构建三遥控制节点至变电站的通道，再通过 SDH 网络（变电站至调度主站）将信息上传到配电自动化主站或调度主站，可实现微电网能力管理系统、DTU 控制信号的下发。工业以太网技术通信组网模式如图 5－18 所示。

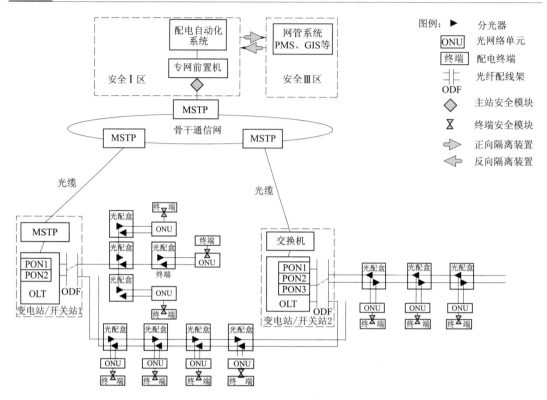

图 5-17 PON 技术通信组网模式

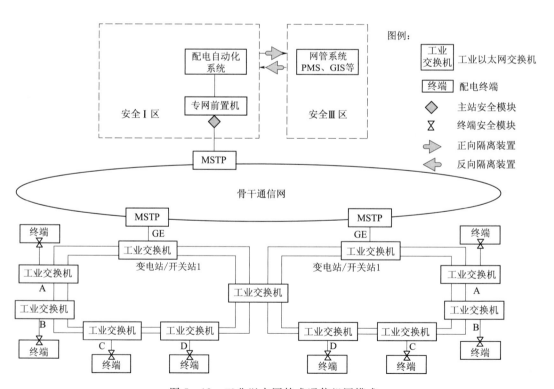

图 5-18 工业以太网技术通信组网模式

3. 无线专网组网模式

配电自动化、微电网控制等三遥终端通过无线专网构建三遥控制节点至变电站的通道，再通过 SDH 网络（变电站至调度主站）将信息上传到配电自动化主站或调度主站，可实现微电网能力管理系统、DTU 控制信号的下发。无线专网通信组网模式如图 5-19 所示。

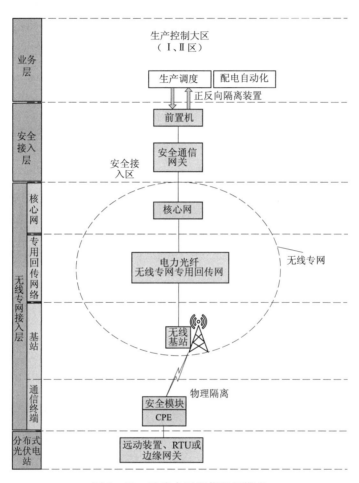

图 5-19　无线专网通信组网模式

4. 5G 软切片/4G 虚拟专网组网模式

二遥终端通过 5G 软切片/4G 虚拟专网构建遥信遥测节点至运营商核心网的通道，再通过运营商与电网公司互联专线将信息上传到配电自动化主站。5G 软切片/4G 虚拟专网通信组网模式如图 5-20 所示。

5. 5G 硬切片组网模式

三遥终端通过运营商提供的 5G 硬切片构建遥信遥测节点至运营商核心网的通道，再通过运营商核心网与电网公司互联专线将信息上传到配电自动化主站和调度主站。5G 硬切片通信组网模式如图 5-21 所示。

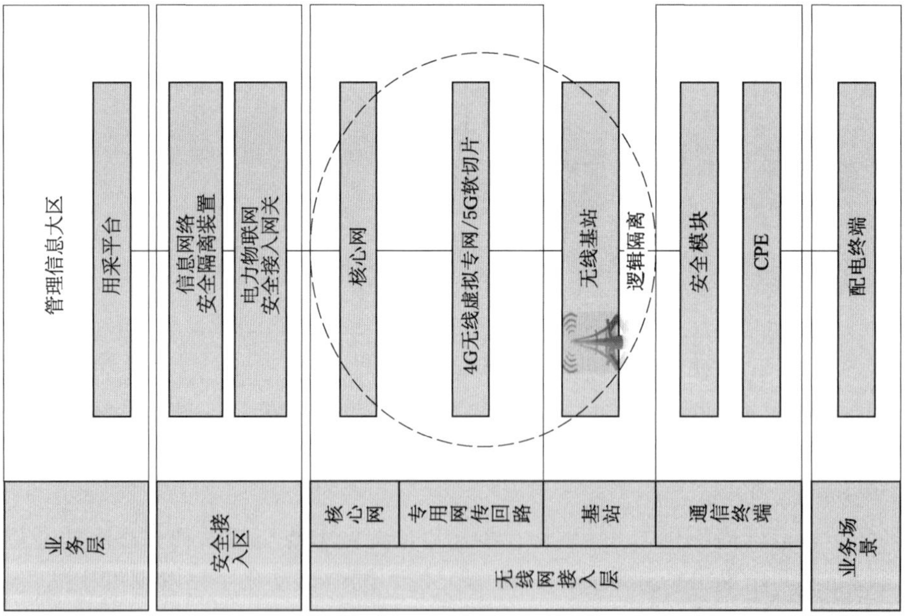

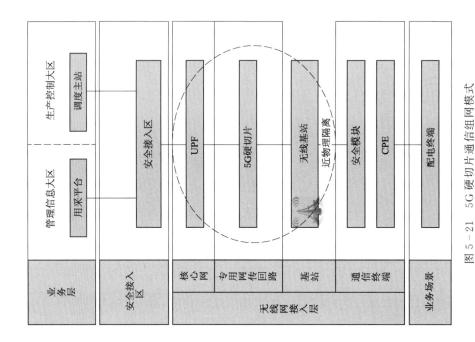

图 5 - 21　5G 硬切片通信组网模式

图 5 - 20　5G 软切片/4G 虚拟专网通信组网模式

5.3.5.3 安全防护方案

配网保护、配电自动化三遥业务和微电网业务安全接入工作应当落实国家信息安全等级保护制度，坚持"安全分区、网络专用、横向隔离、纵向认证"的原则，保障电力监控系统的安全。

可以根据配网保护、配电自动化三遥业务和微电网与主站端业务系统实际情况，简化安全区的设置，但应避免形成纵向交叉连接。

对调度数据网覆盖的微电网，采用基于 SDH/OTN 不同通道、不同光波长、不同纤芯等方式，在物理层面上实现与电力企业其他数据网及外部公共信息网的安全隔离。

5.3.5.4 发展展望

新型电力系统建设下，智能配电网是电网核心业务场景。随着新能源、储能、多元负荷的大规模接入，配电网结构和负荷特性由"无源网"逐步发展为"有源网"，且随着供电可靠性要求不断提高，配电网由辐射型逐步发展为多分段多联络或环网结构，配电网网架结构趋于复杂化。智能配电网是支撑新能源本地消纳和跨区送出的基础网架，需要进一步提高配网调控能力，针对其包含第一类控制业务、第三类控制业务的接入需求，智能配电网通信网建设要更加倾向于专网建设，技术性、安全性条件满足下再考虑经济性因素。与此同时，智能配电网业务场景的完善和适用的新技术发展也将带动智能配电网通信网络方案逐步趋于规范化。

1. 本地通信

随着微电网数量不断增长和规模不断扩大，微电网的本地通信网将发展为保证安全性和可靠性同时可灵活扩展的以无线通信为主、且可满足微电网灵活组网、更丰富业务接入和更高的带宽需求的网络。

2. 远程通信

随着配网保护、配电自动化三遥业务和微电网业务不断增长，以及 5G、6G 网络的技术演进完善，大量建设专用光纤线路的做法将不再普遍适用，通信方式逐步向利用无线通信迁移，并有可能舍弃投资较大、运维复杂的无线专网或混合组网模式，更多地采用租用公网的方式，以专享切片保证通信业务的服务质量和安全性。

5.3.6 负荷侧-可中断负荷

5.3.6.1 综述

从可中断负荷业务需求分析来看，可中断负荷的通信业务需求包括调度直控型可中断负荷（精准控制负荷业务）和非调度直控型可中断负荷（营销负荷控制业务和充电桩业务），其中调度直控型可中断负荷属于第一类控制业务，非调度直控型可中断负荷属于第三类控制业务。调度直控型可中断负荷等第一类控制业务网络安全上需要与公网物理隔离，因此通信技术应选择专网通信技术。非调度直控型可中断负荷等第三类控制业务，可采用 4G/5G 无线虚拟专网承载模式组网。

5.3.6.2 通信组网方案

调度直控型可中断负荷业务等第一类控制业务，一般采用骨干通信网 SDH 技术加光纤收发器延伸进行组网，其中 SDH 一般为原有骨干通信网新开 2M 业务，并不需要单独组网，而延伸覆盖的光纤收发器为点对点通信方式，也不需要进行组网。

本节重点介绍非调度直控型可中断负荷等第三类控制业务的通信组网方案。参考通信技术适配定量评价结论，优选评分最高的无线专网、5G 硬切片/5G 软切片/4G 虚拟专网等通信技术进行通信组网方案介绍。

1. 无线专网组网模式

非调度直控型可中断负荷等终端通过无线专网构建控制节点至变电站的通道，再通过 SDH 网络（变电站至调度主站）将信息上传到可中断负荷控制主站或调度主站，可实现可中断负荷控制信号的下发。无线专网通信组网模式如图 5 - 22 所示。

2. 5G 硬切片/5G 软切片/4G 虚拟专网组网模式

非调度直控型可中断负荷终端通过 5G 硬切片/5G 软切片/4G 虚拟专网构建控制节点至运营商核心网的通道，再通过运营商与电网公司互联专线将信息上传到可中断负荷控制主站或调度主站，实现可中断负荷控制信号的下发。5G 硬切片/5G 软切片/4G 虚拟专网通信组网模式如图 5 - 23 所示。

5.3.6.3　安全防护方案

可中断负荷并网电力监控系统安全接入工作应当落实国家信息安全等级保护制度，依照"安全分区、网络专用、横向隔离、纵向认证"的基本原则配置变电站二次系统安全防护设备。

根据可中断负荷与调度端业务系统实际情况，简化安全区的设置，但应避免形成纵向交叉联接。可中断负荷接入其他业务系统主站时，应按照相关业务系统主站安全防护要求进行安全防护设备部署。可中断负荷通过远程通信网接入营销主站时，应结合业务应用需求采用相应电力物联网安全接入网关、信息网络安全隔离装置实现双向认证和加密传输。

5.3.6.4　发展展望

随着新型电力系统建设，电网负荷的预测、平抑难度不断增大，调度直控型可中断负荷业务作为可由调度直接控制的负荷，可在稳定电网中发挥重要作用。调度直控型可中断负荷业务虽然接近消费侧，但是由于其应对场景的特殊性，需要满足高安全、可靠、快速响应的能力，因此更加倾向于专网建设，满足技术性、安全性条件下再考虑经济性因素。非调度直控型可中断负荷主要参与电力需求响应，其对安全性、通信性能需求一般，因此非调度直控型可中断负荷的通信网络建设未来应考虑安全性、技术可行性和经济性兼顾，提升非调度直控型负荷的可用性、稳定性和经济性。

随着通信技术发展，支撑调度直控型可中断负荷业务的通信技术将在保证安全、性能的情况下，向更灵活、便捷、经济的接入方式转变。未来 5G、6G、低功耗广域网等无线通信技术在满足更安全、更低时延、更高可靠的情况下，可以替代光纤专网或无线专网承载调度直控型可中断负荷业务。非调度直控型可中断负荷在满足带宽、时延需求的情况下，仍将以无线虚拟专网为主。

5.3.7　负荷侧-常规负荷

从常规负荷业务需求分析看，常规负荷业务属于第四类业务，是负荷侧最常见的一项重要业务，其业务规模大、分布广泛、安全和通信需求一般。

常规负荷业务远程通信采用无线公网模式进行组网，其组网模式与输电线路通信基本一致。

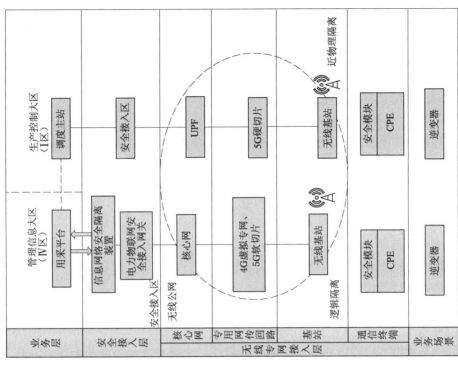

图 5-23　5G 硬切片 /5G 软切片 /4G 虚拟专网通信组网模式

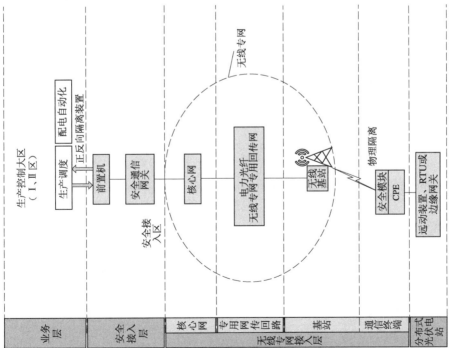

图 5-22　无线专网通信组网模式

常规负荷存在较强的本地通信需求，可采用低压电力载波、RS-485、LoRa、微功率无线等多种通信方式，将就近多个电表信息汇集至集中器设备。本地通信技术种类较多，通信组网模式差异也很大，目前主要通过 HPLC、RS-485 等本地通信方式，随着新型电力系统建设、低压台区用户增多、本地数据采集精度及频度提升、HPLC 等本地通信技术通信性能及接入能力已逐步接近饱和，因此本地通信网将发展为以 HPLC、RS-485 等本地有线通信与 HRF、微功率无线等本地无线通信共存、互补应用，满足大规模、高密度常规负荷业务本地灵活组网和更高的带宽需求。

5.3.8　储能侧-集中式储能

从电源侧业务需求分析看，新型电力系统背景下，集中式储能与集中式新能源的通信需求基本一致，站外通信主要业务类型仍为第一类控制业务和第二类控制业务，站内通信主要业务为储能站内部运行控制信息，其站外通信和站内通信均可参照集中式新能源通信组网模式进行建设。

5.3.9　储能侧-分布式储能

从电源侧业务需求分析看，新型电力系统背景下，分布式储能（专网模式）与分布式新能源的通信需求基本一致，站外通信主要业务类型仍为第二类控制业务和第四类业务，可参照分布式新能源通信组网模式进行建设。

5.3.10　新型电力系统应急通信

5.3.10.1　综述

新型电力系统的应急通信体系，是集跨地组网、多级部署、多媒体指挥、远程监控、移动单兵等功能于一体的新型融合通信指挥调度体系，是具备状态全面感知、信息高效处理、应用便捷灵活地指挥业务应用中台，可实现音频、视频、数据的统一呈现。

融合通信指挥调度系统的建设，需遵循统一的标准规范，核心按照 IMS 交换架构设计，充分利用运营商公用网络与电力专用通信网，通过整合有线与无线通信资源，融合视频、音频、数据通信手段，并与信息业务系统充分联动，实现各级指挥中心之间、指挥中心与前线人员之间的应急指挥，确保应急救援通信的安全、可靠、通畅，保障在紧急情况下能够顺利开展指挥工作，实现现场情况的反馈、决策的快速制定及救援任务的快速下达。

5.3.10.2　系统功能及架构

为适应新型电力系统的应急通信要求，融合通信指挥调度系统应具备以下功能：①应急现场环境状态综合呈现；②语音调度，包括逐个语音呼叫、群组会议呼叫、群组广播呼叫等多种方式，快速传达领导指示；③视频调度，通过指挥调度台对手机、移动单兵、无人机等视频终端发起视频通话；④会议会商；⑤GIS 调度，可在 GIS 地图上一键呼叫地图上的终端；⑥录制回放，包括应急指挥过程中的每个语音通话、视频通话及监测数据等；⑦系统网管信息管理等。上述功能的实现，需要新一代应急通信系统具有先进、坚强、开放的系统架构和功能强大的应急通信设备进行支撑。

1. 系统整体架构

融合通信指挥调度系统以基于 IMS 的融合通信为技术核心，通过各种无线应急终端的接入，并与多种系统的互联互通，实现"端-网-平台"及"空-天-地"一体化端到端指挥调度业务。融合通信指挥调度系统整体架构如图 5-24 所示。

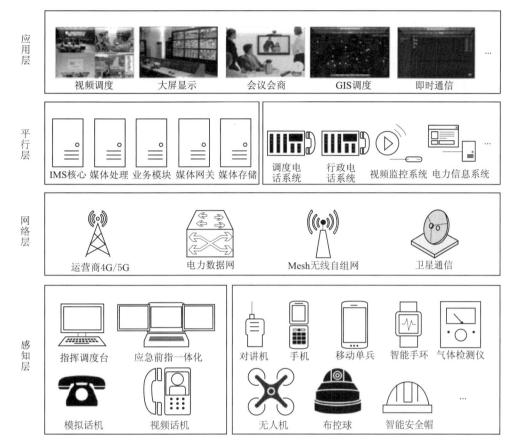

图 5-24　融合通信指挥调度系统整体架构图

整个融合通信指挥调度系统从上到下分为应用层、平台层、网络层、感知层四层。

（1）应用层。应用层是系统的各类应用的呈现及应用的入口，包括语音调度、视频调度、会议会商、GIS 调度、单兵调度、信息监测等通信功能，以及值班值守、大屏显示、电网状态等外部信息系统数据呈现功能。

（2）平台层。平台层以 IMS 交换为核心，辅以各种媒体处理、业务模块、媒体网关、媒体存储等模块，提供完整的融合通信应急指挥调度能力。系统基于 IMS 架构和标准 SIP 协议，提供与调度电话系统、行政电话系统、视频监控系统、电力信息系统等通信、信息系统互联互通的标准接口。

（3）网络层。网络承载以 IP 交换技术体制为主，骨干为既有的电力数据通信网，应急现场则充分利用运营商 4G/5G、卫星通信、Mesh 无线自组网等成熟易用的无线通信技术来解决末端通信问题。

（4）感知层。感知层即各类终端，包括在后方指挥中心部署的指挥调度台和模拟话机、IP 话机等有线终端，以及在前方指挥部部署的应急前指一体机和应急现场救援人员部署的对讲机、手机、移动单兵、无人机等无线终端。

2. 网络部署

为保证网络的可靠性及效率性，电力应急通信网应采用类似电力调度交换网的网络结构，基于既有的数据通信网以及运营商公网来实现总部、分部、省、市、应急现场各个应急节点的互联互通。总部、分部、省、市等指挥中心各建设一套融合通信指挥调度系统，下级指挥中心需接入上级指挥中心并接受上级指挥中心的指挥调度。电力应急通信网络整体部署示意如图 5-25 所示。

3. 系统间对接部署

（1）与传统通信系统的对接。系统与传统的调度电话系统、行政电话系统等通信系统可通过语音中继对接实现语音通信的互通。中继方式包括 SIP 中继、E1 数字中继、模拟中继等，可通过在融合通信指挥调度系统侧部署综合接入网关来实现各种中继接口。

（2）与集群对讲系统的对接。系统通过网关与专业数字集群（Professional Digital Trunking，PDT）系统、陆地集群无线电（Terrestrial Trunked Radio，TETRA）系统和对讲机的互联互通，实现与现场 TETRA 集群终端、PDT 集群终端和对讲机终端的通信。

（3）与视频监控系统的对接。系统支持 RTSP/国标 28181 等多种协议，可通过 IP 网络与视频监控平台或直接与 IP 摄像头对接，指挥调度台可随时随地调取实时监控画面，并实现多路分发业务。

（4）与视频会议系统的对接。视频会议系统的接入方式支持 SIP 对接（要求 MCU 支持标准 SIP 协议）、背靠背对接（非标准 SIP 协议或不具备 MCU 对接条件）等方式。

（5）与运营商公网的对接。由于电力企业自身已具有互联网出口，因此融合通信指挥调度系统可通过既有出口实现与运营商公网的对接，应急现场的数据可通过运营商网络进行回传。利用公网的广覆盖特性，可降低应急通信专网的建设难度。

（6）与卫星通信系统对接。使用有线连接方式，经安全接入网关连接卫星地面站，实现通信车载站、便携站等卫星通信设备的接入，满足与卫星通信系统的互联的需求。

（7）与北斗卫星导航系统对接。系统通过北斗指挥型用户机实现与北斗卫星导航系统对接。平台支撑服务器通过硬件接口方式连接北斗指挥型用户机，实现对电网各级各类用户机的接入及导航、定位、短报文发送等的管理。

5.3.10.3　设备配置

融合通信指挥调度系统主要设备包括：

（1）融合通信调度服务器。融合通信调度服务器是融合通信指挥调度系统的核心，采用 IMS 核心交换架构，基于标准 SIP 协议，包含语音调度、视频调度、会议会商、GIS 调度、即时通信等功能模块，以及信息资源的接入与集中管理、统一调用。

（2）音视频录制服务器。音视频录制服务器可将指挥过程中的视频、音频等信息进行一体化的同步录制，实现实时录制、后期回放、远程管理、文件管理等多种功能。

（3）视频融合服务器。视频融合服务器连接不同视频源使其与视频会商、视频会议、直播平台、移动终端等视频平台互通，将各种视频媒体流接入到融合通信指挥调度系统当中。

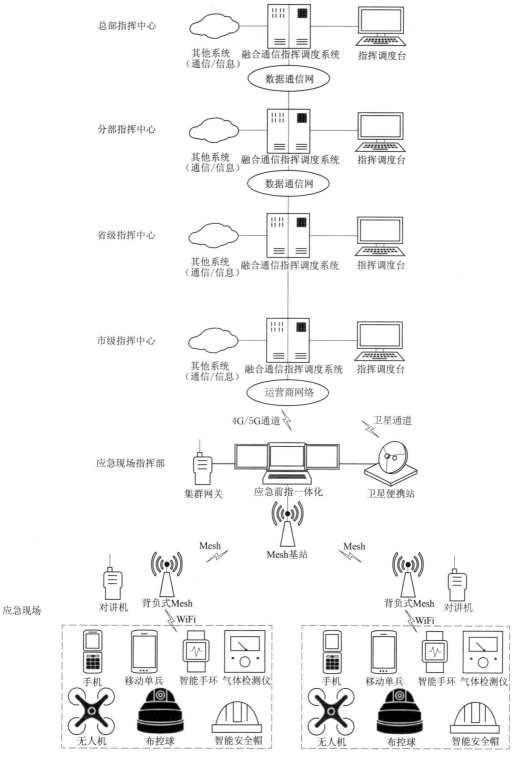

图 5-25 电力应急通信网络整体部署示意图

（4）综合接入网关。设备具备各类常用的通信接口，包括 E1 接口、FXO/FXS 接口、SIP 接口等。

（5）集群网关。集群网关用于将传统制式的对讲集群系统融合进入融合通信指挥调度系统，实现基于 IP 的调度终端与传统对讲机之间的双向语音通信。集群网关可对接常规对讲、传统模拟和数字集群网络等制式。

（6）指挥调度台。指挥调度台是融合通信指挥调度系统的专用指挥终端，具备语音调度、视频调度、会议会商、GIS 调度等各种应用功能，屏幕采用大尺寸触摸屏设计，操作简单易用，处理能力强，满足指挥调度指令快速下达。

（7）应急前指一体机。应急前指一体机是应急现场指挥部使用的指挥终端，是后方融合通信指挥调度系统的延伸，能够整合现场的各类通信资源进行统一指挥，同时建立与后方指挥中心的通信通道，接收上级指挥中心的指挥命令。应急前指一体机集语音调度、视频调度、会议会商、GIS 调度、数据监测等功能于一体，采用移动便携式设计，可手提或手拉箱携带，能够在 3min 内完成部署进入工作状态。

（8）卫星便携站。当应急现场缺乏公网网络信号时，卫星通信成为唯一的与后方通信手段。卫星便携站的超便携性特点可满足用户单人携带的使用需求，通过一键自动寻星功能则可使用户在 5min 内完成宽带卫星互联网的自动接入。

（9）Mesh 无线自组网。构成无中心、分布式、自组织、自适应、自愈合的动态路由/多跳中继通信的自组织网状网络（Mesh）技术，是应急通信业务现场无线组网的最佳选择。每个 Mesh 节点同时作为无线路由器和互联网关，提供非视距、快速移动、复杂干扰工况下的远距离、高带宽和低延时传输。

（10）智能应急 App。智能应急 App 是一款应急指挥应用软件，具有对讲、通话、信息、定位、通讯录等功能，将个人随身携带的智能手机变为应急终端，可大大提高应急响应速度以及扩大应急覆盖范围。

5.3.10.4　网络运维

融合通信指挥调度系统由多种服务器、多种终端组成，需要由统一的管理系统对这些设备进行集中管理配置。应急通信设备的可用性影响应急指挥的效率，网络管理系统应可统计设备的入网年限、使用年限、运行次数等运行信息，管理人员定期对超期服役设备进行维修或更换。网络管理系统应能接入电力企业内部的管理信息大平台中，实现系统维护信息在管理信息大平台中的统一显示和查询。融合通信指挥调度系统与电网各通信系统互联网络架构如图 5-26 所示。

5.3.10.5　发展展望

应急通信是一个结合大数据、云计算等技术的应用领域，更多应急现场的各种精确数据信息，能更有效提高应急指挥救援的准确性和效率性。展望未来，为提升电力行业应对突发灾害事件能力，应进一步加强统筹各专业资源，打破数据壁垒，整合资源，促进数据共享、流程贯通，实现全面信息感知、智能任务生成、高效资源配置。

未来的应急指挥通信系统应继续聚焦以下几个重点方面：

（1）气象灾害方面。全方位多维度汇聚气象灾害数据，确保灾害信息全面感知、互联互通、全局共享，实时预测分析、统计气象灾害影响电网和用户范围，并基于 GIS 叠加

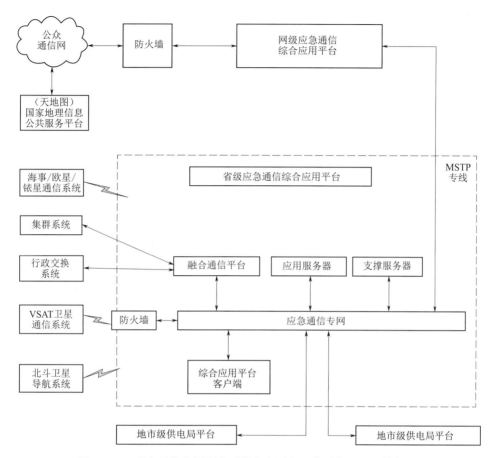

图 5-26　融合通信指挥调度系统与电网各通信系统互联网络架构

展示，支撑应急指挥系统进行灾害预警及应急指挥。

（2）电力设施方面。打破数据壁垒，加强资源整合，支撑日常态与应急态电力设施灾损及恢复信息实时统计、分析、展示、发布等，支撑灾损恢复全实时。

（3）应急资源方面。实现应急队伍、各类应急装备、应急物资状态实时、全程、在线感知，实现智能、快速调拨调配，应急任务及时下达。

（4）舆情信息方面。实时感知电力企业应急事件相关的舆情信息，支撑应急决策、舆情处置、对外信息发布等。

（5）重要保电方面。围绕各项重大活动、重要赛事、会议等的保电任务，依托设备、用户等相关业务数据，按照保电筹备、保电实战两个阶段形成保电专题，实现保电信息多维互联、汇聚整合、统计分析、全景展示，为保电指挥提供全方位决策支撑。

5.3.11　"源网荷储"一体化调度交换

5.3.11.1　综述

随着新型电力系统的建设，基于多业务融合的调度需求不断出现，现有电路调度交换网存在技术体制演进的需求。在技术上，IP 分组交换已明确是电路交换技术的下一代演进方向。IP 分组交换技术可划分为软交换和 IMS，两者都基于 IP 承载网，两者也存在着一定的技术特性差异，IMS 在业务的持续拓展、互通性及移动业务拓展方面，比软交换更具备优势，并且系统结构和标准化程度更高，目前国内拥有 IMS 技术的多个厂家，可以提供完整的解决方案，包括 IMS 核心平台及定制化的电力调度业务功能。

从业务长远发展的角度考虑，电力调度交换的下一步建设发展应优先考虑 IMS 技术体制。

结合电力调度交换网现状和技术体制的选择，调度交换网需要在稳定可靠的基础上进行逐步演进，其演进策略为：技术体制从电路交换向着 IMS 演进，构建基于 IMS 的 IP 调度网，双网并存作为互备，主用业务逐步迁移至调度 IMS 网，电路交换网仍然作为保底备用。

5.3.11.2　系统功能

1. 基础功能

基础功能主要包括语音电话的局内呼叫、路由控制、出局呼叫等，满足调度电话点对点呼叫接续要求，在电力行业标准《电力系统数字调度交换机》（DL/T 795—2016）和国家标准《电力软交换系统技术规范》（GB/T 31998—2015）中有详细要求，电路交换系统和 IMS 均能支持。

2. 调度功能

调度功能主要指在电力调度领域业务协同、同组呼叫等的特色功能，满足电力调度场景的特定需求，在电力行业标准 DL/T 795—2016 和国家标准 GB/T 31998—2015 中有详细要求，电路交换系统和 IMS 均能支持。调度功能对比见表 5-1。

表 5-1　　　　　　　　　　　　调　度　功　能　对　比　表

调度功能	电路交换	IMS	调度功能	电路交换	IMS
调度同组振铃	支持	支持	来话群答	支持	支持
同组状态呈现	支持	支持	缺席	支持	支持
同组并席	支持	支持	黑/白名单	支持	支持
强插	支持	支持	语音会议	支持	支持
强拆	支持	支持	调度录音	支持	支持
来话排队	支持	支持			

3. 调度新业务功能

调度新业务功能基于 IP 分组交换技术，具备语音、视频和数据的多媒体通信能力，可实现更加丰富的新应用，主要包括如下几点：

（1）高清调度视频会商。高清调度视频会商实现多方异地值班的音视频会议功能，满足一体化调度情况下的异地早会、交接班、多方协同等业务需求。

（2）调度广播通知业务。调度广播通知业务在调度台上录制通知内容或以文字内容，一键将内容通过电话的形式通知到下属单位，并可查看通知结果，提高调度员工作效率。

（3）反事故演习模拟通信业务。反事故演习模拟通信业务提供调度员培训及业务的身份模拟、导演会议、可视化观摩等应用，操作过程真实还原，实现全真和无纸化演习。

（4）呼叫智能分区。呼叫智能分区根据不同的业务类型实现来话智能分区功能，调度组席位具备来话区域的自动筛选和分配功能。根据业务设定，进入到不同的调度业务组，从而实现来话的精准落地。

（5）智能识别业务。智能识别业务基于智能语音识别技术，将现有调度员人机操作模式优化为更加自然的语音交互模式，实现语音拨号、录音内容快速定位和查询、调度日志转写、厂站调度对象身份校核和调令校核等。

（6）通信信息联动业务。通信信息联动业务将通信和信息系统融合，在信息流程中调用通信能力，实现点击拨号、来话弹单、语音催单等联动功能，形成全流程融合应用模式。

5.3.11.3　系统架构

按照电力行业标准《电力系统自动交换电话网技术规范》（DL/T 598—2010）要求，电力交换电话网采用四级汇接五级交换，调度电话业务覆盖电网公司总部（C1）、区域电网公司（C2）、省（自治区、直辖市）电力公司（C3）、地市级电力公司或直调厂站（C4）及终端交换站（C5）各级直属单位、发电企业、县供电公司等。（注：国家电网设置有六大分部对应 C2，南方电网未设置分部，相当于 C1/C2 合设）

依据业务演进的可靠性原则，调度 IMS 组网参考现有电路交换设备多级部署架构，采用双网独立并存架构。

双网独立并存架构采用电路交换和 IMS 双网并存的方式，电路交换网采用 2M 中继方式组网，IMS 采用 SIP 中继方式组网，基于 IMS 技术特性，从省公司到地市有分级组网和大集中组网两种模式。

（1）分级组网模式。分级组网架构如图 5-27 所示。按照电路交换网主备结构，对等设置 IMS 调度交换系统，形成电路交换网（2M 网）和 IMS 调度交换网（IP 网），双网并存，采用横向双网互通，纵向单网独立原则。

（2）省级大集中组网模式。省级以上依然按照电路交换网主备结构，省级大集中组网架构如图 5-28 所示。对等设置 IMS 调度交换系统，形成电路交换网（2M 网）和 IMS 调度交换网（IP 网），省级以下扁平化模式，电路交换网和 IMS 调度交换统一在省级横向互通，地市、直调厂站、县级、电厂等采用终端接入方式。

分组组网与省级大集中组网两种架构在省级以下部署上有一定差异，在呼叫路由、组网技术等方面保持一致。

1）呼叫路由。目前电路交换网为主用路由，新建 IMS 调度系统通过横向 2M 中继实现呼叫出局，至 IMS 行政的公网互通，也通过调度交换机与 IMS 行政系统互通。而当 SIP 中继组网技术已得到了充分验证，IP 中继成为主用路由，电路交换网转为备用，公网出局呼叫业务则以均通过 SIP 中继与省 IMS 行政系统互联，通过省 IMS 行政平台统一出局。

2）组网技术。IMS 采用双归属或集群技术实现异地备份，调度台采用双模注册方式，同时工作在电路交换及 IMS 模式下。通过跨网同组、热键优先等技术手段，由系统判断最佳路由。

3）终端接入。电路交换网的接入终端只能连接至归属调度交换机，因此需要多调度交换机对同一单位进行放号；IMS 调度交换系统内的 IAD、IP 话机等终端可采用主备服务器注册的方式实现备份。

4）网络承载。电路交换网基于 SDH 传输设备，采用 2M 通道实现互联互通，网络管

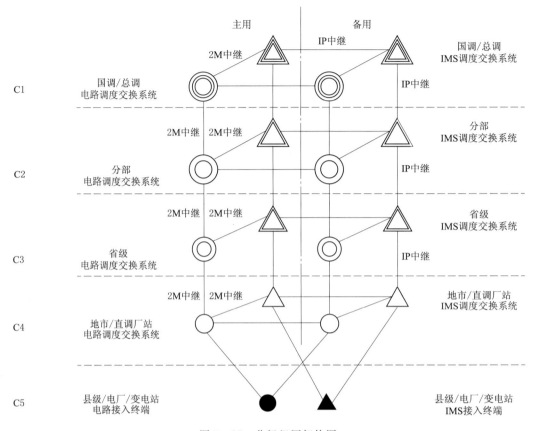

图 5 - 27　分级组网架构图

理和设备运维均由通信专业负责，而 IMS 调度交换需承载于 IP 网络，基于当前网络现状，建议基于传输设备新建独立的调度交换专用数据网的方式，可实现对于厂站、电厂等的广覆盖。

5）联动模式。将信息系统和调度交换系统进一步融合，采用松耦合的方式进行互联，使用能力接口互通的方式，达到能力融合和调用的目标，出于系统稳定性考虑，两者需作为各自独立系统运行，在网络或系统内部异常情况下，不会产生系统间影响。

5.3.11.4　发展展望

新型电力系统的建设给电力调度提出了更多全新的挑战，一体化调度交换系统作为重要的通信支撑系统，也将面临更多的新需求。结合通信技术的发展，未来进一步的演进方向主要体现在丰富配网调度业务应用、构建通信能力开放平台和新技术应用研究三个方面。

1. 丰富配网调度业务应用

目前调度交换系统在配网领域覆盖不足，因此一体化调度交换系统必须进一步提升在配网调度领域的业务覆盖，结合配网调度的特点和 IMS 技术特性，不断丰富有线和无线融合通信应用模式。

2. 构建通信能力开放平台

基于 IMS 技术的一体化调度交换系统具备基础的开放能力，但未来在面对更多更丰

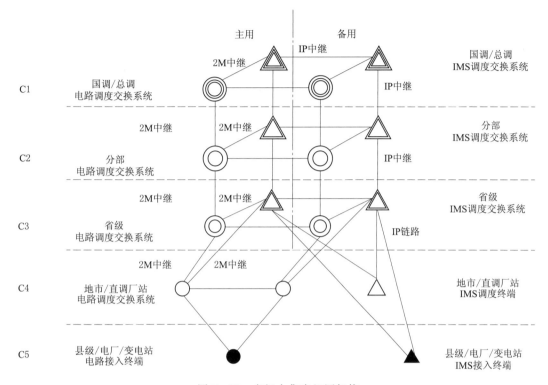

图 5-28 省级大集中组网架构

富的应用系统时，需具备更加标准化的能力接口和多系统对接能力，因此还需将各类通信能力和智能化能力进一步提炼统一，结合场景将基础功能粒度进行合理的划分和封装，提升接口内部的稳定和可靠性，构建出通信能力开放平台。

3．新技术应用研究

随着 5G、云计算、大数据、人工智能等技术的飞速发展，IT 和 CT 深度融合，新的业务需求需要更加灵活、敏捷的新一代网络承载，SDN/NFV 和 AI 等先进技术融合将成为未来通信的基础，因此一体化调度交换系统也将随着这些新技术方向的发展进一步演进，并需充分结合电力行业特点开展针对性应用研究。

5.4 多元主体内部通信网络建设方案

5.4.1 虚拟电厂/负荷聚合商/综合能源服务建设

5.4.1.1 综述

从虚拟电厂/负荷聚合商/综合能源服务站外通信业务需求分析看，统调型虚拟电厂/负荷聚合商/综合能源服务站外通信业务属于第二类控制业务，与传统统调电厂通信组网模式基本一致；非统调型虚拟电厂/负荷聚合商/综合能源服务站外通信业务属于第三类控制业务，与可中断负荷组网模式基本一致。

本章节重点介绍虚拟电厂/负荷聚合商/综合能源服务站内通信组网模式，从业务需求分析看，不论是统调型还是非统调型虚拟电厂/负荷聚合商/综合能源服务，其站内通信业务需求都包括：第三类控制业务，如站内通信的分布式电源控制、可中断负荷控制等业务；第四类业务，如站内通信的电能数据采集业务。

虚拟电厂/负荷聚合商/综合能源服务站内通信的控制对象分散在不同的区域，不可能像传统电厂一样可以采用自建本地通信网络实现简单的通信，而需要采用无线专网、无线公网等多种通信方式。

5.4.1.2 通信组网方案

参考通信技术适配定量评价结论，优选评分最高的 5G 硬切片/5G 软切片/4G 虚拟专网通信技术进行通信组网方案介绍。

5G 硬切片/5G 软切片/4G 虚拟专网组网模式是三遥终端通过 5G 硬切片/5G 软切片/4G 虚拟专网构建三遥控制节点至运营商核心网的通道，再通过运营商与电网公司互联专线将信息上传到配电自动化主站或调度主站，可实现虚拟电厂管理系统控制信号的下发。5G 硬切片/5G 软切片/4G 虚拟专网通信组网模式如图 5-29 所示。

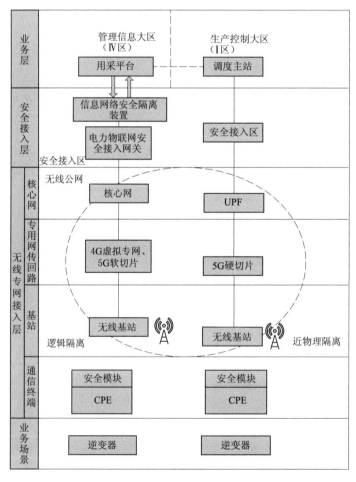

图 5-29 5G 硬切片/5G 软切片/4G 虚拟专网通信组网模式

5.4.1.3　安全防护方案

虚拟电厂/负荷聚合商/综合能源服务通过远程通信接入虚拟电厂主站管理信息大区时，应结合业务应用需求采用相应电力物联网安全接入网关、信息网络安全隔离装置实现双向认证和加密传输。如无法满足以上要求的设备，应在管理信息大区外设置安全接入区，通过安全接入区实现和管理信息大区的交互。

虚拟电厂/负荷聚合商/综合能源服务站内通信与站外通信之间应采用物理隔离措施，仅允许数据交互，不允许网络互通。

5.4.1.4　发展展望

虚拟电厂/负荷聚合商/综合能源服务站内通信主要作为可中断负荷等参与电力需求响应、调峰等非实时性业务，其对通信的实时性、可靠性等性能要求不高，因此通信网络建设主要考虑安全性、技术可行性和经济性兼顾，提高通信灵活接入能力，满足虚拟电厂/负荷聚合商/综合能源服务在非实时响应、数据高效聚合的要求，提升虚拟电厂/负荷聚合商/综合能源服务的可用性、稳定性和经济性。

虚拟电厂/负荷聚合商/综合能源服务站内通信需要在保证接入灵活、通信可靠的前提下，更加注重经济性。随着5G、6G网络的技术演进发展，未来虚拟电厂/负荷聚合商/综合能源服务将更多地采用租用公网的方式，实现规模化资源的可靠、灵活接入。

5.4.2　新能源集控中心建设

5.4.2.1　综述

由于新能源场站分散部署、地理位置相对偏僻且数量逐渐增多，对场站进行单独管理呈现效率降低、成本升高的趋势。各场站独立运行、独立管控，没有实现统一的数据平台，未能实现场站之间相互通信、数据资源共享，无法满足集中及远程监视与控制的要求，无法实现经济效益最大化。通过集控中心的建设，将各场站信息上送至集控中心，建设统一的数据平台，将各场站的生产运行数据进行整合，在统一的数据平台上规划及完善各项应用，实现产能最大化控制，实现"无人值班，少人值守"的管理模式，可以为新能源场站智能化发展提供坚实的技术支撑，并提高新能源场站的区域化集中管理。

5.4.2.2　业务及流向

集控中心的设计原则是以一体化平台构建为基础，以集控应用建设为核心，在统一的平台上建设集中监控、电能量采集等应用功能，通过一体化平台实现全方位的数据处理分析，同时对集控系统进行安全分区，明确各分区的安全要求，最终构建一套功能完善、全面开放、安全可靠的集控一体化主站系统。新能源集控中心需将各场站生产控制大区Ⅰ区、生产非控制大区Ⅱ区和省、地调管理信息大区Ⅲ区信息接入集控中心。其中生产控制大区Ⅰ区为生产实时控制区，直接实现对电力一次系统的实时监控；生产非控制大区Ⅱ区为生产非实时控制区，在线运行但不具备控制功能；省、地调管理信息大区Ⅲ区为集控应用系统和工业电视监控系统，实现大数据处理优化。监控中心实现远程集中监视和控制，安全中心实现安全防护，数据中心实现大数据存储、处理，应用中心实现数据展示。

按照新能源场站接入系统的要求，各场站在接入电网系统并网发电投运的同时，也必须建成至地调或省调的通信通道，上传升压站相关运行信息。因此，集控系统下辖的各场站运行信息可通过对这一通信通道的扩容及共享来完成通信并组网，实现集控中心与各场站的建设投运周期同步，便于将来运行管理与电网调度的协同配合。

1. 生产控制大区 Ⅰ 区集控功能

（1）远程监视。集控系统对场站端数据进行周期性查询，包括各类模拟量和开关量等；实时数据监测的内容包括关键参数、场站信息、机组及部件信息、升压站信息等。带宽要求为 64kbit/s～2Mbit/s，时延要求毫秒级。

（2）远程控制。集控中心值班人员可控制各类设备状态。带宽要求为 64kbit/s～2Mbit/s，时延要求毫秒级。

2. 生产非控制大区 Ⅱ 区辅助功能

（1）功率预测。通过在安全 Ⅱ 区设置功率预测信息接收服务器，将各场站的功率预测信息上传至集控中心主站系统，进行所辖场站的功率预测统计分析。带宽要求为 128kbit/s～2Mbit/s，时延要求秒级。

（2）保信主站。保信主站系统能够与不同厂家、不同型号的子站系统进行通信，实现召唤、控制、初始化配置等功能；能对子站上送的保护事件、异常及开关量变位等信息进行分类处理及保存；能显示各个通道的波形、名称、有效值、瞬时值、开关量状态。带宽要求为 128kbit/s～2Mbit/s，时延要求秒级。

（3）电能量计量。电能量计量系统功能可以划分为电能量数据采集和处理、电能量数据应用两大功能。在电能量数据采集和处理的基础上增加电能量数据应用功能，结合电力市场的报价系统等，建成新能源集控中心各新能源场站参与电力市场运营的技术支持系统。带宽要求为 128kbit/s～2Mbit/s，时延要求秒级。

3. 省地调管理信息大区 Ⅲ 区信息

将省、地调管理信息大区 Ⅲ 区信息延伸至集控中心，用以实现上报检修申请、接收调度操作预发令、查看统调电厂通知和文件、查询发电计划及发电考核结果等"三公"调度信息。带宽要求为 2～10Mbit/s，时延要求秒级。

将场站端工业电视系统视频监控画面接入集控中心，能够实现集控中心远程监视的功能。带宽要求为 10～100Mbit/s，时延要求秒级。

5.4.2.3 通信组网方案

新能源集控中心通信网络结构主要分为本地通信和远程通信两部分，如图 5 - 30 所示。

1. 本地通信

本地通信包括集控中心内部行政电话以及网络通信，利用公网网络布置，根据场所实际需求布置话路及网络，对于规模较大的可以布置行政机房，配置程控交换机及网络配线，楼层间布置楼层交换机。

本地通信可通过以太网、RS-485、光纤、本地无线网等多种方式，将终端设备的信息汇集至一个或多个集控设备，并上传至远程通信设备。

2. 远程通信

远程通信包括专网承载和公网承载两种方式。

（1）专网承载。专网承载依托于光传输网，可以提供大容量、高可靠性的传输通道，满足新能源集控中心数据传输的要求。专网可自主建设，也可考虑利用电网专网通道，节

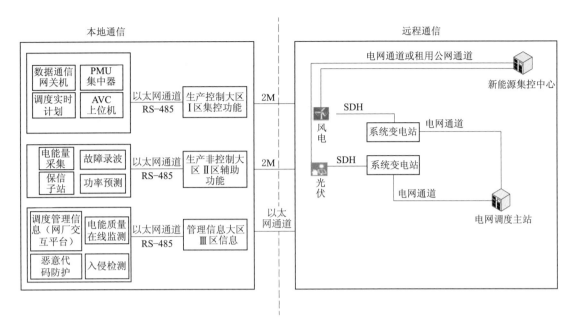

图 5-30 新能源集控中心通信网络结构图

省投资，易于实施。光传输网一般采用 SDH 传输方式，完成集控中心至各升压站以及升压站至电网系统变电站的通信组网。

（2）公网承载。新能源场站建成后，运营商公网将会随之实现覆盖，公网承载方式通过租用运营商专线方式进行数据传输，实现各升压站至集控中心的点对点独立通信。

采用无线公网承载时无线传输终端应使用配置安全防护设备、设置安全接入区等防护手段。无线公网承载方式宜保证大于 2 家运营商同时接入，信号较弱区域应采用室分等信号增强技术保障通信环境。

5.4.2.4 安全防护方案

采用专用传输通道时，新能源集控中心应按照"安全分区、网络专用、横向隔离、纵向认证"的防护原则，配置二次安全防护设备。

采用租用通道时，新能源集控中心应设立安全接入区，对各类接入业务进行逻辑隔离，各控制类业务宜设立相对独立的安全接入区，若共用安全接入区，应根据不同业务类型划分不同接入域。生产控制大区与安全接入区之间应部署横向隔离装置，实现安全隔离。安全接入区的远程通信出入口处应部署纵向加密认证装置等防护措施，实现身份认证、加解密和访问控制，传输数据的速率应满足生产数据的实时要求。

5.4.2.5 发展展望

新能源集控中心承担着新能源场站与电网之间智能化自主化通信互动、多种电网友好运行模式灵活切换、场站内风光储协调控制、智能运维等重要功能。未来新能源集控中心将向智能优化调控、高精度功率预测、智能运维方向发展。

1. 本地通信中远期建议

本地通信可因地制宜使用光纤、运营商网络、RS-485、以太网以及本地无线网等多种通信方式。本地通信网络需充分考虑远景集控中心可扩展容量，满足未来的接入容量需求。

2. 远程通信中远期建议

新能源集控中心远程通信应根据不同带宽需求选取合适通信接入方式。SDH 光传输网可满足一般容量需求。考虑到未来业务发展，远程通信应紧跟电网技术，可采用 OTN/FlexE 技术进行集控中心网络接入。同步考虑系统可扩展性，满足后期新增场站接入容量需求。

第 6 章

典 型 案 例

电力企业在大力推进新型电力系统建设中，涌现了许多优秀的通信技术应用案例，本章在 2023 年我国能源网络通信创新应用技术交流会中典型应用场景案例基础上，选取优秀案例进行介绍，可分为：网架演进案例；新业务接入案例；多元主体通信网络案例；综合应用案例。本章案例可以为管理人员和广大电力运维员工提供实践参考。

6.1 网架演进案例

6.1.1 上海电力公司 IMS 交换网全局支撑及业务开放能力应用案例

6.1.1.1 业务场景描述

利用 IMS 交换网全局支撑及业务开放能力，构建基于 IMS 核心交换网的音视频全局支撑平台，如图 6-1 所示，打通公司行政电话交换系统、视频会议系统的壁垒，实现行政电话、视频、会议业务的整合，实现基于办公电脑客户端的新型音视频融合办公的新体验。建立电力信息系统与数字化音视频系统的互联平台，打通信息与通信的交换壁垒，以点击拨号嵌入第三方系统、电话机器人组件的形式，实现与第三方业务系统的融合应用。基于 IMS 交换网的移动视频泛在接入技术，利用 4G VoLTE、5G VoNR 技术，实现基于电信标准协议的公司 IMS 交换网视频电话与公网 4G/5G 移动终端的广泛互通，实现生产系统现场作业的可视化协作。

6.1.1.2 业务通信需求

公司行政电话交换系统、视频会议系统一直是支撑电力运行生产重要通信设施，但电话、视频会议系统采用不同技术、不同终端、不同网络，使用方式为各自终端开展业务，无法支撑新型电力系统技术融合业务、数字化融合办公通信需求。同时，随着移动作业的应用，现场可视协作开始广泛应用，但是由于移动互联网通信协议不同，难以支撑可视化协作应用现场广覆盖，音视频业务支撑新型电力系统建设的高效融合协同有待进一步提升。

6.1.1.3 通信技术适用性

IMS 技术由负责移动标准组织 3GPP 的 R5 版本提出，其最初目标是在移动终端的分组域提供多媒体业务，而话音业务仍在移动网络的电路域提供。IMS 技术的定位是在交换网上加强对于 IP 网络和 IP 环境下多媒体业务的管控能力，通过基于分组信令（SIP 协议）提供包含语音、视频、图片、文本等多种媒体类型的通信业务。

由于 IMS 基于 IP 网络提供业务，在 3GPP 的 R7 版本引入了 IMS 对固定网络业务的

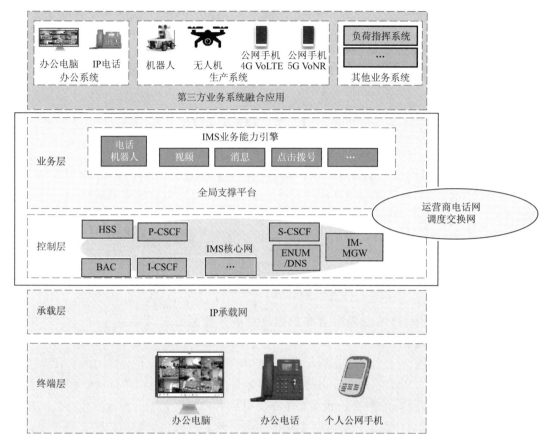

图 6-1 基于 IMS 核心交换网的音视频全局支撑平台

支持，IMS 发展成为固定和移动融合的架构。IMS 交换网是继电路交换技术后的下一代电信级交换系统，支持异构网络、不同终端、多种业务相互融合，同时利用其开放性、标准化能力，可以快速定制电力新业务，适应未来各种电网信息与通信业务的融合通信需求，有力支撑智能电网建设。

IMS 技术在软交换控制与承载分离的基础上，进一步实现了业务与控制的分离。IMS 所有的业务包括传统概念上的补充业务由各类业务服务器（AS）来实现。

IMS 技术特点和优势更适合提供宽带多媒体业务，并能够带来业务提供能力的提升。首先，IMS 具有接入无关、承载控制分离、会话与业务控制分离的特点，网络控制功能简化，智能延伸到业务侧和终端侧，有利于多媒体新业务开发和部署。同时，业务服务器之间松耦合、标准、开放的接口有利于业务之间的组合和调用。其次，在信令协议上端到端的采用基于 IP 的 SIP 协议，不仅更加灵活，适合多媒体业务的控制，而且消除了交换机时代局间信令和用户侧信令差异，保证了业务属性在网络侧和终端之间或终端和终端之间的传递，无需协议转换，方便业务开发。

IMS 基础业务主要包括语音、视频、会议等音视频基础业务，在部署模式上主要建设语音、会议业务 AS（MMTEL）、语音交互 AS（IVR）和文本转语音（Text to speech，TTS）AS等服务和应用。面向第三方特色业务定制化需求，IMS网络能够提供多媒体业务开发接口和多媒体业务开放平台，将基本业务和高级业务能力进一步开放，供第三方业务系统挖掘和共享多媒体业务的能力。

6.1.1.4 组网方案及技术架构

1. 基于IMS核心交换网的音视频融合网络架构

方案中提出了适应大型企业IMS交换专网技术要求，包括扁平化组网、互联互通、系统容灾、媒体承载、带宽测算等方法。通过现网规模化测试，制定涵盖关键技术、规划设计、工程建设、运行维护、业务支撑五个方面标准体系；实现了端到端延时小于100ms、抖动小于50ms、丢包率小于0.01％的优良指标，提供基于IMS行政交换网电信级标准协议音视频互联互通的网络架构，实现行政电话、视频、会议业务整合，支撑构建新型电力业务应用的音视频融合网络架构，填补了IMS技术在大型企业应用的空白。电力公司音视频融合网络架构如图6-2所示。

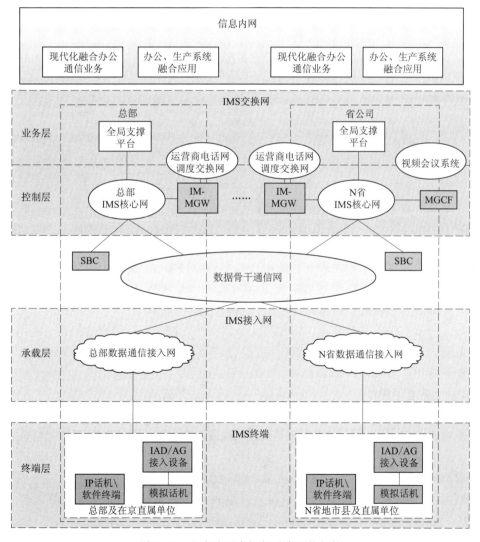

图6-2 电力公司音视频融合网络架构

2. IMS 业务开放能力全局支撑技术架构

基于 IMS 业务开发能力，研发的 IMS 业务开放平台，建立电力信息系统与数字化音视频通信业务系统的互联，打通信息系统与通信交换的壁垒，实现了信息的高效互动。研发 IMS 一体化运维支撑系统，实现跨平台一键开户和批量开户，业务开通时长由分钟级缩短至毫秒级，网络割接时长由数十日缩短到 1h；设计了面向多厂家核心网融合的 IMS 交换网业务多粒度开发接口，以 API、脚本、组件等方式提供给业务开发者，屏蔽网元内部业务触发流程，解决了 ISC 接口开发难度大、业务流程实现复杂等问题，实现业务快速开发和迭代。

6.1.1.5　实施成效

（1）IMS 核心网迁移情况：共计 768 座厂站使用，其中包括 29848 个模拟终端、955 个 IP 硬终端、1769 个 IP 软终端，共计 32572 个用户迁移。

（2）IMS 业务全局支撑平台情况：完成公司的办公电脑的推广运用，实现了传统电话与电脑的联动应用；实现基于办公电脑的视频会议便捷自助化应用；基于业务平台，开放了点击拨号、电话推送，试点业务系统与电话的融合应用。

（3）技术研究情况：联合上海电信，完成公网 4G/5G 移动终端与公司 IMS 核心网的视频电话互通的技术研究，并进行了实验室测试验证，为未来 IMS 电话终端、会议终端、业务系统与基于无线公网的手机终端、无人机、机器人终端的泛在视频互动应用提供基础技术。

6.1.1.6　发展展望

基于 IMS 交换网的多媒体融合通信全局支撑能力，实现对传统办公电话、视频会议的网络架构换代、业务融合支撑和办公体验升级，通过音视频业务的泛在接入和能力开放，支撑新型电力系统建设中融合通信的创新应用。

6.1.2　山东电力公司 SPN 技术创新应用案例

6.1.2.1　业务场景描述

在能源互联网多元业务需求下，业务具有多颗粒带宽、低时延、高可靠等多维特征，迫切需要建设能够满足能源互联网多元业务需求的切片网络。SPN 技术的设备类型及技术标准，在面对小颗粒度业务接入与调度、控制类业务安全承载等方面应用时，还存在帧结构设计、时隙交叉、安全隔离、切片调度、组网及管理等深化研究的问题，需结合能源互联网典型场景开展重点研发与试点验证，从而实现 SPN 技术对能源互联网的深度融合适配和业务应用。

6.1.2.2　业务通信需求

能源互联网建设背景下，电网业务主要存在以下几方面需求：

（1）业务向 IP 分组化和宽带化转变。在生产控制大区，调控系统网络化推动了地县一体、千兆互联等体系建设，促进了人机交互、一键顺控等业务应用；在管理信息大区，数据通信网 VPN 下沉到站、机器人巡检、视频监控等 IP 业务对带宽需求进一步提升；在互联网大区，云平台的深入推进和新兴互联网业务的广泛使用将持续增加通信带宽需求。

（2）传统 TDM 业务长期存在。继电保护、安稳控制对时延抖动要求极高，小颗粒

2M 业务短时间内难以实现分组化。同时，为了防范大电网安全风险，"双保护""三路由""四通道"以及"同一 SDH 设备 8 条线路保护的上限"等新要求，对通信网安全提出更高的标准。

（3）调度数据网双网结构不断完善。调度数据网地调第二接入网已建成，调度数据网双平面需承载在不同传输平面，安全性要求较高。同时，变电站运维班、集控站主辅设备监视等系统的上线使调度数据网带宽成倍提升。

（4）"源-网-荷-储"互动性持续增强。在"双碳"目标驱动下，新能源厂站接入数量将大幅提升，市域电网和通信网成为新能源接入的"主战场"。结合新型电力系统中新能源发展趋势，研究建设适应信息数据分散接入的新一代高效电力通信网分级、分层架构具有重要意义。与此同时，电网系统广域保护将进一步推广，安稳、精准负荷控制等保护系统跨越了多级网络，要求通信传输网具备一体化和扁平化结构。

6.1.2.3 通信技术适用性

SPN 采用 FlexE 实现基于时隙的切片转发，已实现 10M 小颗粒度切片，提供与 SDH 相同的刚性管道隔离，可提供大带宽、低时延、硬隔离切片通道，安全性和灵活性高。

SPN 切片技术分为软切片技术和硬切片技术。软切片技术是在二层（L2）或以上的虚拟化技术。硬切片技术是在一层（L1）或光层的切片技术。硬切片方式保证业务的隔离安全、低时延等需求，而软切片方式支持业务的带宽复用，提升传输效率。

基于 SE-XC 交叉的转发技术在时隙层面完成了业务的转发，类似于 L1 的转发技术，其时延极低，最小时延可以达到 $1\mu s$ 以内，并且抖动极小。通过 FlexE 技术进行多路光接口绑定，在低成本低速率光模块的基础上实现高速率的以太网接口，通过以太接口绑定，实现单端口容量的提升，构筑最低成本的大带宽组网能力，实现接入层 50/100GE，汇聚核心层 200/400GE 的高速率端口。

SPN 采用软件定义网络（SDN）管控架构，实现开放、敏捷、高效的网络运营和运维体系。支持业务部署和运维的自动化能力，以及感知网络状态并进行实时优化的网络自优化能力。

6.1.2.4 组网方案

1. 基于 FlexE 的能源互联网切片网络架构与组网模式

建立适用于能源互联网业务的 FlexE 网络承载架构，如图 6-3 所示。研究能源互联网在发、输、变、配、用领域的典型业务场景，分析组成要素和系统特征，充分考虑基于 SPN 的承载网络可提供的带宽柔性扩展、超低时延转发、多子速率分片和类物理管道的硬隔离等技术特征，针对电力系统生产控制大区、管理信息大区业务划分，设计合理的 FlexE Shim 层结构与组网方式。

2. 适配能源互联网业务的 FlexE 多颗粒度帧结构和切片调度机制

（1）提出能源互联网的多颗粒度帧结构与时隙交叉技术。FlexE 交叉结构如图 6-4 所示。设计适配小颗粒度业务的帧结构，以及小颗粒度帧结构映射和时隙交叉技术。

（2）基于短期预测机制的切片多颗粒度调度与编排技术。面对业务动态性对切片调整实时性的挑战，提出基于业务预测的主动切片编排机制。基于切片业务波动性和周期性特征分析，提出基于 GRU 神经单元的在线训练短期预测神经网络，筛选最佳模型并推出最

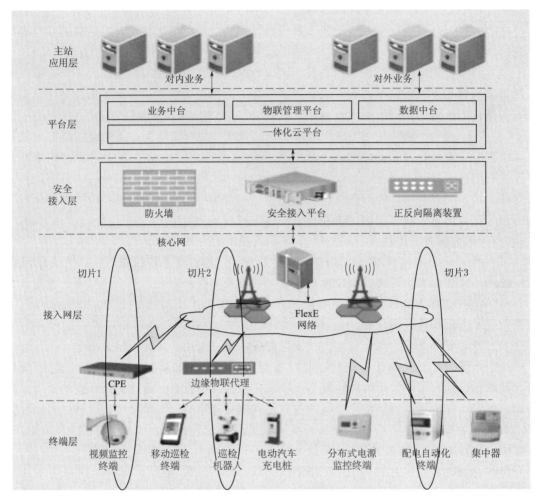

图 6-3 FlexE 网络承载架构图

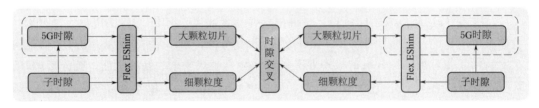

图 6-4 FlexE 交叉结构图

优模型策略,基于该短期预测结果实施网络切片资源的预先性主动调整;设计软硬混合隔离策略下面向切片可用性的最佳切片分组分配策略和编排方案,保证电网通信业务的可靠稳定传送。基于深度学习的网络切片短期流量预测和混合隔离方案示例如图 6-5 所示。

3. 验证融合 FlexE 技术的能源互联网典型业务能力

研究融合 FlexE 的网络切片承载能源互联网业务的可行性。在业务承载能力方面、切片隔离能力方面、业务保护能力方面、设备转发功能方面、设备保护能力方面、分组同步

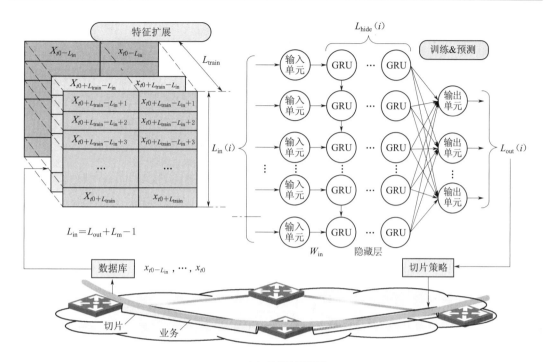

（a）短期流量预测

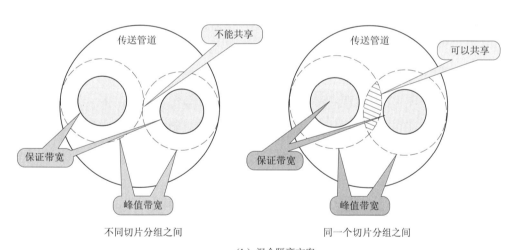

（b）混合隔离方案

图 6-5 基于深度学习的网络切片短期流量预测和混合隔离方案示例

能力方面、E1 业务承载方面等七个方面进行了测试验证。变电站本地业务汇聚验证方案组网拓扑如图 6-6 所示。

4. 融合 SPN＋5G 共享组网方案

（1）通信资源深度共享，实现电力设施 5G 低成本覆盖。由国网 SPN 完成专用 5G 基站业务接入收敛回传，在汇聚核心层与移动 SPN 网络对接，实现控制面与数据面的数据打通，在电网 SPN 设备下挂接 5G 基站，实现电力设备设施的 5G 信号覆盖。融合 SPN＋

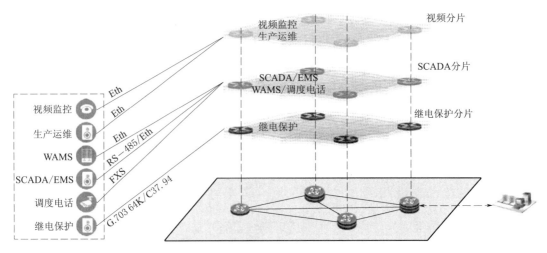

图 6 - 6　变电站本地业务汇聚验证方案组网拓扑图

5G 组网拓扑如图 6 - 7 所示。

无线侧：5G 基站 BBU 及微站设备通过光纤接入电网 SPN 设备侧端口，打通基站至国网 UPF 及核心网信令面通道。

传输侧：电网变电站 SPN 及国网大楼 SPN 设备通过电网光缆进行连通入网，进行 FlexE 切片配置，并在切片中进行专线业务下发。电网 SPN 与移动 SPN 通过光纤进行打通，5G 基站用户面及控制面数据通过链路回传至移动核心网。

核心网侧：配置 UPF 至国网侧网络的业务路由，打通 UE 至网络（服务器）路由通道，实现业务数据回传。

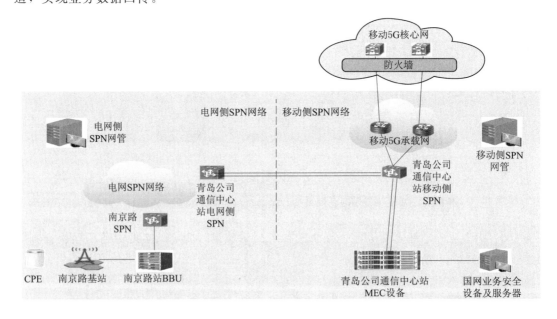

图 6 - 7　融合 SPN＋5G 组网拓扑图

（2）5G 700MHz 频段应用，实现农村区域 5G 高效覆盖。700MHz 与 5G 其他频段相比，频率更低，波长更长，在复杂环境中的传播损耗更小，折射和绕射能力更强，因此 700MHz 信号拥有更远的覆盖距离及更深的覆盖深度，非常适合农村远距离覆盖。

6.1.2.5　实施成效

开展的 SPN 试点验证工作，已在山东部署六十余套，山东率先建立了国内首张 SPN 电力通信网，"十四五"将建成全国最大的省域 SPN 电力通信网。完成 SPN 传输设备承载 110kV 天万线继电保护业务割接工作，经过持续监测，继电保护装置时延稳定、角度差在 ±3° 以内，业务拥塞等情况对通道无影响，国内首次实现 SPN 传输设备承载电网继电保护业务，对 SPN 承载能源互联网电力生产业务进行了可靠验证。

6.1.2.6　发展展望

随着能源互联网建设的深入推进，内外部业务数据的广泛传输接入依赖通信网络的支持。SPN 网络业务承载能力和安全隔离能力较传统传输设备有了质的提高，深化研究 SPN 在电网中应用，形成具有电力特色的组网模式和业务承载模式，可为下一步网络运行提供科学指导意见。

6.1.3　江苏电力公司数据中心大容量传输系统应用案例

6.1.3.1　业务场景描述

省公司、A 站、B 站、C 站均为江苏电力公司数据中心，是全省信息和自动化业务的核心汇聚中心，随着云平台技术的推进，省公司、A 站、B 站、C 站数据中心将纳入云平台统一管理，各数据中心的 GSLB（全局负载均衡）与云平台配合，将重要系统由多个数据中心承载和互备。在数据存储方面，以集中式满足传统重要系统，同时采用分布式满足电力物联网和人工智能计算；在数据中心网络方面，在各数据中心部署 SDN 网络，数据中心 SDN 网络拓扑示意如图 6-8 所示，每个数据中心设置单独出口，构建出面向云平台和应用系统的自适应网络，数据中心广域网出口网络拓扑示意如图 6-9 所示，部署 10GE/40GE/100GE 等高速通道，满足云平台/电力物联网/人工智能大带宽的需求。

采用 40×100G OTN 技术组建数据中心之间的大容量光传输通道能够满足江苏电网自动化以及信息等专业的业务需求。

6.1.3.2　业务通信需求

数据中心业务需求主要为自动化专业省公司与 A 站数据中心之间的存储同步信息业务，包括信息专业的数据中心广域网出口、数据中心之间存储同步、数据中心带外网管以及数据中心所在地的其他直属单位业务等。业务具有大带宽（近期带宽需求预测达到 1000G）、低时延、高安全、多种类型接入端口等特点。

6.1.3.3　通信技术适用性

OTN 技术以波分复用为基础，具备大带宽颗粒调度、多级串联连接监视（TCM）、多种客户信号封装和透明传输、大颗粒业务可靠保护、良好的运维能力等功能，可满足电网业务的发展需求、实现业务灵活接入、显著提升业务的传送效率、提高业务调度灵活性及网络的可持续发展。

（1）满足电网业务的发展需求。采用 OTN 技术建设高速、大宽带的数据中心传输网络，可以满足新型电力系统发展对通信的需求，实现无缝信息交互，为江苏电网提供高速

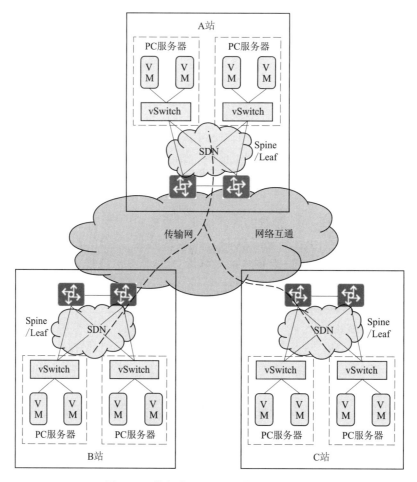

图 6-8 数据中心 SDN 网络拓扑示意图

和安全的通信技术支撑和服务。

（2）实现多业务灵活接入。OTN 系统中使用的各波长相互独立，与业务信号的格式无关，可实现多种客户信号封装和透明传输，如 GE、10GE、40GE、100GE 以及存储、视频等数字业务信号，可大幅简化数据中心传输设备种类与数量，有效降低建设与维护成本。

（3）显著提升业务的传送效率。数据中心业务对传输时延较为敏感，在数据中心中互联存放大数量的服务器群，采用 N×100G OTN 大大减少对接核心设备口数量，减少机柜空间、耗电量，同时传输采用相干接收技术，系统中不需对色散进行配备，大幅度降低时延。同时 OTN 技术提供多种数字包封技术，可根据数据中心不同业务特征提供，如电层 ODUk 的颗粒为 ODU1（2.5Gbit/s）、ODU2（10Gbit/s）、ODU2e（10GE）、ODU3（40Gbit/s）、ODU4（100Gbit/s）等，高带宽业务的传送效率得到了显著提升。

（4）提高业务调度灵活性。采用大容量 OTN 技术组建数据中心网络，使各种业务的调度更加方便。减轻运行维护和管理的工作量，提高工作效率，缩短应对突发事件及灾害的响应时间。

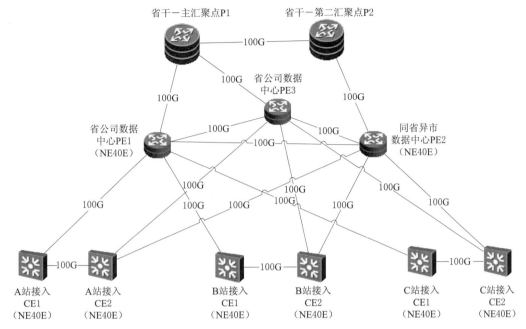

图 6-9 数据中心广域网出口网络拓扑示意图

（5）网络的可持续发展

通过对大容量光传输网 OTU 波长板卡增加，可实现带宽容量的灵活扩充，使传输网带宽能够弹性满足 5～10 年相关业务带宽需求，具备良好的可持续发展能力。

6.1.3.4 组网方案

数据中心大容量传输系统采用 40×100G OTN 技术组网，为双平面结构。数据中心大容量传输系统一通道在省公司、A 站、B 站、C 站 4 个省级数据中心各配置 1 套 100G OTN 光传输设备，其中省公司、A 站各配置 4 方向 100G OTN 设备 1 套，每方向 8 波；B 站、C 站 251 号各配置 2 方向 100G OTN 设备 1 套，每方向 8 波。数据中心分为两个环网，环网一结构为省公司-B 站-A 站-省公司，带宽为 8×100G；环网二结构为省公司-C 站-A 站-省公司，带宽为 8×100G。数据中心大容量传输系统二通道在省公司、A 站、B 站、C 站 4 个省级数据中心各新增 1 套 2 方向 100G OTN 光传输设备，每方向 4 波，组单环结构。大容量传输系统网络拓扑示意如图 6-10 所示。

6.1.3.5 实施成效

采用 100G OTN 技术进行省公司、A 站、B 站、C 站等省级数据中心之间大容量传输系统建设，增强省公司核心节点之间的连接及汇聚功能，大幅提高数据中心网络间的传输带宽，提升了数据中心光传输网的安全可靠性，降低了数据中心之间的传输时延，能够满足省级数据中心之间业务的灵活调度，提高业务接入安全可靠性，进一步支撑江苏电网数字化发展。

6.1.3.6 发展展望

随着公司管理精细化、电网智能化的不断发展，未来新型电力系统中供给侧、用户侧以及电网侧的数据流将爆发式增长，数据中心作为云计算、人工智能等新一代数字技术发

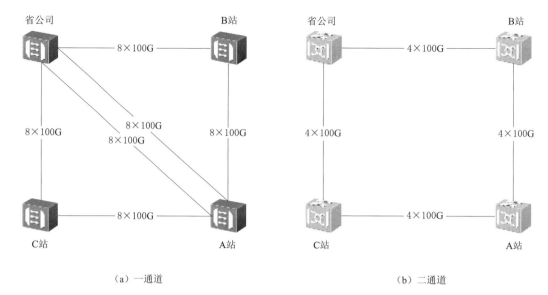

（a）一通道　　　　　　　　　　　　　（b）二通道

图 6-10　数据中心大容量传输系统网络拓扑示意图

展的数据中枢和算力载体，对网络的大容量、高速实时、智能自愈、业务包容性、接入灵活性、即插即用必将提出更高要求。采用 100G OTN 技术组建的数据中心大容量传输网具备上述发展需求适配能力，在业务服务能力和保障质量上有巨大的提升空间，能够高质量地支撑公司构建以新能源为主体的新型电力系统不断发展需要。

6.1.4　江苏电力公司无线专网应用案例

6.1.4.1　业务场景描述

随着特高压电网全面建设，逐步形成电从远方来的基础格局，江苏特高压电网已形成一交四直、六纵六横的格局，一方面受端电网面临大规模电源损失的风险，亟须通过大规模"源网荷储"快速调节来保持电源与负荷实时平衡，避免大面积停电事件发生；另一方面，配用电网直接关系供电服务品质，需加强远程遥控，实现故障主动隔离与恢复，缩短故障停电时间，提升供电服务品质。新型电力系统建设以来，配网侧大量新能源并网，改变传统配电网单向传输模式，形成了双向互动、实时平衡的有源配网，需要对配网电压、电能质量、潮流等要素实时调节。

精准负荷控制、配电自动化三遥和分布式能源调控等配用电网控制类业务的广泛应用，带来了海量的终端通信接入需求，需建设灵活高效、安全可靠的通信网络，满足海量终端在线实时感知、监控、调节，支撑能源互联网和新型电力系统建设。

6.1.4.2　业务通信需求

电力系统的发电、输电、变电环节均部署有电力专用光纤，已实现实时感知控制，建设有"万兆到市、千兆到县、百兆到所"的电力骨干通信网，这是终端通信网上联回传的基础。配用电侧点多面广，业务场景复杂、分布广泛，很难采用一种通信技术实现全面接入。

6.1.4.3　通信技术适用性

10kV 及以下配电通信网存在多种技术体制共存的情况，主要包括光纤专网、无线专网及无线公网等。2018 年，根据信息安全相关要求，国家电网要求电力控制类系统的数据通信应优先采用电力专用通信网络，禁止使用无线公网进行遥控，采用无线公网接入的配电自动化只能实现"二遥"功能，无线公网无法承载配用电网的控制类业务。

当前公司 10kV 光纤覆盖率不足 25%，采用光纤专网接入，需对存量线路进行光纤化改造，涉及沟道开挖等市政工程建设，建设难度大、周期长、成本高。因此光纤专网难以满足点多面广的配用电侧业务的通信接入需求。

国家电网办信通〔2018〕24 号文明确无线专网可承载控制类业务，为"三遥"等控制类业务打开了空间。电力无线专网建设成本远低于光纤专网，且接入灵活便捷，很好地平衡了终端通信网建设的安全性和经济性，是 10kV 及以下电网控制类业务安全可靠承载的优选方案。

6.1.4.4 组网方案

在国家电网和江苏省工信厅的关心指导下，国网江苏电力获批全省 1800MHz 频段 10M 带宽频率资源，采用国际成熟标准的第四代移动通信技术（LTE）体制，于 2018—2021 年，在全省启动了规模化电力无线专网建设。

电力无线专网基于标准通用技术建设，由核心网、回传网和基站等组成，组网架构如图 6-11 所示。在通用技术的基础上，电力无线专网根据电力业务的特点进行定制适配，满足了配用电业务的数据传输需求。

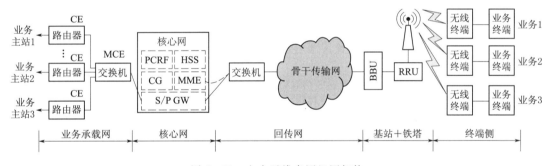

图 6-11　电力无线专网组网架构

相比无线公网，无线专网有以下技术特点：

（1）安全防护更全面。在采用国际标准的数据加密技术基础上，按照安全需求划分，实现各类业务接入通道的独立。电力无线专网构建了分区隔离的专用传输通道，生产控制大区和管理信息大区的业务数据通过基站侧的不同板卡、回传网侧的不同物理资源和核心网侧的不同设备，传输至各自的业务主站，相当于在同一张网络中切分出两张相互物理隔离的"切片"。电力无线专网的分区隔离特性如图 6-12 所示，适应了电力业务分区安全隔离的特点，满足了电力业务，特别是控制类业务的安全防护要求，实现了主站、通道、终端端到端物理隔离，保证了数据传输的安全性。

（2）数据传输更及时。电力无线专网将核心网下沉到地市部署，核心网下沉部署如图 6-13 所示，就近与配电自动化、精准负荷控制等控制类业务主站对接，最大程度缩短数据传输的路径和时延，保证了通信通道与业务路径的严格一致，保障了配电网控制终端、负荷控制终端正确动作，及时切除调整故障线路或用户负荷。

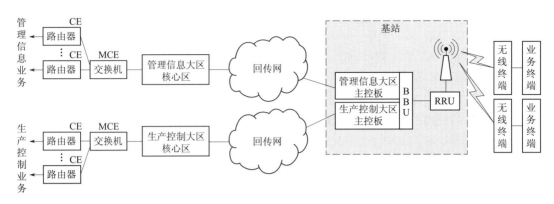

图 6-12　电力无线专网的分区隔离特性

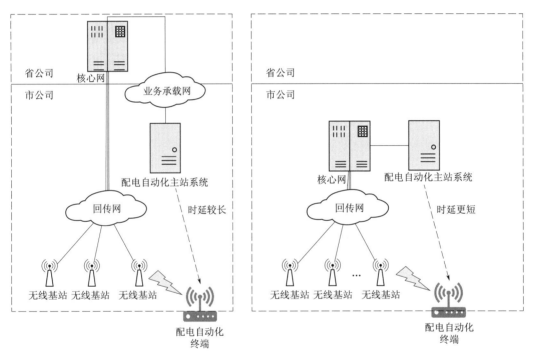

图 6-13　电力无线专网的核心网下沉部署图

（3）信号覆盖更精准。在基站侧，电力无线专网以电网控制类业务需求为导向进行网络站址规划，采用了双层信号覆盖网络设计。电力无线专网的双层信号覆盖如图 6-14 所示，保证了电网控制类业务终端，可以同时接收到两座基站的信号，并选择其中信号较好的基站接入；电力无线专网的双信号覆盖，满足了控制类业务"双设备、双路由、双电源"三双要求，当其中一座基站发生故障时，业务终端仍然可以通过另一座基站接入网络，确保业务不中断，满足电网控制类业务的高可靠性要求，保证了数据传输的可靠性。

由于电力配用电业务分布广泛、点位复杂，多位于路边、楼道或者地下室的配电箱、配电房内，因此电力无线专网可以根据业务分布，进行定点信号延伸覆盖，如图 6-15 所示。通过天线延伸、信号延伸、信号放大等各种技术，提高室内终端的接收信号强度，实

（a）单层信号覆盖　　　　　　　　　（b）双层信号覆盖

图 6-14　电力无线专网的双层信号覆盖图

现终端通信的快速接入，满足业务数据传输的灵活性和稳定性。

6.1.4.5　实施成效

　　截至 2022 年，国网江苏电力已建成全国规模最大的宽带电力无线专网，累计建成无线专网基站 3754 座，覆盖面积约 4.48 万 km²，实现南京、苏州、常州全覆盖，其余地市 C 类及以上供电负荷区域覆盖，累计接入各类业务终端 35 万余个。

　　1. 应用成效

　　（1）助力进一步提高供电可靠性，减少停电时间，提高供电服务品质。通过无线专网对配电网设备运行的实时监视和控制，提升配电网自动化水平。截至目前，无线专网已累计接入配电自动化三遥终端 6.5 万个，无线专网覆盖范围内 99% 以上的配电自动化终端具备三遥功能，终端三遥

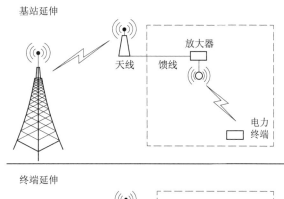

图 6-15　电力无线专网的定点信号延伸覆盖图

覆盖率从 22.8% 提升至近 60%，高于其他网省 20%，大幅提升供电服务品质。

　　（2）提高用户负荷侧管理能力。无线专网可为用户负荷接入营销负荷管理系统提供专用通道，使位于厂区、楼宇等各种复杂环境下的用户负荷终端能够安全灵活快速接入。截至目前，无线专网已接入负荷控制终端 2.9 万个，精准负荷控制终端 133 个，提高了电网用户负荷侧管理能力。

　　（3）提升分布式新能源消纳能力。无线专网接入分布式光伏站 387 个，降低光纤建设成本，光伏站点通信建设周期从 60～90 天缩短到 2 天，提升了新能源消纳能力。泰州、南通等地光伏企业主动投资建设无线专网基站，移交公司运营，加快新能源并网投运，降低企业成本，助力中小企业纾困。

　　2. 经济成效

　　相比于光纤专网，无线专网避免了光缆管道建设的政储流程，可以大幅减少通信建设

周期和成本，提高业务接入的时效性、经济性。按照已开展的相关工程测算，通过配电线路光纤化改造，实现配电自动化三遥站点光纤专网接入，平均单个站点的建设造价约为 9 万元；采用无线专网接入，单座基站建设成本约为 60 万元，当单基站平均接入配电业务超过 6.7 个时，采用无线专网接入即具有经济优势。截至 2022 年，无线专网平均单基站已接入 17.4 个配电自动化业务，累计减少光缆敷设 20 万 km，节约配电线路光纤化改造投资近 40 亿元。

在支撑新能源消纳方面，采用电力无线专网接入分布式光伏，可以帮助企业降本增效，推动分布式电源快速发展。与传统光纤接入模式相比，用户只需承担自身终端建设成本，节省用户投资 100 万元以上。截至 2022 年，公司为全省 387 户分布式电源提供电力无线专网接入服务，累计为企业节约成本超过 3.8 亿元。随着分布式电源用户的快速增长，经济价值将进一步凸显。

6.1.4.6　发展展望

从江苏电力无线专网的应用成效来看，电力无线专网建设成本低、接入灵活便捷，已成为配用电网控制类业务接入的主流通信技术。国网江苏电力将继续拓展无线专网覆盖范围，支撑配网遥控水平继续提升，同时为工业企业控制系统、楼宇空调网关、充电桩控制器等设备灵活接入新型电力负荷管理系统提供安全经济的通信通道，支撑新一代负控在江苏落地试点。未来，随着无线专网与 5G 融合演进发展，无线专网将更加巩固其在配用电网终端通信接入技术的主流地位。

6.2　新业务接入案例

6.2.1　北京电力公司智能电网天空地一体化冬奥全景应用案例

6.2.1.1　业务场景描述

2022 年北京冬奥会预计用电 4 亿 kW·h，全部是清洁绿色能源，这些都要求电网具有全物联、全控制能力，以满足新能源形势下电网安全可靠运行要求。国网北京市电力公司将电力业务与 5G 技术相结合，在 5G 与电力通信网融合组网、电网控制、采集、移动应用三大类业务中开展了大量研究和示范应用等探索实践工作，形成了天空地一体化的 5G 与电力业务融合应用解决方案，并创新形成了 5G＋卫星应急、5G 虚拟量测平台、无人机远程飞控输配电巡检、电力 5G 云渲染 VR 培训平台、新能源监测控制、5G 智慧电力隧道、电力智能切片网关等系列创新成果，并应用于冬奥供电保障实践，提升了冬奥供电保障能力的同时也起到了降本增效的作用。

6.2.1.2　业务通信需求

我国确立了"碳达峰、碳中和"目标后，新能源并网接入呈爆发式增长。对于电网来说，新能源接入主要以分布式电源方式接入电网。2020 年年底，京津冀电网新能源装机容量占比达到 54.29％，发电量占比接近 15％。在 2022 年北京绿色冬奥中，4 亿 kW·h 新能源供电，全部是绿色能源。新能源的发展趋势已经不可逆转，首都供电的极致可靠要求也对通信方式提出了更高的要求。2022 北京冬奥电力保障通信业务面临新的需求与挑战。

6.2.1.3　通信技术适用性

传统配电网电源方向单一，拓扑结构简单，对通信业务需求量不高。新型配电网电源分布广泛，结构复杂，必须建设全物联、全控制的新型智能配电网，满足电网安全稳定运行的要求，必须有与新型配电网匹配的数字通信网作为支撑；新能源的广泛接入，要求电网必须完成数字化转型，形成自下而上的电力通信变革。

光纤通信存在成本高、建设周期长、路由不通等困难。电力无线专网建设也存在较大困难，城市区域自有物业建站率不足 30％。2G、3G、4G 在安全、时延、带宽上不能满足新型配电网业务和冬奥保障的要求。

5G 与电力通信专网融合组网，打造新型电力通信网。具有低时延、高带宽、广连接等特点。低时延解决配网全差动保护部署难题；高带宽满足高清视频、高频电能质量监测要求；广连接实现电力设施全面物联。虚拟专网＋切片满足电力业务高安全需求，与电力通信专网融合组成新型电力通信网，很好地满足冬奥保障需求。

6.2.1.4　组网方案及关键技术

在面向 5G 的智能电网通信组网方面，本案例按照终端侧、网络层、业务层 3 个域制定解决方案。

终端侧构建包括业务终端、通信终端以及二者分别与网络层、业务层进行物理连接和逻辑连接的技术架构。网络层资源包括光缆网、传输网、电力数据网、5G 公网切片、卫星承载网等。针对不同类型智能电网业务的 QoS 特点、安全部署要求，在业务层建立业务向网络的切片式部署架构。

本案例提出 5G 公网与电力通信专网混合组网模式进行安全组网，融合 5G 的电力空天地一体化通信组网方案如图 6－16 所示，电网控制类业务在电力通信区域内由电力独享，采集和移动应用类业务随业务需求使用公共 5G 网络，通过安全接入平台进入电力通信专网。此模式综合考虑了控制类业务较高的安全保障级别和采集应用类业务成本具有较高性价比。此外建立可同高低轨卫星动态实时接入的应急通信网络，利用 5G 和卫星承载优势，在进一步提升电力应急体系能力的同时，解决特殊环境的电力业务管控、采集、接入问题，提升供电可靠性。

1. 研发 5G 虚拟量测平台

利用 5G 大带宽、低时延特点，将昂贵的仪表分析部分云化部署，现场终端保留采集装置，通过 5G 通道将采集数据无损上云，降低终端部署成本 90％。通过 5G 实现监测终端的灵活、广泛部署，解决光纤通道成本高、建设困难、4G 带宽不满足要求等问题，在北京服贸会、冬奥测试赛保障中成功应用，对制冰、造雪等超过 80 个重要负荷点不间断高精度监测，有效提升了冬奥供电保障能力。

2. 研发 5G 智能电力切片网关

采用 SDN 体系架构和资源虚拟化开放平台，实现基于多业务切片式安全可信接入终端体系结构，由 5G 网络延伸至业务侧，具备边缘计算能力，FLEX 传输网侧切片进行映射对应，实现端到端切片间相互隔离。每个网关可以至少连接 36 个业务终端（有线方式4 个，无线方式至少 32 个），支持至少 64 路业务。

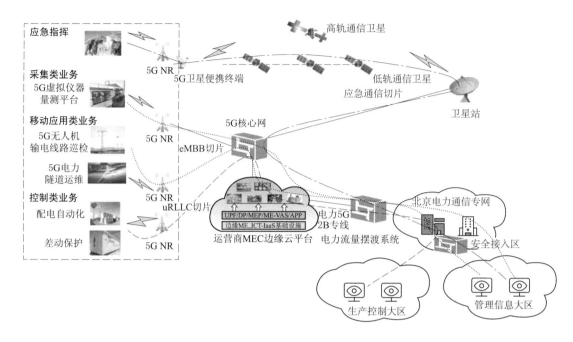

图 6 - 16　融合 5G 的电力空天地一体化通信组网方案

3. 研发 5G MEC 云渲染 VR 电力培训平台

将渲染等需要大算力应用集中到 5G MEC 上完成，通过 5G 将视频流推送到 VR 终端，实现 VR 云-端互动。降低终端部署成本 70%，应用灵活方便。综合应用视觉驱动 ROI 视频编码、AI 协同视频编码、云覆路由（COR）、强化学习码率自适应等技术优化带宽占用，降低应用时延，提升用户体验。相对传统 VR 技术，降低带宽占用 40%、应用时延 80%、视频码率 15%。

4. 研发 5G 无人机输电巡检平台

研发 5G 无人机输电巡检平台，在冬奥输电线路上实现无人机通过 5G 链路的远程无限距离控制，根据无人机回传数据和图像进行个性化无人机飞行指令控制，同时通过 5G 实现无人机高清图像的实时回传，为前端缺陷巡检提供可靠决策支持。控制链路时延 30ms，视频带宽 1.54MB/s，端到端时延 300ms。大幅提升了输电线路缺陷发现率和巡检效率。

6.2.1.5　实施成效

1. 5G 让输电更高效

（1）无人机输电线路巡检服务冬奥。自主研发的 5G 无人机输电巡检平台，在冬奥输电线路上实现无人机通过 5G 链路的远程无限距离控制，根据无人机回传数据和图像进行个性化无人机飞行指令控制，同时通过 5G 实现无人机高清图像的实时回传，相对人工巡检平均每千米压降巡检时间 45min，效率提升 8 倍，缺陷发现率大幅提升。

（2）首条 500kV 5G 智慧电力隧道。在冬奥上级电源门海 500kV 电力隧道，建成国内首条 5G 智慧电力隧道。实现 5G 巡检机器人控制、数据回传、高清视频、红外图像视频实时交互、局放、红外感知等应用，相对人工巡检提升效率 40 倍，有效化解了有限空间巡检作业人身风险，提升冬奥供电保障能力。

2．5G 让配用电更可靠

（1）自主研发 5G 虚拟仪器量测平台。首创自主研发的 5G 虚拟仪器量测平台，降低终端部署成本 90％。在北京服贸会、冬奥测试赛、冬奥保障中成功应用，对制冰、造雪超过等 80 个重要负荷点不间断高精度监测，有效提升了冬奥供电保障能力。

（2）5G 配网差动保护。在北京开闭所开展配网 5G 差动保护示范应用，采用室分覆盖模式，时延常态为 10ms 以内，最大值为 15ms，可靠性大于 99.999％，系统投运至今运行稳定可靠。有效解决了配网电力光纤覆盖不足和建设成本高、周期长的问题。

（3）5G 承载配电综合业务。在冬奥园区冬训开闭站、大跳台分界室开展 5G 配电自动化、5G 承载用电信息采集、视频监控、环境监控、综合监控、电动汽车充电桩、机器人控制及视频回传等多业务综合应用，提升冬奥供电保障能力。

3．5G 让新能源发展更高效

通过 5G 拓展调控对象边界，实现分布式光伏等多类型可调节资源的规模化接入、监视与控制，实现分布式光伏资源"可观、可测、可调、可控"。有效提升电网对光伏等新能源的消纳能力、管控能力，保障绿电冬奥，提升碳交易精准度，助力"双碳"目标的实现。

4．5G 让应急体系更完善

通过 5G＋卫星方式，形成电力 5G 业务基站，将卫星通道作为 5G 承载通道，有效解决冬奥应急保障和应急电力业务接入，为冬奥供电保障再添屏障，提升冬奥供电可靠性。相对特殊环境下的地面 5G 覆盖，成本减低 80％。

5．5G 让电力行业培训降本增效

在联通 MEC 机房完成部署，成功实现 5G－VR 电力培训业务应用。5G－VR 云渲染，降低 VR 终端成本 80％，相对实际环境培训，成本降低 90％，摆脱了对培训环境的依赖，实现电力行业培训方便灵活部署。

6.2.1.6　发展展望

从国家战略政策来看，本案例符合国家新基建战略发展要求。成果促进数字化转型，对全感知、全物联的数字化电网建设形成了"冬奥经验"。5G 赋能新型电网转型升级，增强了新能源消纳能力，有效助力"双碳"目标实现，助推 5G 全产业链发展，培育形成行业用户，在交通、政务等多行业具有广泛推广价值。

6.2.2　广东电网公司基于 5G 电力虚拟专网自管理的省地协同规模应用案例

6.2.2.1　业务场景描述

广东电网的 5G 电力应用已从"单体场景验证"进入到"规模化应用建设"阶段，需要解决 5G 电力虚拟专网组网模式、提供与业务应用适配的 5G 电力定制终端、满足集约化管理需求的支撑手段、降低电力 5G 应用成本等难题。

6.2.2.2　业务通信需求

本案例围绕"建体系、搭平台、推应用、育生态"目标，从网络、终端、管理、业务4 个维度提出综合解决方案，在核心技术攻关、终端产品研制、支撑系统搭建、区域示范验证、标准体系构建等方面取得全面突破。省地协同的 5G 电力虚拟专网整体解决方案示意如图 6-17 所示。

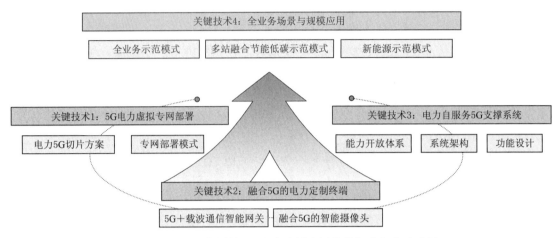

图 6-17 省地协同的 5G 电力虚拟专网整体解决方案示意图

6.2.2.3 通信技术适用性

1. 省地专网部署应用一体化技术

感知层研制并应用了"算网一体"的多功能终端产品，泛用性强且成本低，快速提升电力系统终端感知能力；网络层设计首套高安全、低成本的省地部署模式，灵活的组网模式直接降低部署门槛；平台层满足省地大范围通信连接需求，达到网业协同、跨域共赢的效果。

2. 构建的电力自服务 5G 支撑系统以实现跨域共赢

与运营商深度合作，提升业务运维效能的同时实现跨域共建共赢；自服务 5G 应用，赋能通信数据增值生态，实现对海量数据的分析、管理和应用。

6.2.2.4 技术方案

针对三大运营商技术及网络部署特点，设计了 UPF 省集中部署、地市下沉部署和省集中＋地市下沉混合部署三种灵活组网模式。UPF 省集中部署模式如图 6-18 所示，以较好地平衡电力业务发展和多运营商网络差异为前提，解决省地 5G 电力虚拟专网部署瓶颈。方案与三大运营商达成共识，已完成广东电网省级和 11 个地市的网络覆盖。

广东电网 5G 电力虚拟专网采用电力专用 UPF 方式，通过省、地两级的协同方式部署。按照电力业务安全分区，全省划分 5 种切片类型，通过 S-NSSAI 标识电力切片，DNN 标识切片内的不同业务。生产控制大区部署电力专用 UPF，并划分 2 个逻辑独立的 UPF 租户，分别承载Ⅰ、Ⅱ区业务。管理信息大区在电网侧部署专用 UPF。

研制 5G＋新一代电力载波、融合 5G/WAPI/北斗/AI 智能算法的智能摄像头，适配 5G 与电力异构组网和业务场景快速灵活接入，具有技术自主可控、成本经济节约特点。

联通了以三大运营商、设备厂商为主的产业各方，梳理出 276 项全量指标，构建了"对象级别、数据类型、数据交互"三大维度的 5G 电力自服务能力开放标准化体系，支撑电网对 5G 电力切片网络的"可观、可管、可控"应用需求。

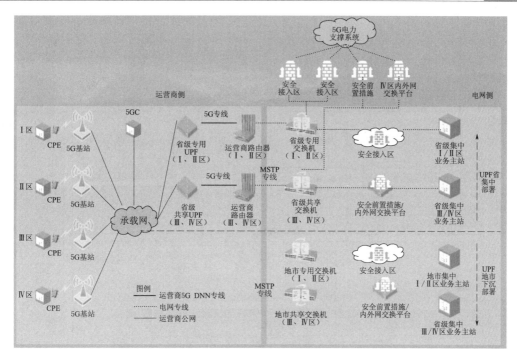

图 6-18　UPF 省集中部署模式

在 5G 电力自服务能力开放标准化体系基础上，构建安全可控的电力自服务 5G 支撑系统，解决 5G 电力应用解决告警实时监测、流程跨域贯通、运维网业协同等问题，保障电力业务安全稳定运行。

研发 5G 电力支撑系统，其总体架构如图 6-19 所示。5G 电力支撑系统实现省集中部署、地市分权分域应用，通过对接三大运营商的 5G、4G 能力开放平台，实现多制式的无线公网切片、卡等管理能力；通过对接电力内部的地图系统、计量系统等，实现通信与电力业务的数据融合。

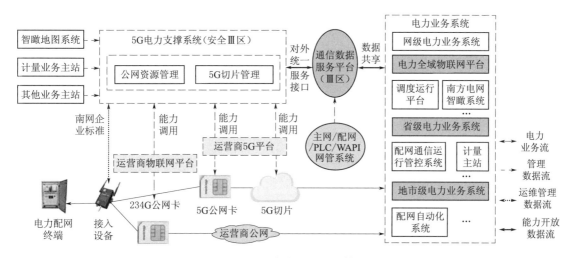

图 6-19　5G 电力支撑系统总体架构图

系统总体规划涵盖功能包括综合监视、流程管理、统计分析、性能管理、资源管理、数据与接口管理和系统管理 9 个一级模块、30 个二级功能，实现电力 5G 切片规划、切片订购、通信卡管理、通信终端管理，以及流量/状态/告警/资费等数据分析等功能。5G 电力支撑系统功能蓝图如图 6-20 所示。

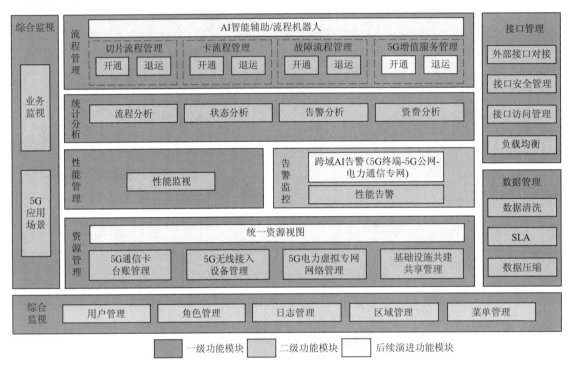

图 6-20　5G 电力支撑系统功能蓝图

6.2.2.5　实施成效

案例在国内完成了涵盖"发输变配用综合"全环节 51 类业务场景应用验证，接入 5G 终端规模已超过 1.2 万个，形成了三大应用特色示范区，既推进 5G 与电力安全生产深度融合，又孵化多元商业模式，推动"5G＋"生态建设。

案例成果在降低通信基础设施投入、提高运营效率、创新商业模式等方面实现可观的经济效益。

1. 省地协同电力虚拟专网方案大幅降低全省部署成本

综合三大运营商 5G 资费框架协议，省地协同的总体方案成本最低，相对以单个地市简单复制推广，单卡月租成本平均下降 15％～20％。

2. 电力载波＋5G 终端引入大幅降低末端弱覆盖成本

尤其在地下室、配电房、楼宇内部，末端使用 PLC 相对 5G 深度覆盖，单点成本下降 1000～2000 元，相对光纤敷设，单个台区节约建设成本 34.9 万元。

3. 引入电力 5G 支撑系统提升性能状态监视效率

引入"甩单模式"对电力企业实现切片线上订购，业务开通从周级缩短至天级；在状态监视方面，实现了卡、业务、切片三个层面带宽、时延状态动态查询能力，以及告警的主动推送能力，极大提升电网用户对切片通道的状态感知及故障分析能力。

4. 规模应用对未来新型电力系统提供有力支撑

在配用电领域，提升配电环节故障定位精准度和处理效率，提升故障定位精准度和处理效率，极大地缩小停电范围，有助降低客户年均停电时间。

输变电领域，大幅提升输电线路与变电站的巡检效率，降低巡检成本。可实现 85％ 的情况无需现场核实即可直接开展紧急处置流程，每年可节省现场核查人力成本 200 万元。

6.2.2.6　发展展望

案例对其他省级电网和垂直行业 5G 规模化应用建设，在降低通信基础设施投入、提高运营效率、创新商业模式等方面，提供了相对中立、客观、全面的参考与借鉴，成果应用推广价值显著。

6.2.3　河南电力公司 5G 赋能打造农村能源互联网应用案例

6.2.3.1　业务场景描述

新能源的大规模接入，对农村配电网提出了更高挑战。乡镇、农村台区变压器容量有限，电网结构薄弱，台区内需通过自平衡来化解新能源并网带来的压力。大量终端多元互动的趋势，也对灵活调控与实时通信能力提出需求。截至 2022 年，700MHz 5G 网络已逐步实现农村地区的有效覆盖，利用 5G 灵活的组网模式，可满足电网各类业务应用需求。同时，通过 5G 网络切片和安全接入认证，可满足电力业务的安全隔离要求，提升业务安全可靠性。

6.2.3.2　业务通信需求

配电网在乡镇、农村基本无电力光纤覆盖，大量电力终端主要采用公网 4G 等通信方式，但 4G 网络常出现拥塞或用户掉线等情况，在可靠性、安全性等方面存在不足。尤其是在承载分布式光伏等有源负荷终端数据传输方面，4G 网络无法对控制策略的安全精准下达提供充分保障。在乡镇、农村地区，5G 通信带宽和可靠性较 4G 大幅度提升，同时 700MHz 5G 网络具有覆盖范围广、穿透性强等优势，可以大幅度优化农村和地下场所电力终端的网络覆盖。5G 具有灵活的组网模式，可满足电网各类业务接入需求，中压配电网场景业务从地市专用 5G UPF 接入地市生产控制大区系统，低压台区场景业务可基于省级 UPF 接入省公司管理信息大区业务系统。

6.2.3.3　通信技术适用性

在乡镇、农村地区，5G 通信带宽较 4G 提升 10 倍以上，有效提升融合终端高级应用的使用效果，满足了台区视频监控终端的接入需求。同时，5G 业务可采用软切片（5QI＋VPN）技术，实现与普通用户之间的逻辑隔离，保障电力终端在乡镇、农村地区带宽均满足 2Mbps 的通信需求，有效避免拥塞及掉线情况，使通信可靠性大于 99.99％，为实现区域内大量分布式光伏电站的实时群调群控提供了可靠通信保障。

700MHz 频段采用 FDD（频分双工）制式，绕射能力强，穿透性强，信号损失衰减小。700MHz 5G 的空口时延小于其他 5G 频段，实测 700MHz 5G 单向空口时延为 2～4ms，比其他 5G 频段时延略低，可实现地下配电站房的 5G 信号覆盖，有效解决了城市地下公变台区融合终端的通信问题，差动保护装置可获得信号质量较好的 5G 信号。

6.2.3.4　组网方案

1. 700MHz＋2.6GHz 混合 5G 网络组网方案

700MHz 频段与其他 5G 频段相比，具有覆盖广、损耗低、绕射强等优势，被业内称为"5G 的黄金频段"。中国移动和中国广电共建共享 5G 网络，双方通过 700MHz 网络与2.6GHz 网络混合组网，在覆盖与容量上优势互补，从而可快速、低成本地部署连续覆盖的 5G 网络，实现城市的深度覆盖和农村的广覆盖，满足未来各种需要广域覆盖的 2C 和2B 业务需求。

电力 5G 业务基于 700MHz＋2.6GHz 混合 5G 网络的组网模式，如图 6 - 21 所示。首先 2.6GHz 5G 基站已实现兰考县主城区覆盖，城区电力业务通过 2.6GHz 5G 基站接入，保障城市密集区域的良好网络性能。700MHz 5G 基站主要实现主城区打底覆盖、郊区覆

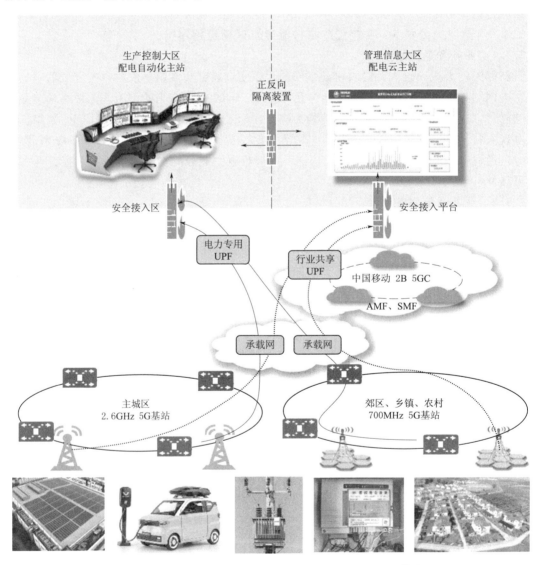

图 6 - 21　基于 700MHz＋2.6GHz 混合 5G 网络的组网模式

盖、乡镇及农村覆盖，位于城市地下、郊区和农村地区的电力业务终端，均可有效接入700MHz 5G基站。同时，生产控制类业务和管理信息类业务分别经过不同的UPF接入相应的生产控制大区或管理信息大区。

2. 电力5G全业务安全接入方案

提出面向电力全业务的安全、经济的5G接入架构。基于电网实际业务需求和安全管理要求，以架构合理、安全可靠、经济高效为原则，提出了分层分域的电力5G虚拟专网架构，如图6-22所示。变电站场景业务基于园区MEC接入本地系统；中压配电网场景业务通过5G硬切片管道，基于地市专用UPF接入地市部署的生产控制系统；低压台区场景业务采用5G软切片通道，基于省级行业专用UPF接入省公司管理信息大区业务系统；输电与基建等场景业务采用5G DNN方式，基于省级行业专用UPF接入省公司管理信息大区或互联网大区相应业务系统。

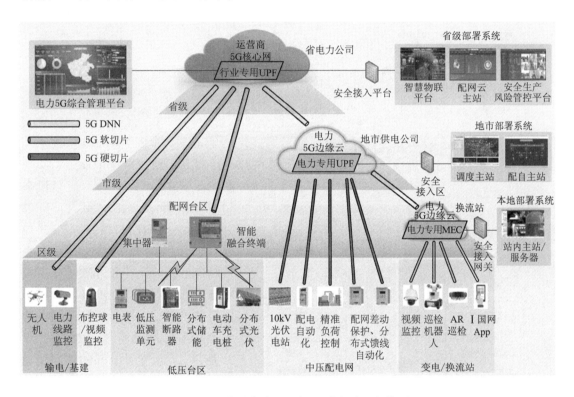

图6-22　分层分域的电力5G虚拟专网架构图

6.2.3.5　实施成效

1. 5G＋智能配电台区的应用成效

停电故障研判准确率和完整率明显提升。在乡镇、农村地区，5G通信带宽较4G提升10倍以上。700MHz穿透性强，信号损失衰减小，可实现地下配电站房的5G信号覆盖。使用5G融合终端方式，实现了停电故障研判准确率98.4％、完整率95.3％，相较传统的用电采集系统分别提升了2.2％、70％。

2. 5G＋分布式光伏群调群控的应用成效

电力终端-业务主站通信可靠性显著提升。配网云主站的控制策略通过 5G 实时传送至智能融合终端，实现区域内光伏电站的群调群控。经初步测算，通过削减分布式电源尖峰时段发电出力，在不改造当前电网设备参数、满足弃风弃光率不超 5％的情况下，可提升分布式电源消纳能力 10％，增加分布式电源年发电量 10％。分布式光伏群调群控数据传输流向如图 6-23 所示。

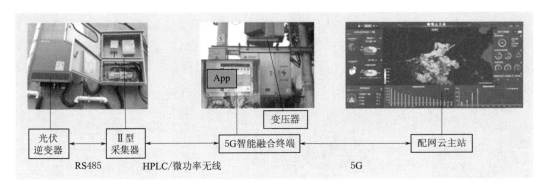

图 6-23　分布式光伏群调群控数据传输流向图

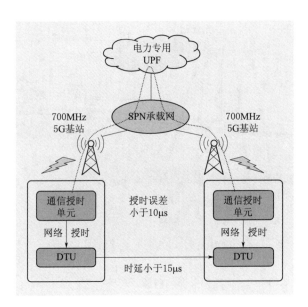

图 6-24　基于 700MHz 5G 网络的配网差动保护结构示意图

3. 5G＋配网差动保护的应用成效

提升配网线路保护能力，实现新能源安全消纳。700MHz 频段采用 FDD（频分双工）制式，所以 700MHz 5G 的空口时延小于其他 5G 频段，实测 700MHz 5G 单向空口时延为 2～4ms，比其他 5G 频段时延降低约一半。在不具备光纤通信的条件下，基于 700MHz 5G 网络的配网差动保护结构示意如图 6-24 所示，可满足差动保护端到端通信时延 10～12ms 的要求，有效解决配电网分布式新能源广泛接入导致的过电流保护失配问题，提升配电网新能源的安全消纳能力。

4. 5G＋农村能源大数据的应用成效

为能源大数据平台提供更丰富的现场数据。能源互联网建设广泛采集全县各类能源大数据，目前已累计接入电、热、气、油四类能源数据 2000 万条，实现全县能源数据可观可测。通过大数据实现光伏扶贫精益管理，接入全县 6034 户扶贫户光伏电站运行数据，一年来平台发布 1.2 万余次故障告警和 3.2 万余次低效提醒，为政府有效监管和企业精益运维提供了支持。

6.2.3.6　发展展望

5G网络技术将降低终端接入网络投资加速配网转型升级，提升新能源消纳能力助力"双碳"目标实现，促进农村能源互联网建设赋能提速乡村振兴。因此，700MHz 5G网络将成为农村地区网络覆盖首选方案，农村地区电力5G应用将实现规模增长。5G的助力对电网来说不仅是经济效益，更重要的是社会效益的体现。通过5G赋能农村能源互联网，将进一步推动电网数字化转型，助力"双碳"目标实现。

6.2.4　南方电网基于自主可控WAPI技术的数字电网"最后一公里"无线局域网应用案例

6.2.4.1　业务场景描述

随着电网数字化转型和数字电网建设的推进，输变配等场景涌现出以智能巡检、智慧安监、智慧仓库为代表的新型数字化、智能化业务，并大量应用巡检机器人、无人机、布控球、AGV叉车、巡检平板等新型智能终端，这类终端大多搭载可见光摄像头，带宽需求大于6Mbit/s，并需在移动过程中保持通信，具有大带宽、移动性的显著特点。

6.2.4.2　业务通信需求

各类新型数字化、智能化业务蓬勃发展，输变配等场景迫切需要提供一种全新的"无线的、宽带的、安全的、可靠的"的本地通信方式。

6.2.4.3　通信技术适用性

巡检机器人现大多采用WiFi通信，由于WiFi存在安全漏洞且不符合国家标准，不允许接入企业内网，业务系统只能分散离线部署，采集数据没法接入AI等平台进行智能分析，形成一个个信息孤岛。布控球、巡检平板等终端大多采用公网4G、5G方式通信，但4G仅支持逻辑隔离，安全性不高，数据需通过内外网交换平台才能进入企业内网，带宽和时延都受限，而且部分偏远地区及室内机房4G、5G信号弱或无信号，无法实现业务实时在线。另外，4G、5G数据流量费用较之WLAN非常高。

WAPI安全协议是我国无线局域网安全强制性标准，采用我国自主提出的三元对等安全架构，数据传输使用我国国产密码算法SM4，经安全测评验证可直通信息内网，同时具有接入灵活、高带宽、广连接等WLAN技术特点，符合国家自主可控发展战略。

6.2.4.4　组网方案

南方电网采用"综合数据网＋WAPI网络"的整体通信解决方案实现数字电网"最后一公里"通信覆盖，变电站内WAPI网络负责局域范围内无线终端的本地通信，综合数据网完成变电站至各级业务主站之间的广域通信，WAPI网络在站内经防火墙后对接地区综合数据网，成为综合数据网的无限延伸，形成有线通信与无线通信深度融合的整体通信解决方案。电网WAPI通信网络如图6-25所示。

WAPI网络划分为核心层和接入层。核心层由AC（接入控制器）和AS（鉴别服务器）组成，集中部署在地区供电局或超高压局，其中AC负责管理本地区所辖范围内各变电站的AP，AS负责本地区所辖范围内业务终端的WAPI证书签发和鉴别；接入层由AP和交换机组成，分散部署在各变电站，站内室内、室外AP通过光纤直连或PoE交换机汇聚，形成WAPI网络接入层，负责业务终端的本地通信接入。

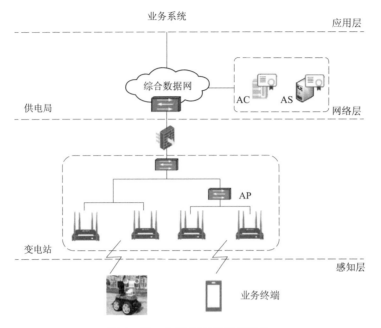

图 6-25 电网 WAPI 通信网络

本案例包括三重安全增强技术、跨厂商综合网管、错频无线级联以及构建应用标准体系等四大创新点。

（1）三重安全增强技术，在 WAPI 安全机制基础上，提出密钥防泄露、双因子鉴别、异常行为识别三重安全增强技术，在终端侧，改变传统由鉴别服务器签发用户证书及密钥的方式，改由终端本身生成密钥对和证书请求文件，并将密钥保存到加密芯片，可有效防范证书签发、传递、注入过程中密钥泄露以及密钥被非法导出的风险。在网络侧，提出"证书＋MAC 地址"的双因子鉴别机制，将终端 WAPI 证书与 MAC 地址绑定，提升网络认证强度。在平台侧，建立基于业务终端接入时间、地理位置、在线时长、数据流量特点、访问资源等特征信息的合法用户画像，对出现行为异常的风险终端进行预警，可通过吊销证书拒绝其接入。

（2）跨厂商综合网管，联合主流设备厂商研究制定 WAPI 网络综合网管方案及接入控制器接口 MIB 库，推进系统接口开发。

（3）错频无线级联，创新错频无线级联设备研制，解决同频无线级联性能逐跳减半问题，满足输电线路及变电站带宽需求。

（4）南方电网发布了《南方电网 WAPI 无线局域网技术规范》《南方电网 WAPI 无线局域网接入控制器北向接口技术规范》《南方电网 WAPI 无线局域网综合管理系统技术规范》《南方电网 WAPI 无线局域网设备测试规范》等 4 项企业标准，有力地支撑了南方电网 WAPI 网络的高效有序建设。

6.2.4.5 实施成效

南方电网先后完成了 WAPI 系统安全性与合规性测评、基于 WAPI 无人机传输网络搭建、广西网区 WAPI 示范区建设、业务终端样机研制、输电线路 WAPI 网络覆盖试点等建设应用工作。截至 2022 年年底，全网共建成 WAPI 网络覆盖变电站 120 余座，在建 170 余座。

研制支持 WAPI 的摄像头、布控球、执法记录仪、安全帽、WAPI 嵌入模块等终端，使各类设备实现 WAPI 接入功能，为电网各类移动业务提供更多终端选型。WAPI 无线局域网具有带宽充足、安全可控、部署灵活、成本节省等优点。输电方面，电缆管廊巡检实现无人化；变电方面，设备巡检效率提升 80 倍；仓管方面，库存管理实现智能化；办公领域，实现无线组会全覆盖；成本方面，组网成本精益化，是覆盖电力光缆的变电站、仓库、输电管廊等固定场所局域宽带无线通信的最佳技术选择。

广西 220kV 站 WAPI 网络示范工程，站内已实现机器人驻守区、110kV 户外场地、220kV 户外场地、主变压器区域、电容区域周边区域、室内高压室、主控室、通信室等全站室内外区域全覆盖，国自机器人、轨道机器人、温湿传感器、监控摄像头等多业务成功接入，并正常运行。

广西 110kV 扩线输电线路通信系统采用"光通信＋WAPI 无线网络"整体通信方案，输电线路每 3～4km 利用专用接头盒连接光通信设备，组成有线通信网；光通信设备区间，部署具有多跳功能的 WAPI 或 Mesh 自组无线网络，实现输电线路全路径网络覆盖。110kV 杨埠扩线输电线路 WAPI 网络覆盖示意如图 6-26 所示。

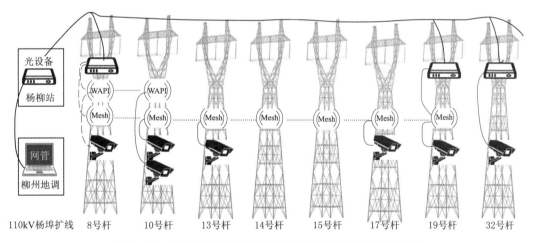

图 6-26　110kV 杨埠扩线输电线路 WAPI 网络覆盖示意图

广东机巡云巢系统由"无人机＋遥控器＋WAPI＋三维航线系统"组成，无人机与遥控器通过厂商私有协议通信，遥控器经 USB 数据线连接平板电脑，平板电脑接入 WAPI 网络进入综合数据网，连接至航线系统和机巡云盘，满足机巡业务远程实时查看巡视画面要求。基于 WAPI 的机巡云巢方案示意图如图 6-27 所示。

广东通过部署 WAPI 网络成功实现了仓库管理智能化改造，智能仓库 WAPI 通信方案示意如图 6-28 所示。在仓库内部署多个接入点 AP 组成 WAPI 无线局域网，与本地 WCS、WMS 等系统互联组成仓库本地局域网，并且经防火墙后接入综合数据网，与电网

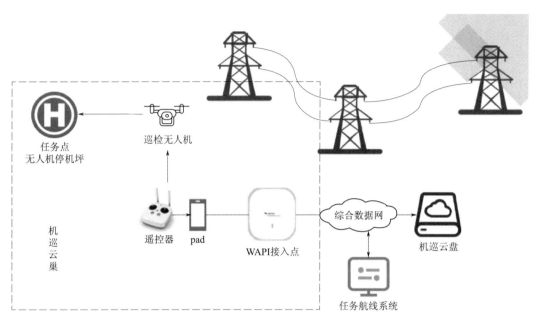

图 6 - 27　基于 WAPI 的机巡云巢方案示意图

管理平台物资管理系统互通。替换 AGV 叉车、四向穿梭车原 WiFi 模块,通过 WAPI 打通各仓库智能终端、仓库管理系统与电网管理平台之间通信通道。

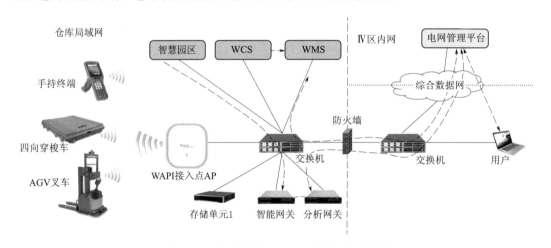

图 6 - 28　智能仓库 WAPI 通信方案示意图

6.2.4.6　发展展望

基于自主可控 WAPI 技术的数字电网“最后一公里”无线局域网,是贯彻总体国家安全观、践行能源安全新战略和网络强国战略的重要举措,社会效益明显,经济效益显著。“无线局域网应采用国家标准规范的 WAPI 技术”已正式纳入《南方电网“十四五”电网二次规划》,预期“十四五”完成有业务需要的 110kV 及以上变电站全覆盖。

6.3 多元主体通信网络建设案例

6.3.1 浙江华能虚拟电厂应用案例

6.3.1.1 业务场景描述

虚拟电厂通过配套的调控技术、通信技术对分布式电源、可控负荷、储能系统、电动汽车等"源荷储"资源进行整合调控和协调优化,以一个特殊电厂参与电力市场和电网运行,核心为"通信"和"聚合"。它对外可作为"正电厂"向系统供电,也可作为"负电厂"消纳系统的电力,起到灵活的削峰填谷等作用。

6.3.1.2 业务通信需求

在电力系统中,虚拟电厂与常规电厂的运营及管理模式保持一致。

6.3.1.3 通信技术适用性

1. 内部通信

虚拟电厂内部终端具有数量多、分布广、实时性强、基础环境复杂等特点,有线通信光缆敷设难度大、成本高,难以满足未来虚拟电厂规模应用的通信需求;WiFi 网络覆盖范围小、安全性差,4G 无线通信在时延和可靠性方面难以支撑新型电力系统中高频次、高带宽、低时延的联动要求。与之相比,5G 技术具有高可靠、低时延、广连接的特点,核心网用户面的下沉能够在最大程度上降低时延,实现业务数据的物理隔离,提升业务安全需求。同时,基于二次鉴权、VLAN 隔离等功能为网络提供更高的安全保障,5G 的网络切片技术能够为终端提供更可靠的传输质量。因此,虚拟电厂内部通信可采用 5G,同时应用 5G LAN 技术。

2. 外部通信

虚拟电厂外部通信与传统电厂相近。虚拟电厂内部各发电、用电单元实时信息经过虚拟电厂调控中心内部统一整合后,以整体的形式接受电网侧的集中调度。因此,具备接入调度数据网条件的虚拟电厂外部通信仍可通过光纤通信接入主网通信。对于不具备接入调度数据网的虚拟电厂,需要先接入电网的安全接入区,通过隔离装置与主网进行数据交互。

6.3.1.4 组网方案

1. 内部组网方案

基于 5G 无线通信的突出优势,其可以为虚拟电厂不同业务场景提供高带宽、高可靠性、低时延、安全等质量可保障的虚拟专用网络。基于 5G 的虚拟电厂通信网络如图 6-29 所示。虚拟电厂的终端通过 5G 客户前置设备或嵌入式 5G 通信模块接入 5G 基站,5G 基站再通过光纤传输接入 5G 核心网用户面(UPF),最终通过专线将终端采集的数据传输至虚拟电厂调控中心。虚拟电厂利用 5G 通信网络为风力发电、光伏发电、储能设备、可控负荷的调控提供实时、可靠、安全的数据传输通道,可以避免其他通信网络施工周期长、费用高、传输质量差的弊端。

基于 5G 的虚拟电厂内部通信安全防护措施。主网安全接入网关前置到电厂侧,虚拟电厂内部各单元业务数据通过 5G 的 UPF 进行汇聚,经由虚拟电厂侧安全接入区,接入

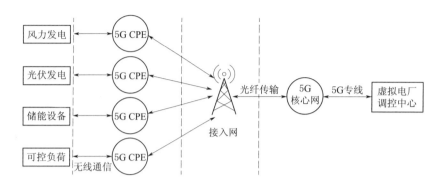

图 6-29 基于 5G 的虚拟电厂通信网络

虚拟电厂调控管理平台，进而接入调度数据网。

2. 外部通信

具备接入调度数据网条件的虚拟电厂调控中心将内部整合后的数据经调度数据网上传至电网侧，实现电厂与电网的联动。虚拟电厂调控中心管理平台服务器与电网调度数据网路由器连接，路由器接入电厂侧 SDH 或 OTN 等光传输设备，以光纤通信的形式接入电网的光传输系统，进而实现电厂侧的调度数据网路由器 接入电力调度数据网。

不具备接入调度数据网条件的虚拟电厂调控中心将内部整合后的数据首先经过电网安全接入区，然后通过隔离装置与主网互联，将数据网上传至电网侧，实现电厂与电网的联动。虚拟电厂调控中心管理平台服务器与电网安全接入区的路由器连接，经过安全网关、防火墙等装置后通过隔离装置，以光纤通信的形式接入电网的光传输系统，进而实现电厂侧的调度数据网路由器接入电力调度数据网。

6.3.1.5 实施成效

虚拟电厂建设示范应用项目于 2022 年投运，实现 5 大类共 124 个"源荷储"资源的有效整合，其中 120 个荷储类资源聚合成 1 号机组，装机容量 115.26MVA，可秒级响应电网调频调峰需求；4 个源荷类资源聚合成 2 号机组，装机容量 9.46MW，可分钟级响应电网调峰需求。通过上述资源整合，将原先不可控或弱可控的"源荷储"资源整合成强可控的电网调峰与电量平衡资源，以"虚拟电厂"的特殊形式参与电力市场和电网运行，起到灵活的削峰填谷等作用。

项目投产以来，采用 5G 网络切片技术累计接入"源荷储"资源 124 个，实测业务端到端时延为 30ms，截至 2022 年年底，共参与电网调频服务 1 次、调峰服务 10 次，有效支撑了新型电力系统下"源网荷储"的协同互动，增加了新能源消纳能力，有力促进了新型电力系统的建设与发展。

6.3.1.6 发展展望

从国家的政策引导和虚拟电厂自身的建设发展情况来看，未来虚拟电厂将会得到大规模的推广。随着现代通信技术的发展，5G、低功耗广域网等通信技术也将以更低的时延、更小的功率传输，成为支撑虚拟电厂快速发展的主流通信技术。

6.3.2 华能省级新能源集控中心项目应用案例

6.3.2.1 业务场景描述

通过建设新能源集控中心，搭建集中监控系统平台，将所属的各光伏电站、风电场集成为一个网络，建立一个功能完善、技术先进、性能良好的可靠、安全、结构稳定的智能监控管理系统，实现对区域内所属光伏电站、风电场等进行统一监视、控制及管理。通过人力资源、备品备件、资金和技术的合理调配与运用，达到人、财、物的高效运作和资源的优化利用，保障实现综合效益最大化。

6.3.2.2 业务通信需求

在电力系统中，新能源集控中心与常规电厂的运营及管理模式保持一致。

6.3.2.3 通信技术适用性

1. 内部通信

接入新能源集控中心各末端电站为并网电厂，站内具备同省调、地调、县调通信的设备设施，通过原随一次线路建设的各类光缆，接入就近变电站，再结合接入变电站的电压等级、原有传输网组网情况、所属市公司传输网现状，组织形成新能源电站至省级集控中心的通信通道，组建华能内部通信网络。

根据现场实际情况推荐按照常规2M业务接入类型，通过各末端站点已经建设的光通道链路，利用地区传输网、省级传输网将业务由末端站点逐级汇聚至省级新能源集控中心。

2. 外部通信

新能源集控中心外部通信与传统电厂相近。新能源集控中心接入的各新能源电厂实时数据信息经集控中心电力监控系统汇总、分析、管理后通过光纤通信与主网进行数据交互，以整体的形式接受电网侧的集中调度。

6.3.2.4 组网方案

1. 内部组网方案

基于新能源电厂现有的涉网通信系统，通过电力通信传输网络组建集控中心同各新能源电厂的监控、控制数据网络，通信网络系统如图6-30所示。以省级集控中心为数据网汇聚节点，新增本地SDH设备和路由器设备，通过租用省、地电力通信传输网构建的2M电路通道，实现集控中心同各个新能源电厂的网络通信。电力通信传输网具备安全系数高、网络稳定性强、可实现网管集中管理的优势，避免新建通信网络施工周期长、费用高、传输质量差的弊端。

2. 外部组网方案

集控中心新增通过SDH设备接入调度数据网，省级集控中心的监控数据经调度数据网上传至电网侧，实现集控中心与电网的联动。调度数据网路由器接入集控中心侧SDH光传输设备，以光纤通信的形式接入电网的光传输系统，进而实现集控中心侧的调度数据网路由器接入电力调度数据网。

6.3.2.5 实施成效

华能省级新能源集控中心通信部分于2021年11月通过验收，完成新能源接入站点7个，包括风电场、光伏电站、海上风电场，合计装机容量945.31MW。

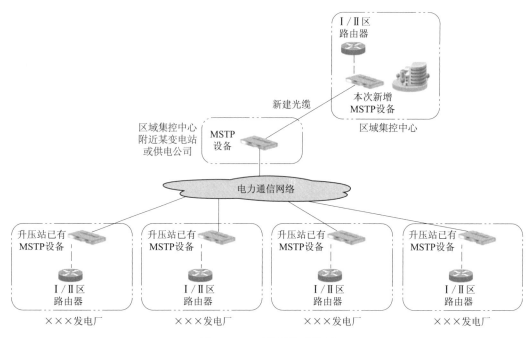

图 6-30　通信网络系统图

6.3.2.6　发展展望

由于可再生能源（新能源）不具备规模优势，因此通过新能源集控中心建设，实现可再生能源精细化管理，降低项目经营成本和单位指标，充分挖掘潜力，提高项目效益，才能在电力市场竞争中占有一席之地。

新能源集控中心建设，利用先进的电力物联网技术、通信技术来实现可再生能源电站无人值班、少人值守的管理模式，通过电力服务来支撑软件平台，实现各新能源电站的集中采集、控制和优化、提供完整的系统运行信息、控制手段和分析决策，以保证设备安全稳定运行，实现同一平台下对不同控制系统的风机、光伏、中小水电及升压站系统进行集中监控与诊断，将运行生产数据实时传送至可再生能源中心进行集中处理，合理优化资源配置，提高生产运行管理效率及水平，实现减员增效。

6.3.3　集中式新能源电站（互补电站、光伏等）应用案例

6.3.3.1　业务场景描述

集中式新能源电站的控制中心为其计算机监控系统，计算机监控系统为开放式分层、分布式结构，可分为站控层和间隔层。站控层为全站设备监视、测量、控制、管理的中心，通过光缆或屏蔽双绞线与间隔层相连。间隔层按照不同的电气设备，分别布置在对应的开关柜内，在站控层及网络失效的情况下，间隔层仍能独立完成间隔层设备的监视和断路器控制功能。计算机监控系统通过远程工作站与调度中心通信。光伏/风电/储能发电单元的监控信息通过光纤环网交换机以通信的方式接入升压站计算机监控系统，调度指令通过通信方式下达给光伏/风电/储能发电单元。

6.3.3.2　业务通信需求

在新能源场站中，监控单元信息通过光纤环网交换机以通信的方式接入升压站计算机

监控系统，调度指令通过通信方式下达给光伏发电单元。新能源电站通过远动信息与电网调度部门进行通信，传输方式为电力数据网与远动专用通道相结合，利用 SDH 设备进行远程光通信。整个通信过程需要通信链路的完整搭建、冗余配置以及通信协议的协调一致。

6.3.3.3　通信技术适用性

新能源电站的通信主要还是利用目前较为成熟的光纤电力通信形式，光纤通信技术具有非常强的抗电磁干扰能力，也就是抗冲击能力，同时光纤通信技术还具有传输容量大与传输衰耗小等多种优点，各种性能的光纤在新能源电站通信系统中都得到了广泛的应用。比如说光纤复合底线（Optical Fibre Composite Overhead Ground Wire，OPGW）、光纤复合相线（Optical Phase Conductor，OPPC）以及全介质自承式光缆（All Dielectric Self–Supporting Optical Cable，ADSS）等多种光纤。对于海上升压站以及偏远的电站还会辅以微波和卫星通信方式以提高通信的可靠性。新能源电站常用 IEC 61850，IEC 60870–5–104 以及 MODBUS 等国际标准协议作为电站内的通信协议。

6.3.3.4　组网方案

1. 光伏电站场区控制通信方案

采用集中式逆变器的大型光伏电站，光伏电站光伏子阵（光伏区汇流箱、逆变器和箱式变压器保护测控装置）通过 RS485 将信息接入通信管理机进行汇集，通信管理机通过以太网光纤环网的方式，将采集的阵列信息传送至计算机监控系统。集中式逆变器光伏电站场区控制通信方案如图 6–31 所示。

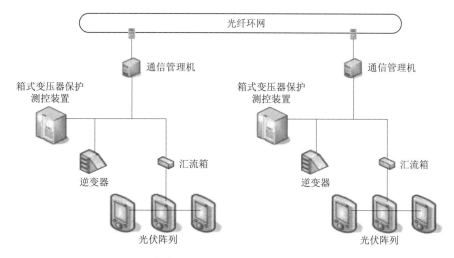

图 6–31　集中式逆变器光伏电站场区控制通信方案

采用组串式逆变器的大型光伏电站，采用低压电力电缆进行 PLC 载波通信，传统的通讯方案需要专门设计通讯线缆部分，埋地需要铠装线缆或者穿管铺设，成本升高，且施工方面需要挖沟，而 PLC 的最大特点是不需要重新架设通信线缆，只要有电线，就能进行数据传递，因此成为智能光伏电站的最佳方案之一。组串式逆变器光伏电站场区控制通信方案如图 6–32 所示。

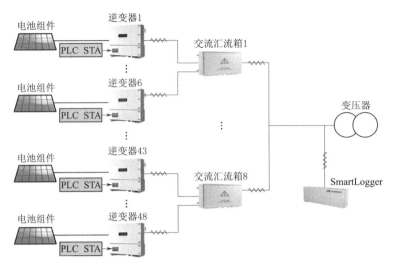

图 6 - 32　组串式逆变器光伏电站场区控制通信方案

2. 风电站场区控制通信方案

风电机组的计算机中央监控系统，能在风场控制室对风电场全部风电机组进行控制和监视，包括在线振动状态监测系统。中央监控系统支持 IEC 61400 - 25 标准，且必须支持 IEC 61400 - 25 标准中的 MMS 映射。风电机组满足 Server/Client 双端支持 OPC 协议和 Modbus（TCP）协议，并提供对风电机组特有的控制调节、功率分解、报警信息及故障信息的详细解析。可满足风电机组监控系统与升压站监控系统、风功率预测系统、有功功率控制系统、无功电压控制系统等的通信要求。SCADA 系统总体架构主要包括风机接入服务器（可以与风场 SCADA 服务器集成为一体）、风场 SCADA 服务器、风场能量控制 EMS 服务器（根据不同厂家设计不同，可以与风场 SCADA 服务器集成）、数据转发接口控制器（可以与风场 SCADA 服务器集成为一体）等模块。

3. 储能电站场区控制通信方案

储能电站监控和能量管理系统（EMS）是整个储能系统的能量调度和管理中心，负责收集和管理全部电池管理系统数据、储能变流器数据和电气设备数据，向各个部分发出控制指令，控制整个储能系统的运行。

储能电站场区控制系统采用模块化、功能集成的设计思想，分为系统层和设备层两层结构，设备层和系统层之间的通信采用网线或光纤通信，采用星型网络结构，设备层下行设备通过 RS - 485 或网线与通信管理机和中心控制器通信，通信管理机通过网络将非标准化协议设备数据及信息传送给监控主机。储能电站场区控制通信方案如图 6 - 33 所示。

4. 升压站控制通信方案

新能源电场监控系统分为生产控制大区和管理信息大区，其中生产控制大区分为控制区（安全 I 区）和非控制区（安全 II 区）。

控制区业务系统包括电力数据采集和监控系统、能量管理系统、广域相量测量系统、变电站自动化系统、发电厂自动监控系统等，其使用者为调度员和运行操作人员，数据传输实时性为毫秒级或秒级，其数据通信使用电力调度数据网的实时子网。

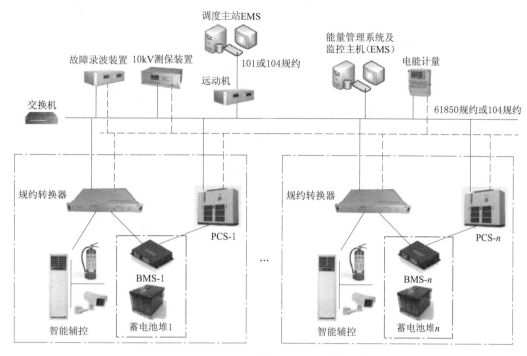

图 6 - 33　储能电站场区控制通信方案

非控制区业务系统包括调度自动化系统、故障录波信息管理系统、电能量计量系统等，其主要使用者分别为调度员、继电保护人员等，非控制区的数据采集速度为分钟级或小时级，其数据通信使用电力调度数据网的非实时子网。

管理信息大区的业务系统包括调度生产管理系统、行政电话网管系统、电力企业数据网等。

6.3.3.5　实施成效

前述的新能源电站通信方式为目前主流，一般集中式的新能源电站均采用类似方案，运行稳定可靠，通信效果满足控制要求，同时经济性良好，成熟的设备供应商和解决方案较多，采用这样的通信方案并网的大型电站也较多，例如江西 200MW 互补电站、大唐 200MW 光伏治矿项目、华能互补电站、宁夏 100MW/200MW·h 电化学储能电站以及三峡 550MW 风电项目等，相应的设备供应商主要有南瑞、南自、长园深瑞以及思源等。

6.3.3.6　发展展望

新能源电站的控制和通信技术将会继续得到大力发展，未来的发展趋势主要有以下几个方面：

（1）集控化趋势。新能源电站厂址分散、地处偏僻，一个大型发电集团基本上一个省配置一个集控中心。集控化控制可以优化人力资源配置、整合系统资源、提升管理能效。

（2）数字化趋势。采用 3D 建模和 BIM 全息技术，形成光伏发电厂数字孪生模型。运用虚拟现实 VR 技术，使得人员能够虚拟漫游、虚拟巡检等。区块链技术，以去中心化的存储方式代替传统的中心化存储方式，支持智能电网的电力交易。

（3）无线化趋势。利用 5G 组网通信，连接新能源场区里的发电设备，取代有线的通信线路；利用 5G 通信的无人机、巡检机器人、检测传感器、视频监控等提高运维水平；利用 5G 接入网，与调度中心，集控平台进行远程通信。

6.4　综　合　案　例

6.4.1　广西电网公司面向输配电网的多态数据融合通信系统应用案例

6.4.1.1　业务场景描述

新型电力系统的构建需要输电线路数字化转型提供强劲动力，现有的输电线路监测信息主要依靠公网通道承载，安全性不足，部分偏远地区公网信号无法覆盖，电力输电线路目前主要是通过人工巡视或无人机巡检的巡检方式，不具备实时性，数字化水平不足，因此需要一种能够解决偏远区域输电线路信息回传的手段为输电线路业务提供大容量、高稳定、低时延的信息回传通道。

广西电网公司通过该套装置在输电线路的部署，实现输电线路全线电力通信专网覆盖，实现线路视频监控、覆冰监测、小气候检测、防山火、杆塔倾斜等应用，在输电线路监控、输电线路检修、输电线路智能巡视等数字电网建设工作中提供通道支持。

6.4.1.2　业务通信需求

随着电力系统数字化转型及新型电力系统建设的推进，输配电线路有大量宽窄带业务需要安全可靠的通信通道，包括视频监控、覆冰监测、小气候检测、防山火、杆塔倾斜等。

6.4.1.3　通信技术适用性

1. 内部通信

输电线路监测终端具有数量多、分布广、宽窄带融合等特点，目前常用的公网通信存在偏远地区信号覆盖差、使用成本高等问题，难以满足未来数字输电大规模覆盖的通信需求。与之相比，"有线＋无线"的通信覆盖方式具有高可靠、高带宽、接入灵活的特点，通过使用输电线路自身可靠的光缆资源，结合 WAPI 自主安全技术，实现输电线路的信号覆盖，具备大带宽、大连接的接入能力，辅以物联网接入技术，满足低速率业务的接入，实现输电线路宽窄带业务可靠安全接入。输电线路内部通信建议采用光纤有线，承载 WAPI 宽带技术和物联网窄带技术，满足输电线路多业务场景的接入要求。

2. 外部通信

面向输配电网的多态数据融合通信系统两端都通过输配电线路连接到变电站，变电站均覆盖有光缆和光传输设备，需通过变电站传输设备将数据传送至相应地调或者省级调度机构。输配电线路状态检测业务属于安全Ⅲ区业务，业务接入调度机构检测主站前，需经过电力监控系统边界安全防护装置，实现对业务的安全隔离和防护。

6.4.1.4　组网方案

1. 内部通信方案

面向输配电网的多态数据融合通信系统结合输电线路光纤通信系统，通过"有线＋无线"的通信方式，融合"宽带＋窄带"通信模式，以具备灵活业务接入的 OPGW 接头盒为基础，超低功耗光纤通信设备为支撑，具备自组网能力的无线 WAPI 通信装置为应用，构建了适用于输电线路通信网络。输电线路通信网络技术路线如图 6-34 所。

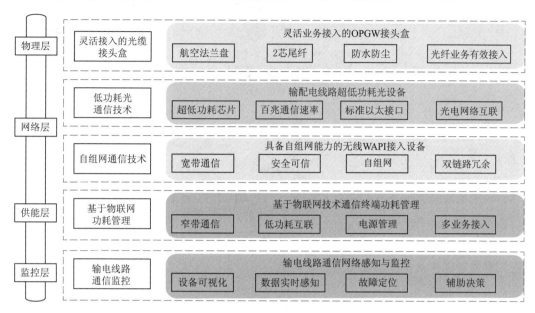

图 6-34　输电线路通信网络技术路线

（1）可实现灵活业务接入的 OPGW 接头盒。通过对传统光缆 OPGW 接头盒进行开口位置和接续端子设计，实现输电线路 OPGW 接头盒光纤的灵活接入。OPGW 接头盒内部纤芯可根据工程实际需求配置，接头盒底板配置了 2 个搭配航空法兰盘，每个法兰盘配置两芯尾纤，每个方向的光缆采用两芯与法兰盘的尾纤互联，其余纤芯按照传统的 OPGW 接头方式在接头盘内直熔。

这种新的接头盒首次采用了搭配航空法兰盘及航空接头的方式，实现了输电光纤有效引出，解决了多年来输电线路光缆不能为输电线路提供通信的问题。

（2）输电线路超低功耗光传输设备。采用超低功耗芯片，设备功耗可达 1.5W；采用 100Mbit/s 光纤通信接口，通信距离可达 40km，接收灵敏度达到 -37dBm；提供标准以太网接口，低功耗光设备在长时间运行的情况下可以保证较好的通信质量和速率，可为输电线路业务提供持续稳定的通信保障。

（3）输电线路通信组网方案。输电线路每 3～4km 利用专用接头盒引出尾纤，连接光通信设备，组成有线骨干通信网；没有光通信设备区间，部署具有多跳自组网功能的 WAPI 无线设备，速率大于 100Mbit/s，支持视频、音频等高速业务接入，支持不少于 30 台自组网设备的同时在线，具备大量业务部署的能力，实现输电线路全路径网络覆盖。输电线路通信组网方案如图 6-35 所示。

（4）基于物联网技术通信终端功耗感知与监控。基于物联网技术通信终端功耗感知与监控为实现输电线路通信设备提供稳定可靠的能量供给，便于对输电线路自主供电的能耗预测与管理，基于物联网技术，搭建了低带宽、低功耗链路，用于电源管理及低速业务接入。同时开发了输电线路通信终端管控系统对光伏、蓄电池、用电设备的功耗和历史充放电数据分析，实现最优的充电和能耗预测管理，将物联网技术与自组网结合，形成的宽窄

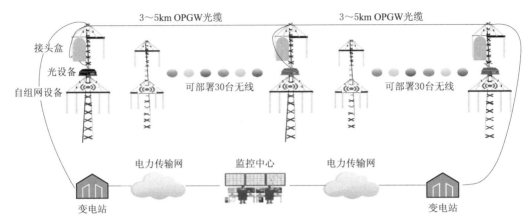

图 6-35　输电线路通信组网方案

带融合的输电线路通信网络，能够在远程对光伏、电池、负载端的历史充放电数据、环境温度实时监测和控制。

2. 外部通信方案

面向输配电网的多态数据融合通信系统，数据在输配电线路通信终端进行通信协议的整合，整合后采用 TCP/IP 协议，以 GE 光接口接入线路两侧变电站的传输设备上，通过电力专用的 SDH 或 OTN 等光传输通道，接入对应的调度机构，实现数据的回传。

6.4.1.5　实施成效

截至 2022 年，广西电网公司在 110kV、220kV 及整县光伏示范区开展面向输配电网的多态数据融合通信系统的部署。构建了"光纤+无线"的输电线路全覆盖通信网络，完成了长达 30km 的输电线路的信号覆盖，形成了数字输电场景下通信网络覆盖的有效示范。在业务方面，接入了 9 个高清摄像头、4 个高精度高分辨率的倾斜角传感器、30 套光伏远程管控设备及温度传感设备，输电线路实时高清视频监控如图 6-36 所示，输电通信

图 6-36　输电线路实时高清视频监控

终端监控示意如图 6-37 所示。智慧输电全域覆盖系统为新型电力系统中最重要的输电环节提供基础通信服务，为输电线路数字化、智能化提供技术支撑，有力地促进了新型电力通信系统的建设与发展。

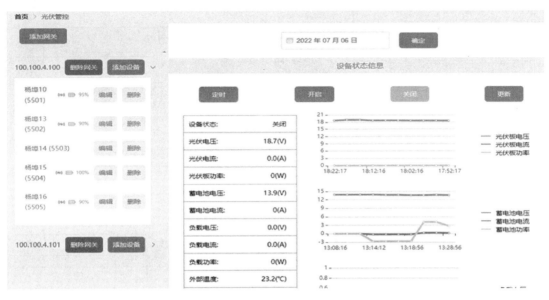

图 6-37 输电通信终端监控示意图

6.4.1.6 发展展望

为实现碳中和、智能电网，国家当前大力推广电网的数字化转型建设，输电线路作为电网监控的薄弱点，将面对海量数据的回传，构建安全稳定、灵活接入的输电线路通信网络是未来电力通信的发展着力点。面向输配电网的多态数据融合通信系统研究及装备研发符合国家的政策引导和发展趋势，是未来电网智能化的示范和发展方向。

6.4.2 广州供电局基于自主强化学习与机器识别的智慧通信调度系统应用案例

6.4.2.1 业务场景描述

基于自主强化学习与机器识别的智慧通信调度系统通过机器识别、声纹授权、自主强化学习、智能决策等技术，实现对全网海量光路资源进行综合分析，进行资源配置的智能优化，解决数据分析工作量大、运维人工成本高且重复工作多、调度许可安全鉴权能力弱、整体网络情况不清晰的问题，实现高可靠性全网智能路由规划与优化能力。

6.4.2.2 业务通信需求

在电力系统中，智慧通信调度系统与传统通信调度系统的运营及管理模式保持一致。

6.4.2.3 通信技术适用性

1. 基于自主强化学习的通信网络全网智能优化技术

电力行业对于通信资源健壮度的保护要求逐步提高，调度员经常需要开展全网大量的数据分析工作，工作量大，可靠性低。

基于自主强化学习技术，模拟现实的配置反馈，通过数据聚类及业务抽象提取，对光网络进行模拟图片建模，深度自主强化学习神经网络模型示意如图 6-38 所示，可以由机器自主强化学习通信业务开通的配置过程并最终形成优化模型，实现对全网海量光路配置的智能优化，提高通信资源利用率，降低由人工疏漏带来的风险。

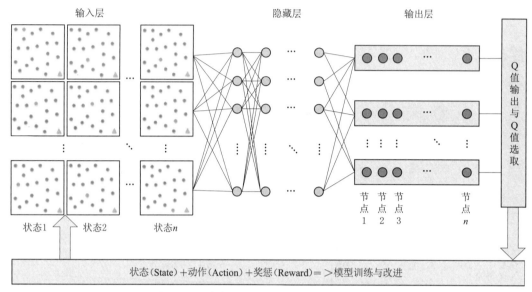

图6-38 自主强化学习神经网络模型示意图

2. 基于机器识别和操作引擎的业务智能开通技术

利用 Agent 注入与图像识别相结合的机器识别技术，配合 RPA 技术构建配置的自动操作引擎，可实现网管系统界面信息与设备状态的快速准确识别，应用在新增、修改和移机等业务场景下，实现业务的自动开通，降低人工调度员的学习成本。

3. 基于机器识别的智能自动巡检技术

基于以 CNN 为基础的机器识别技术，并用多种学习框架进行训练，可实现应用于电力通信调度日常巡检和年度定检等工作，例如光功率、设备板卡告警、主备状态等信息的自动查询，形成自动巡检操作结果和定检报告，大幅解放人工劳动力，提高巡检工作效率。

4. 基于声纹智能识别的现场调度许可验证技术

使用语音口令＋声纹的双重验证手段，可应用于各调度场景下对现场工作人员进行电话身份鉴别，实现安全许可验证，保证调度系统的安全性。

6.4.2.4 技术研发与应用方案

1. 系统功能架构

智慧调度系统需要适配各种架构的原有电网通信网系统，解决厂家网管间数据孤岛问题，通过智能化手段提高通信调度效率。系统功能架构如图6-39所示。

2. 基于 Double DQN 自主强化学习的通信网络全网智能优化技术

基于自主强化学习技术，采用 Double DQN 算法优化模型，Double DQN 算法优化如图6-40所示，通过规则化手段构造 Environment 引擎，结合调度运维经验，叠加电网业务关注点，包括必经站点、不经站点、资源利用率、节点上限数、必经线、非必经线、最长公里、业务路由分离率等8个维度，让机器自主强化学习通信业务开通的配置过程并最终形成优化模型，由以往需要主动搜集数据遍历全网络状况，变为非穷举式智能选路，满足庞大的网络自动优化需求，从而实现高可靠性全网智能路由规划与优化能力。

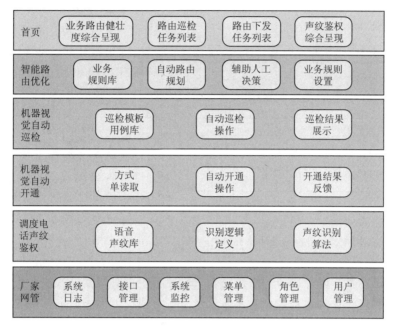

图 6-39　系统功能架构图

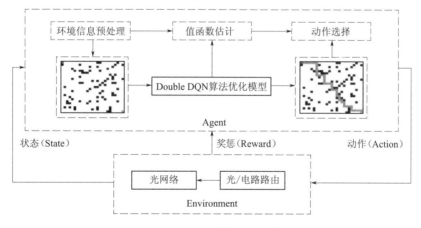

图 6-40　Double DQN 算法优化模型示意图

3. 基于机器识别和操作引擎的业务智能开通技术

采用 Agent 注入与图像识别相结合的机器识别技术，在使用 Java Agent 向识别对象注入控制代码，拦截 Api 调用直接获取信息的同时，利用图像识别技术获取目标区域的像素点 RGB 值，与预存的标准值进行比对校验，实现网管系统界面信息与设备状态（如板卡、端口等）的快速准确识别。同时采用 RPA 技术构建配置适用性强、精准度高的自动操作引擎，固化路由开通经验，开发业务智能开通机器人，实现电路自动开通、结果反馈统计等功能。网管自动巡检与开通流程如图 6 - 41 所示。

图 6 - 41　网管自动巡检与开通流程图

4. 基于机器识别的智能自动巡检技术

首先采用以 CNN 为基础的机器识别技术，使用旋转、填充等方法对训练样本进行正则化扩充，然后选取多种卷积核矩阵提取不同图像特征（如横向、纵向），最后池化投入 Yolox、Paddle-paddle、OpenCV 多种学习框架进行训练，形成适配多网管的智能自动巡检机器人，在跨系统界面上实现板卡状态校验、设备告警读取、指标数值比对、巡检报告生成等自动巡检功能。

5. 基于声纹智能识别的现场调度许可验证技术

采用 ResNet50 语音幅度谱的深度学习训练算法，研发基于语音口令＋声纹的双重验证手段，对调度语音特征信号的采集、处理和学习，形成声纹自动识别模型，从而对参与电力现场工作人员进行快速的无感式身份判别安全认证，从依赖调度员通过语音自主判断的传统方式，改变为智能声纹识别，充分保障了调度安全许可验证。

6.4.2.5　实施成效

基于自主强化学习与机器识别的智慧通信调度技术已在广州供电局通信中心进行部署，有效提高了通信调度的运行效率，优化网络的水平，为电力安全、可靠、经济运行提供智能化通信支撑。

全网业务遍历分析功能，能够实现对全网业务 N - 2 可靠性自动分析，并对存在风险的通道路由进行自动规划路由；边缘光缆段分析能自动对全网的光缆段进行分析，能够实现网络单光缆自动分析；全网光缆段遍历分析能自动对全网光网络进行物理层可靠性分析，实现网络假环分析及优化策略输出，从而提升网络健壮性。开展华为、中兴传输网 SDH 2M 业务智能开通工作，综合开通准确率达 98％以上，华为软交换电话业务开通准确率为 100％。

基于机器识别的智能自动巡检技术可以完成华为 U2000、华为 T2000、中兴传输网管 3 种系统上的设备收发光功率、CPU 内存使用率、工作温度、设备板卡告警、板卡主备状态等指标巡检，并自动形成对应的巡检结果，综合巡检准确率达 99％以上，实现调度日常巡视和年度网络定检工作的自动化。

基于声纹智能识别授权的现场调度许可验证技术在广州电力进行部署，实现调度对象的自动鉴别与呈现。对比传统方法，可将声纹自动识别的准确率提高 50％以上，有效提高系统安全调度的可靠性。

6.4.2.6　发展展望

从电力行业的发展和通信调度业务需求的增加来看，智慧调度技术所带来的人工成本的降低、工作效率的提高、安全性和稳定性的提升都对通信调度业务有着重大意义，未来将会成为不可忽视的趋势，得到大规模的应用和推广。

6.4.3 浙江电力公司新型应急通信系统应用案例

6.4.3.1 业务场景描述

浙江电网频繁受到台风大涝、雨雪冰冻和山体滑坡侵袭，受灾现场通常环境复杂、客观条件困难，并伴以"断电、断网、断路"等极端情况，电力抢修和救援现场条件往往十分困难。

为提升浙江电力在"三断"情况下的电力抢险通信保障能力，实现快速恢复抢险现场公网通信信号，恢复手机移动终端语音、数据功能，构建坚实可靠的应急指挥和现场通信通道，浙江电力提出以"轻量化、背负式、低功耗"的思路建设新型应急通信系统，组建以"高通量卫星便携站＋LTE便携接入基站"为核心的应急卫星通信系统，并建设自组网对讲系统辅助提供沿海区域常态化语音对讲信号覆盖，满足应急现场通信需求，全面支撑应急抢修、救援高效开展。

6.4.3.2 业务通信需求

电力抢修环境复杂。部分高山铁塔和偏僻机房等电力抢险环境不允许大型设备及车辆到达，因此需要"小、快、灵"的便携装备进行快速部署，恢复现场抢险指挥调度的移动信号。

手机通信功能恢复。为满足现场抢险实时通信应用需求，浙江电力联合浙江移动创新应用移动LTE便携接入基站，与高通量卫星组成新型应急卫星通信系统。在应急现场开通高通量卫星的基础上，向下级联移动LTE便携接入基站，快速恢复应急现场移动4G信号覆盖，重新激活断网状态下的现场手机，满足日常拨号呼叫以及互联网应用。

基础语音信号泛在。在浙江地区借助高山铁塔等自有物业，已构建多套自组网对讲系统固定基站，形成单跨为20km的自组网对讲网络，在沿海山区形成大范围的无线对讲信号泛在覆盖，为台风登陆阶段应急抢修提供基础语音对讲信号保障。

6.4.3.3 通信技术适用性

高通量卫星系统在我国已被成熟应用，拥有自主产权的高通量卫星有中星16号卫星、亚太6D卫星和中星19号卫星，2023年发射的中星26号卫星，完全满足电力抢险通信保障的需求。高通量卫星便携站配合移动LTE便携接入基站，轻量便捷，满足单人背负、单人系统搭建，并且操作便捷简单，保障队员可以快速培训使用。现场完成系统搭建后，即插即用，可快速恢复普通手机通信功能。同时该系统便携设备全国范围内均适用，便携基站可通过变更设置直接在其他网省区域使用，具备较强较便捷的推广性。

6.4.3.4 组网方案

浙江电力应急通信系统包括应急卫星通信系统和自组网对讲系统。应急通信系统组网框架如图6-42所示。

1. 应急卫星通信系统

应急卫星通信系统通过高通量卫星系统完成应急现场互联网信号接入，满足现场人员WiFi使用，实现微信、视频会议等各类App应用。

在高通量卫星便携站下挂移动LTE便携接入基站（运营商小基站），该基站通过卫星

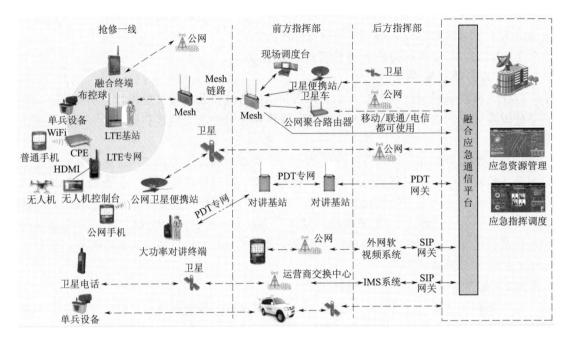

图 6-42　应急通信系统组网框架图

通道直接指向移动 4G 网管,通过识别、鉴权等一系列接入管理认证最终接入移动 4G 蜂窝网络,实现在应急保障区域的移动 4G 信号覆盖。该设备即开即用,并具备现场接入管理机制,保障电力抢修员工手机独占应急通信资源。应急卫星通信系统示意如图 6-43 所示。

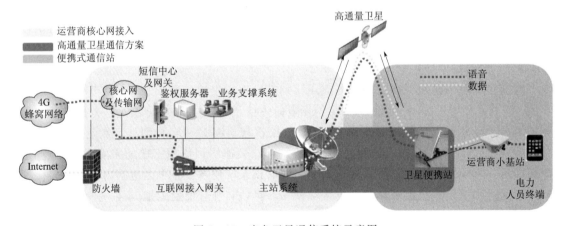

图 6-43　应急卫星通信系统示意图

2. 自组网对讲系统

自组网对讲系统是对应急卫星通信系统的补充,卫星装备数量有限,购置和通信成本较高,不适宜大规模部署。对讲系统覆盖范围广、部署成本低、使用上手简单、独立于公网信号。自组网对讲系统以高架基站单跳覆盖 20km 形成大区域信号覆盖,以 2～3kg 的便携站在城区和野外灵活补盲,如图 6-44 所示。

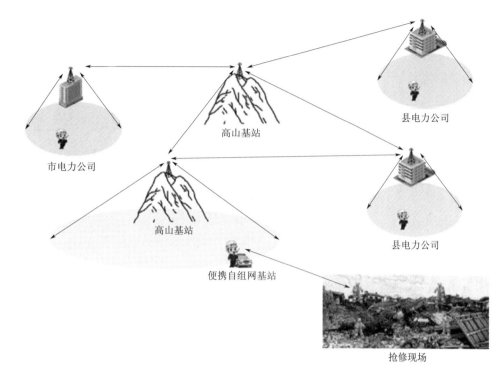

图 6 - 44　自组网对讲系统示意图

6.4.3.5　实施成效

截至 2022 年，国网浙江电力已经完成 6 套应急卫星通信系统建设，并在浙江地区部署约 22 套自组网对讲固定基站，2023 年将继续新增部署规模，强化全省应急通信保障能力。

通信系统初步建成后，已经完成台风"轩岚诺"、台风"梅花"等通信保障任务。通过多次实战，已经验证了应急通信系统的可靠性。其中，自组网对讲临时组网能力和信号覆盖能力满足抢险需求，应急卫星系统设备可以支撑中等雨量下的正常使用，高通量卫星设备的防水能力可在中等雨量下保证使用。

应急卫星通信系统依托卫星厂商的高通量卫星系统和运营商核心网进行进一步建设，只需要采购一线终端和相关服务，即可部署使用，投资成本相较上一代传统卫星系统已经大幅度降低。高通量卫星系统和运营商基站均支持升级改造，并且设备操作简单、培训成本低、技术人员可以快速上手，能降低未来的投资成本。

自组网对讲系统无论固定站还是便携站，建设成本都比较低，借助其自组网特性，后续补强也只需新增固定基站即可，系统可广泛用于电网巡线、检修等日常工作的通信中，无需临时培训即可正常使用。

6.4.3.6　发展展望

应急通信系统具有普适性和可复制性，在稳定应急现场通信指挥渠道，构建可靠手机通信环境方面有很强的应用价值，对提升电网抢修效率、快速恢复供电能力具有较强的支撑能力，社会效益与经济效益均较为可观。

第 7 章

电力通信网建设发展建议

7.1 现阶段优化提升工作建议

站在当前时间节点，我们要结合电力通信网现状和新型电力系统当前阶段业务需求特点，选择最灵活、高效的通信技术，解决当前最紧迫的业务需求。

7.1.1 骨干通信网技术选择建议

（1）由于大电网故障防御类控制业务，目前仅有 SDH 技术能同时满足十毫秒级低时延和收发时延一致的要求，因此在 220kV 及以上调度厂站（含变电站、电厂等）应优选 SDH 光传输技术进行多类型业务的统一承载。

（2）35～110kV 调度厂站（含变电站、电厂等），可选择 SDH 光传输技术进行多类型业务的统一承载；考虑新型电力系统变电站业务接入带宽提升的趋势，建议可积极开展接入型 OTN 和 SPN 设备试点建设，验证其变电站业务统一承载能力，为未来技术演进打好基础。

（3）千兆以上的大颗粒仍建议采用 OTN 技术进行承载，单波容量可升级到 100G。

（4）为支撑新型电力系统变电站数字化发展，建议加强变电站本地通信网络统一建设，增加本地有线网络接入点，统一部署可信 WLAN 等综合无线接入设备。

7.1.2 终端通信接入网技术选择建议

终端通信接入网主要包括远程通信技术和本地通信技术，两种技术需要配合使用，取长补短、互为补充。其中本地通信技术相对丰富。建议业务终端密度较高时，优选本地通信技术进行业务汇聚，再通过远程通信技术与业务主站进行数据交互，因此业务终端密度的高低，是本地通信是否需要选用的关键。新型电力系统通信业务类型和业务数量将大幅度增加，建议以营销专业用采业务本地通信为基础，逐步做大做强本地通信网，将其作为终端通信接入网的重要建设内容。

（1）远程通信技术选择方面，光纤通信由于带宽容量大、信号质量高，处于终端通信接入网的主导地位，在有条件敷设光纤的情况下，优选具备物理隔离能力的光通信技术（如 OSU - PON 技术）组网，形成终端通信接入网的主干层，在接入末梢和移动场景，建议采用多种无线方式进行补充。

（2）针对第一类控制业务，技术选择建议以光纤通信为主，电力线载波通信为辅。

（3）针对第三类控制业务，对业务要求比较高的，技术选择建议以光纤、无线专网、5G 硬切片为主；业务要求不高的，技术选择建议以 5G 软切片、4G 虚拟专网为主。

（4）针对第四类业务，若周边具有多类型业务承载能力的光通信设备存在，技术选择建议采用本地通信技术将业务数据进行汇聚，再通过具有多类型业务承载能力的光通信设备与业务主站进行数据交互；若周边没有多类型业务承载能力的光通信设备存在，技术选择建议以 4G 虚拟专网、5G 软切片为主。

7.2　后续重点研究方向

7.2.1　骨干通信网

1. 确定性时间网络技术研究与应用

以广域新能源大规模接入下"源、荷"业务承载需求为导向，研究确定性时间网络技术，开展承载广域新能源源荷协同控制试点应用建设，形成国—省—市扁平化网架结构，网络结构上向下对接终端通信接入网，向上对接骨干通信网，满足各类接入点、市调、变电站、省调的广域覆盖。

2. 自动驾驶网络技术研究

研究自动驾驶网络的架构与功能视图，从网元内生智能、设备网管、OSS 三个层次构建自动驾驶网络体系。研究网元自身智能化、极简实现技术，研究网元持续增强多维实时、高质量数据感知技术，研究网元集成 AI 功能实现方法，提升网元自主感知、自决策与自闭环能力；研究架构简化、协议简化技术与实现方法，基于新型电力系统业务需求极简目标网络；研究通信网络云化、虚拟化、软件化技术，实现软件化网元动态部署、业务敏捷开通、故障自动倒换、割接一键实施等操作，优化 OSS 系统自动化、智能化能力建设，实现流程贯通、数据驱动、上下协同、开放共享的通信调度运维支撑体系。

7.2.2　终端通信接入网

1. 灵活以太网（Flexible Ethernet，FlexE）应用研究

FlexE 具有网络灵活性、多速率、刚性接口等特性，其捆绑、通道化、子速率等功能，可提供基于以太网物理接口端到端的切片隔离机制，是承载多元业务的技术选型方向。Flex E 应用研究包括：

（1）研究适配新型电力系统的 FlexE 切片网络架构与组网模式。针对生产控制 I 区、Ⅱ区以及信息类业务等多种场景的安全隔离需求，设计适配新型电力系统业务发展需要的 FlexE 灵活以太网技术承载网络分层协议架构，构建实现多种安全隔离和业务分类承载的新型电力通信网络架构。

（2）研究适应新型电力系统业务的 FlexE 多颗粒度帧结构及时隙交叉技术。基于终端接入网典型业务研究多颗粒度的柔性带宽帧结构，设计 10M、100M 等小颗粒度帧结构，匹配现有电网通信装置端口带宽要求，并将 FlexE 时隙交叉技术的研究下沉至 FlexE Client。

（3）研究适配新型电力系统业务的 FlexE 设备及管理工具。面向新型电力系统业务的 FlexE 承载网需广泛接入多种能源生产、信息采集、储能等装置，对于 5G/1G 和 10M 的多粒度的安全隔离灵活接入、高效运维需求，研究 FlexE 设备管控系统实现多粒度时隙灵活、高效、快速地分配调度技术，多粒度切片全生命周期的管理控制技术，适配能源互联

网各类业务特性的业务智能配置技术及故障快速定位技术。

2. 电网 5G 安全防护体系研究

（1）研究 5G 关键技术与电网适用场景。梳理新型电力系统中配网调度体系的通信传输需求，包含通道隔离、时延、抖动等参数，构建新型有源配电网的业务接入传输模型，分析与 5G 网络的适配性。

（2）提出电网全场景 5G 安全解决方案。围绕组网架构、接口要求、数据保护等方面，制定以"内生安全"为目标的 5G 应用建设策略，形成一系列可复制、可推广的技术方案，为电网中"控""监""采"等业务场景，提供安全可靠的定制化网络。

（3）编制电力 5G 网络安全技术标准。深入挖掘网络切片、云边计算、终端加密认证等 5G 新技术能力，建立基于电网五十余种细分业务场景的安全应用评估模型和量化指标，明确 5G 差异服务要素及管理细则，加强制度标准落地落实，为推动 5G 赋能新型电力系统发展提供网络安全保障。

7.2.3　新一代电力通信调度技术支持系统研发

新一代电力通信调度技术支持系统研发，主要定位于电力通信网的实时调度和运行管理，在传统通信网调度管理平台的基础上，运用大数据、人工智能、自动驾驶网络等先进信息技术，实现"全景信息感知、全网协同调度、联合分析处置、智能运维决策"，有效支撑大规模、高可靠、多种复杂技术体制共存的通信网发展需求。系统实现以下功能：

（1）全景信息感知。对反映通信网运行态势的各类内外部信息采集与处理，提高感知的广度及深度，感知能力覆盖到通信网末端，采集信息涵盖设备、网络、协议、Overlay 及业务五大层面；支持通信运行环境、光缆质量、气象灾害情况、生产环境安全等外部要素的实时监控；实现网络运行状态、运行质量、全网资源、流量和业务路径以及风险态势直观可视，提升网络运维质量及效率。

（2）全网协同调度。研发自主可控的多厂家设备统一网管系统；实现有线及无线、公网及专网等不同网络技术的单域自治、跨域协同，高效支撑多元主体的灵活接入以及业务跨区跨域通信需求；以业务为核心，实现传输网与数据网的跨层规划、跨层发放以及跨层运维，提供确定性时延服务，满足多样化动态连接需求。

（3）联合分析处置。基于数字孪生技术，实现电网与通信网的"一张图"建模，开发电网与通信网联合仿真平台；增强电力调度与通信调度的运行态势、方式安排等信息的协同，提升全局风险协同防控和复杂故障协同处置能力，全方位保障电网安全稳定运行。

（4）智能决策运维。提升网络数字化水平，实现网络资源、业务数据，运行状态、故障、日志等动态数据的深入挖掘及分析；以数据为驱动，将人工智能技术深入到网络"规、建、维、优"各个阶段，实现从被动运维到主动运维，从依赖专家经验决策转变为人机协同决策，推进电力通信网智能化升级与可持续发展。

7.3　发　展　展　望

电力通信网是重要的基础设施，是实现新型电力系统建设的关键之一。随着新型电力系统建设的不断推进，也必将不断加深我们对新型电力系统的理解，不断丰富其内涵，更加明晰其实现的具体路径。

新型电力系统对通信通道需求不断增长，对电力通信网覆盖范围、运行可靠性、接入灵活性、网络性能指标要求更加严苛，通信在新型电力系统构建中所扮演的角色越来越重要。构建更加坚强、弹性且具备多业务承载能力的电力通信网，成为加快推动新型电力系统建设重要保障。

电力通信网的相关工作也需要与时俱进，不断丰富和完善，推动以支撑新型电力系统建设为目标，建立产业联盟、明确场景需求、统一顶层设计、统筹技术标准、引导技术研发等，构建产业生态圈建设，对新型电力系统建设给予及时全面的支撑和保障。

附 录

附表　　　　　　　　　　　　　新型电力系统应急通信功能的部署策略

应急类型	应急通信场景	通信业务需求	机动应急通信手段	部署方式
电力突发事件（自然灾害、电力事故等）	灾区各供电所、县供电局第一时间将灾情信息反馈给各级应急指挥中心	语音、定位、短信	卫星电话、北斗系统	灾害频发地区分散部署
	深入灾区进行灾情勘察的人员与应急指挥中心通信，汇报灾情	语音、定位、短信、图像、视频	卫星电话、北斗系统、BGAN、单兵图传	灾害频发地区分散部署
	赴现场巡视领导与各级应急指挥中心通信	语音、定位、短信	卫星电话、BGAN、北斗系统	灾害频发地区分散部署
	灾区现场临时指挥部与应急指挥中心、应急指挥部之间通信	语音、数据、图像、视频、定位	VSAT卫星通信、北斗系统	省、地两级集中部属
	灾区现场应急指挥部与抢修施工队队长、抢修施工队队长之间的通信	语音或集群语音、定位、短信	卫星电话、便携式数字集群、北斗系统	卫星电话分散部署；便携式数字集群省、地两级集中部署
	灾区现场抢修施工队队员之间的通信	集群语音	对讲机、便携式数字集群	对讲机分散部署；便携式数字集群省、地两级集中部署
	电力事故现场反馈信息给应急指挥中心	语音、视频	移动公网、3G/4G移动应急通信装置、VSAT卫星通信	移动终端个人自配；3G/4G移动应急通信装置和VSAT卫星通信省地二级集中部属
	电力事故现场进行应急抢修的指挥调度	语音、集群调度	移动公网集群业务、便携式数字集群	移动公网集群业务地级单位统一部署；便携式数字集群省、地两级集中部署
特殊区域生产作业	现场巡检、日常维护	语音、定位、短信	卫星电话、北斗系统	各生产部门根据需要统一部署
	长时间（1个月以上）作业指挥调度	语音、集群调度	移动公网集群业务、便携式数字集群	各生产部门根据需要统一部署

主 要 缩 略 语

缩略语	释　义
OTUk	Optical Channel Transport Unit，k＝1，2，3，光信道传送单元，k＝1，2，3
3GPP	the 3rd Generation Partnership Project，第三代合作伙伴项目
ADM	Add/Drop Multiplexer，分插复用器
AAWG	Athermal Arrayed Waveguide Grating，阵列波导光栅
AES	Advanced Encryption Standard，高级加密标准
AHP	Analytic Hierarchy Process，层次分析法
AI	Artificial Intelligence，人工智能
AMF	Access and Mobility Management Function，接入移动管理功能
AMP	Generic Alternate MAC/PHY，通用交替射频技术
AP	Access Point，接入点
APN	Access Point Name，接入点名称
ARCNET	ARCNET network，典型的令牌总线网络
AS	Authentication Server，鉴权服务器
ASON	Automatically Switched Optical Network，自动交换光网络
AVR	automatic voltage regulator，自动电压调节器
BA	Booster Amplifier 功率放大器
BBU	Building Base band Unit，基带处理单元
BPLC	Broadband Power Line Communication，宽带电力线通信
BPSK	Binary Phase Shift Keying，二进制相移键控
BQB	Bluetooth Qualification Body，蓝牙认证
BQE	Bluetooth Qualification Expert，蓝牙资格认证专家
CA	Collision Avoid，冲突避免
CCO	Central Coordinator，中央协调器
CDMA	Code Division Multiple Access，码分多址
CIR	carrier－to－intermodulation ratio，载波互调比
CP	Central Processor，无线通信设备中的中央处理器
CSMA/CA	Carrier Sense Multiple Access / Collision Avoid，载波多重访问/冲突避免
CSMA/CD	Carrier Sense Multiple Access/Collision Detection，载波多重访问/碰撞侦测
CSPC	Common System Parameter Channel，公共系统参数信道

缩略语	释　义
CT	Communications technology，通信技术
D2D	Device – to – Device Communication，设备对设备通信技术
DSA	Distributed Systems Architecture，分布式系统体系结构
DID	Direct Inward Dialing，呼入自动直拨到分机用户
DOD_1	Direct Outward Dialing – One，呼出只听一次拨号音
DTLS	Datagram Transport Layer Security，数据包传输层安全性协议
DTU	Data Transfer unit，数据传输单元
DWDM	Dense Wavelength Division Multiplexing，密集型光波复用
DwPTS	Downlink Pilot Time Slot，下行导频时隙
DXC	Digital Cross Connect equipment，数字交叉连接设备
eCore	
eMBB	Enhanced Mobile Broadband，增强移动宽带
EMI	Electromagnetic Interference，电磁干扰
eOMC	Enhanced Operation and Maintenance Center，增强网管
EPC	Evolved Packet Core，演进分组核心网
EPON	Ethernet Passive Optical Network，以太网无源光网络
eRRU	Enhanced Remote Radio Unit，增强射频拉远单元
EV	electron volt，电子伏特
FDDI	Fiber Distributed Data Interface，光纤分布式数据接口
FGU	Fine Granularity Unit，细粒度单位
FG – SE	Fine – Grained Slicing Ethernet，新增小颗粒通道层
FlexE	Flexible Ethernet，灵活以太网
FOADM	Fixed Optical Add – Drop Multiplexing，固定光分插复用技术
GIS	GeographicInformationSystem，地理信息系统
GMSK	Gaussian Filtered Minimum Shift Keying，最小高斯频移键控
GP	Guard Period，保护周期
GPRS	General Packet Radio Service，通用分组无线服务技术
GSM	Global System for Mobile Communications，全球移动通信系统
HPLC	High – speed Power Line Carrier，宽带高速电力线载波
HRF	High – speed Radio Frequency 高速无线通信
HSS	Home Subscriber Server，归属用户服务器
IAD	Integrated Access Device，综合接入设备
IBM	International Business Machines Corporation，国际商业机器公司
ICT	Information and communications technology，信息与通信技术
IEEE	Institute of Electrical and Electronic Engineers，电气与电子工程师协会

缩略语	释　　义
IMS	IP Multimedia Subsystem，IP 多媒体系统
IoT – G	Internet of Things – Grid，物联网（通信技术）
IPv6	Internet Protocol Version 6，互联网协议第 6 版
IT	Internet Technology，互联网技术
KRACK	Key Reinstallation Attack，密钥重新安装攻击
LAG	Link Aggregation Group，链路聚合组
L – EWM	Low – order Entropy Weight Method，低阶熵权法
LLC	Logical Link Control，逻辑链路控制
LoRa	Long – Range Radio，远距离无线电
LoRaWAN	LoRa Wide Area Network，LoRa 广域网
LPWAN	Low Power Wide Area Network，低功率广域网络
LSP	Layered Service Provider，分层服务提供商
LTE	Long Term Evolution，长期演进
LTE – U	LTE – Unlicensed，免申请频段的 LTE 技术
MAC	Media Access Control，媒体接入控制
MIMO	Multiple – Input Multiple – Output，多输入多输出
MME	Mobility Management Entity，
mMTC	massive Machine Type of Communication，海量机器类通信（大规模物联网）
MPLS	Multiprotocol Label Switching，多协议标签交换
MPLS – TP	Multiprotocol Label Switching – Transport Profile，多协议标签交换 – 传送子集
MSTP	Multi – Service Transfer Platform，多业务传送平台
MTN	Metro Transport Network，城域传输网络
NAS	Network Attached Storage，网络附属存储
NB – IoT	Narrow Band Internet of Things，窄带物联网
NFV	Network Functions Virtualization，网络功能虚拟化
NSSF	Network Slice Selection Function，网络切片选择功能
OAM	Operation，Administration and Maintenance，操作、管理和维护
OAM&P	Operation，Administration，Management & Provision，运行、管理、维护和指配
OCh	Optical Channel Layer，光信道层
ODUk	Optical Channel Data Unit，光信道数据单元
OEM	Original Equipment Manufacturer，原始设备制造商
OFDM	Orthogonal Frequency Division Multiplexing，正交频分复用技术
OFDMA	Orthogonal Frequency Division Multiple Access，正交频分多址接入
OLP	Optical Fiber Line Auto Switch Protection Equipment，光纤线路自动切换保护装置
OMS	Optical Multiplex Section Layer，光复用段层

缩略语	释　义
OCPU	Optical Channel Payload Unit，光信道净荷单元
OPPC	Optical Phase Conductor，光纤复合相线
OSPF	Open Shortest Path First，开放式最短路径优先
OSU	Optical Service Unit，光业务单元
OTH	Optical Transmission Hierarchy，光传送体系
OTM	Optical Terminal Multiplexer，光终端复用设备
OTN	optical transport network，光传送网
OTS	Optical Transmission Section Layer，光传输段层
OTUk	Optical Channel Transport Unit，光信道传输单元
OWDN	Optical Wavelength Distribution Network，光波长分配网络
PA	Power Amplifier，前置放大器
PCIE	peripheral component interconnect express，高速串行计算机扩展总线标准
PCM	Pulse Code Modulation，脉冲编码调制
PCO	Proxy Coordinator，代理协调器
PCRF	Policy and Charging Rules Function，策略与计费规则功能单元
PDT	Professional Digital Trunking，专业数字集群
PGW	PDN GateWay，PDN 网关
P‑GW	PDN GateWay，PDN 网关
PLC	Power Line Communication，电力线通信
PLCC	power line carrier communication，电力线载波通信
PON	Passive Optical Network，无源光纤网络
PRN	Passive Remote Node，无线远端节点
PSS	power system stabilizer，电力系统稳定器
PTN	Packet Transport Network，分组传送网
PW	Palau，Professional Website，pw 域名
QoS	Quality of Service，服务质量
QPSK	Quadrature Phase Shift Keying，四相移相键控
REG	Regenerative Repeater，再生中继器
ROADM	Reconfigurable Optical Add‑drop Multiplexer，可重构光分插复用器
RRC	Radio Resource Control，无线资源控制
RRU	Remote Radio Unit，射频拉远单元
RTSP	Real Time Streaming Protocol，实时流传输协议
SCADA	Supervisory Control And Data Acquisition，数据采集与监视控制系统
SC‑FDMA	Single‑carrier Frequency‑Division Multiple Access，单载波频分多址
SDH	Synchronous Digital Hierarchy，同步数字体系

缩略语	释　义
SDH – Like	Synchronous Digital Hierarchy Like，类同步数字体系
SDK	Software Development Kit，软件开发工具包
SDN	Software Defined Network，软件定义网络
SE – XC	Slicing Ethernet – Cross Connect 切片以太—交叉连接
S – GW	Serving GateWay，服务网关
SIP	Session initialization Protocol，会话初始协议
SLA	Service Level Agreement，服务级别协议
SMF	Service Management Function，业务管理功能
SNCP	SubNetwork Connection Protection，子网连接保护
SPN	Secret Private Network，私有加密网络
SR – TE	Segment Routing – Traffic Engineering，基于流量工程的段路由
SSL	Secure Sockets Layer，安全套接字协议
STA	Spike – triggered average，发放-触发平均方法
STM – N	Synchronous Transport Module level N，同步传输模块 n 级
TBS	Tributary board protection switch 支路板保护倒换
TCM	Terminal Compliance Management，金万维终端行为管理系统
TD – LTE	TD – SCDMA Long Term Evolution，长期演进
TDM	time – division multiplexing，时分复用技术
TD – SCDMA	Time Division – Synchronous Code Division Multiple Access，时分同步码分多址
TETRA	Terrestrial Trunked Radio，陆地集群无线电
TIA	Telecommunications Industry Association，通信工业协会
TM	Termination Multiplexer，终端复用器
TTI Bundling	transmission time interval Bundling，传输时间间隔绑定
TTS	Text to speech，文本转语音
UART	Universal Asynchronous Receiver/Transmitter，通用异步收发器
UDP	User Datagram Protocol，用户数据报协议
UE	User Equipment，用户终端
UpPTS	Uplink Pilot Time Slot，上行链路导频时隙
URLLC	Ultra – Reliable Low – Latency Communications，低时延高可靠通信
USIM	Universal Subscriber Identity Module，全球用户识别卡
VCAT	virtual concatenation，虚拼接
VPDN	Virtual Private Dial Network，虚拟专有拨号网络
VPLS	Virtual Private Lan Service，虚拟专用局域网服务
VPN	Virtual Private Network，虚拟专用网络
VPWS	Virtual Private Wire Service，虚拟专线服务

缩略语	释　义
VSAT	Very Small Aperture Terminal，甚小天线地球站
WAPI	WLAN Authentication and Privacy Infrastructure，无线局域网鉴别与保密基础结构
WCDMA	Wideband Code Division Multiple Access，宽带码分多址
WDM	Wavelength Division Multiplexing，波分复用
WiFi	Wireless Fidelity，无线保真
WLAN	Wireless Local Area Network，无线局域网
OPGW	Optical Fibre Composite Overhead Ground Wire，光纤复合底线

参 考 文 献

［1］ 中国电力企业联合会.电化学储能电站接入电网设计规范：DL/T 5810—2020［S］.北京：中国电力出版社，2021.

［2］ 电力行业继电保护标准化技术委员会.光纤通道传输保护信息通用技术条件：DL/T 364—2019［S］.北京：中国电力出版社，2019.

［3］ 中国电力企业联合会.输电线路保护装置通用技术条件：GB/T 15145—2017［S］.北京：中国标准出版社，2018.

［4］ 中国电力企业联合会.输电线路分布式故障诊断系统：GB/T 35721—2017［S］.北京：中国标准出版社，2018.

［5］ 电力规划设计总院.电力系统调度自动化设计规程：DL/T 5003—2017［S］.北京：中国计划出版社，2017.

［6］ 工业和信息化部.数字网系列比特率电接口特性：GB/T 7611—2016［S］.北京：中国标准出版社，2016.

［7］ 电力行业水电站自动化标准化技术委员会.水电站水调自动化系统技术条件：DL/T 1666—2016［S］.北京：中国电力出版社，2017

［8］ 中国电力企业联合会.配电网规划设计技术导则：DL/T 5729—2016［S］.北京：中国电力出版社，2016.

［9］ 国家电网公司科技部.电网地调水调自动化系统技术规范：Q/GDW 10437—2016［S］.

［10］ 国家电网公司科技部.10kV 以下配电网接入分布式电源即插即用装置技术规范：Q/GDW 11566—2016［S］.

［11］ 国家电网公司科技部.输电线路分布式故障监测装置技术规范：Q/GDW 11660—2016［S］.

［12］ 电力规划设计总院.电力应急通信设计技术规程：DL/T 5505—2015［S］.北京：中国计划出版社，2015.

［13］ 国家电网公司科技部.光伏发电站接入电网技术规定：Q/GDW 1617—2015［S］.

［14］ 国家电网公司科技部.水电站继电保护装置运行维护导则：Q/GDW 11458—2015［S］.

［15］ 水电水利规划设计总院.水力发电厂通信设计规范：NB/T 35042—2014［S］.北京：中国电力出版社，2015.

［16］ 全国电力系统管理及其信息交换标准化技术委员会.配电自动化系统技术规范：DL/T 814—2013［S］.北京：中国电力出版社，2014.

［17］ 水电水利规划设计总院.水力发电厂继电保护设计规范：NB/T 35010—2013［S］.北京：中国电力出版社，2013.

［18］ 中国电力企业联合会.分布式电源接入配电网技术规定：NB/T 32015—2013［S］.北京：中国电力出版社，2014.

［19］ 智能家居设备通信协议：Q/GDW 723—2012［S］.北京：中国电力出版社，2012.

［20］ 全国电网运行与控制标准化技术委员会.电力系统实时数据通信应用层协议：DL/T 476—2012［S］.北京：中国电力出版社，2012.

［21］ 全国量度继电器和保护设备标准化技术委员会静态继电保护装置分标准化技术委员会.电力系统安全稳定控制技术导则：GB/T 26399—2011［S］.北京：中国标准出版社，2011.

［22］ 全国电力架空线路标准化技术委员会.架空输电线路运行状态监测系统：GB/T 25095—2020［S］.北京：中国标准出版社，2020.

［23］ 电力行业电测量标准化技术委员会.电能信息采集与管理系统 第3-1部分：电能信息采集终端技术规范—通用要求：DL/T 698.31—2010［S］.北京：中国电力出版社，2010.

［24］ 电力行业电测量标准化技术委员会.电能信息采集与管理系统 第3-3部分：电能信息采集终端技术规范—专变采集终端特殊要求：DL/T 698.33—2010［S］.北京：中国电力出版社，2010.

［25］ 电力行业电测量标准化技术委员会.电能信息采集与管理系统 第4-1部分：通信协议—主站与电能信息采集终端通信：DL/T 698.41—2010［S］.北京：中国电力出版社，2010.

［26］ 电网安全稳定自动装置技术规范：Q/GDW 421—2010［S］.北京：中国电力出版社，2010.

［27］ 全国电力系统管理和信息交换标准化技术委员会.远动设备及系统 第5-104部分：传输规约采用标准传输协议集的 IEC 60870-5-101 网络访问：DL/T 634.5104—2009［S］.北京：中国电力出版社，2009.

［28］ 全国电力系统管理和信息交换标准化技术委员会.电力负荷管理系统技术规范：GB/T 15148—2008［S］.北京：中国标准出版社，2009.

［29］ 中国通信标准化协会.同步数字体系（SDH）设备功能块特性：GB/T 16712—2008［S］.北京：中国标准出版社，2009.

［30］ 电力行业水电站自动化设备标准化技术委员会.水电厂计算机监控系统基本技术条件：DL/T 578—2008［S］.北京：中国标准出版社，2008.

［31］ 电力行业电测量标准化技术委员会.多功能电能表通信协议：DL/T 645—2007［S］.北京：中国电力出版社，2008.

［32］ 全国量度继电器和保护设备标准化技术委员会静态继电保护装置分标准化技术委员会.继电保护和安全自动装置技术规程：GB/T 14285—2006［S］.北京：中国标准出版社，2006.

［33］ 电力规划设计总院.电能量计量系统设计技术规程：DL/T 5202—2022［S］.北京：中国计划出版社，2022.

［34］ 全国电力系统管理及其信息交换标准化技术委员会.远动设备及系统 第5-101部分：传输规约基本远动任务配套标准：DL/T 634.5101—2022［S］.北京：中国电力出版社，2022.

［35］ 国际电信联盟.分等级数字界面的物理/电子特征：ITU-T G.703—2001［S］.日内瓦，2001.

［36］ 北京易观智库网络科技有限公司.2022年中国电动汽车公共充电服务行业市场发展研究报告［R］.北京，2022

［37］ 梁骞，刘应明，何瑶，等.综合管廊技术经济评价体系及方法［J］.城乡建设，2017（19）：7-11.